JN086154

日本統計学会
公式認定

日本統計学会◉編

データに基づく数量的な思考力を測る全国統一試験

統計検定
準1級
公式問題集

実務教育出版

まえがき

　昨今の目まぐるしく変化する世界情勢の中，日本全体のグローバル化とそれに対応した社会のイノベーションが重要視されている。イノベーションの達成には，あらたな課題を自ら発見し，その課題を解決する能力を有する人材育成が不可欠であり，課題を発見し，解決するための能力の一つとしてデータに基づく数量的な思考力，いわゆる統計的思考力が重要なスキルと位置づけられている。

　現代では，「統計的思考力（統計的なものの見方と統計分析の能力）」は市民レベルから研究者レベルまで，業種や職種を問わず必要とされている。実際に，多くの国々において統計的思考力の教育は重視され，組織的な取り組みのもとに，あらたな課題を発見し，解決する能力を有する人材が育成されている。我が国でも，初等教育・中等教育においては統計的思考力を重視する方向にあるが，中高生，大学生，職業人の各レベルに応じた体系的な統計教育はいまだ十分であるとは言えない。しかし，最近では統計学に関連するデータサイエンス学部を新設する大学も現れ，その重要性は少しずつ認識されてきた。現状では，初等教育・中等教育での統計教育の指導方法が未成熟であり，能力の評価方法も個々の教員に委ねられている。今後，さらに進むことが期待されている日本の小・中・高等学校および大学での統計教育の充実とともに，統計教育の質保証をより確実なものとすることが重要である。

　このような背景と問題意識の中，統計教育の質保証を確かなものとするために，日本統計学会は2011年より「統計検定」を実施している。現在，能力に応じた以下の「統計検定」を実施し，各能力の評価と認定を行っているが，着実に受験者が増加し，認知度もあがりつつある。

　「統計検定　公式問題集」の各書には，過去に実施した「統計検定」の実際の問題を掲載している。そのため，使用した資料やデータは検定を実施した時点のものである。また，問題の趣旨やその考え方を理解するために解答のみでなく解説を加えた。過去の問題を解くとともに，統計的思考力を確実なものとするために，あわせて是非とも解説を読んでいただきたい。ただし，統計的思考では数学上の問題の解とは異なり，正しい考え方が必ずしも一通りとは限らないので，解説として説明した解法とは別に，他の考え方もあり得ることに注意いただきたい。

　「統計検定　公式問題集」の各書は，「統計検定」の受験を考えている方だけでなく，統計に関心ある方や統計学の知識をより正確にしたいという方にも読んでいただくことを望むが，統計を学ぶにはそれぞれの級や統計調査士，専門統計調査士に応じた他の書物を併せて読まれることを勧めたい。

1級	実社会の様々な分野でのデータ解析を遂行する統計専門力
準1級	統計学の活用力 ― 実社会の課題に対する適切な手法の活用力
2級	大学基礎統計学の知識と問題解決力
3級	データの分析において重要な概念を身につけ，身近な問題に活かす力
4級	データや表・グラフ，確率に関する基本的な知識と具体的な文脈の中での活用力
統計調査士	統計に関する基本的知識と利活用
専門統計調査士	調査の実施に関する専門的知識の修得とデータの利活用
データサイエンス基礎	具体的なデータセットをコンピュータ上に提示して，目的に応じて，解析手法を選択し，表計算ソフトExcelによるデータの前処理から解析の実践，出力から必要な情報を適切に読み取る一連の能力
データサイエンス発展	数理・データサイエンス教育強化拠点コンソーシアムのリテラシーレベルのモデルカリキュラムに準拠した内容
データサイエンスエキスパート	数理・データサイエンス教育強化拠点コンソーシアムの応用基礎レベルのモデルカリキュラムを含む内容

（「統計検定」に関する最新情報は統計検定センターのウェブサイトで確認されたい）

　最後に，「統計検定　公式問題集」の各書を有効に利用され，多くの受験者がそれぞれの「統計検定」に合格されることを期待するとともに，日本統計学会は今後も統計学の発展と統計教育への貢献に努める所存です。

一般社団法人　日本統計学会

会　長　照井伸彦

理事長　川崎能典

（2024年3月1日現在）

日本統計学会公式認定

統計検定準1級
公式問題集

CONTENTS

本書に掲載の問題は，2015〜2021年に行われたPBT（ペーパーテスト）の問題です。

PART 1

統計検定
受験ガイド

「統計検定」ってどんな試験？
いつ行われるの？　試験会場は？　受験料は？
何が出題されるの？　学習方法は？
そうした疑問に答える、公式ガイドです。

受験するための基礎知識

●統計検定とは

「統計検定」とは，統計に関する知識や活用力を評価する全国統一試験です。

データに基づいて客観的に判断し，科学的に問題を解決する能力は，仕事や研究をするための21世紀型スキルとして国際社会で広く認められています。日本統計学会は，国際通用性のある統計活用能力の体系的な評価システムとして統計検定を開発し，様々な水準と内容で統計活用力を認定しています。

統計検定の試験制度は年によって変更されることもあるので，**統計検定のウェブサイト**（https://www.toukei-kentei.jp/）で最新の情報を確認してください。

●統計検定の種別

統計検定は2011年に発足し，現在は以下の種別が設けられています。

PBT（ペーパーテスト）

試験の種別	試験日	試験時間	受験料
統計検定 1 級	11月	90分（午前）統計数理 90分（午後）統計応用	各6,000円 両方の場合10,000円

（2024年3月現在）

CBT（パソコンを活用して行うコンピュータテスト）

試験の種別	試験日	試験時間	受験料※
統計検定準 1 級	通年	90分	8,000円
統計検定 2 級	通年	90分	7,000円
統計検定 3 級	通年	60分	6,000円
統計検定 4 級	通年	60分	5,000円
統計調査士	通年	60分	7,000円
専門統計調査士	通年	90分	10,000円
データサイエンス基礎	通年	90分	7,000円
データサイエンス発展	通年	60分	6,000円
データサイエンスエキスパート	通年	90分	8,000円

※一般価格。このほかに学割価格あり。　　　　　　　　　　（2024年3月現在）

●受験資格

どなたでも受験することができ，どの種別からでも受験することができます。

各試験種別では目標とする水準を定めていますが，年齢，所属，経験等に関して，受験上の制限はありません。

●併願

同一の試験日であっても，異なる試験時間帯の組合せであれば，複数の種別を受験することが認められます。

●統計検定準 1 級とは

　「統計検定準 1 級」は，2 級までの基礎知識をもとに，実社会のさまざまな問題に対して適切な統計学の諸手法を応用できる能力を問うものです。大学において統計学の基礎的講義に引き続いて学ぶ応用的な統計学の諸手法の習得について検定します。

●試験の実施結果

　これまでの実施結果は以下のとおりです。

統計検定準 1 級（PBT）　実施結果

	申込者数	受験者数	合格者数	合格率
2021 年 6 月	1,061	704	166	23.60%
2019 年 6 月	1,314	853	179	20.98%
2018 年 6 月	1,001	643	130	20.22%
2017 年 6 月	829	552	164	29.71%
2016 年 6 月	755	485	107	22.06%
2015 年 6 月	699	458	110	24.02%

※ 2020 年試験は中止。2022 年からは CBT 方式試験に移行したため非公表。

統計検定準1級（CBT）の実施方法

※実施については，統計検定のウェブサイトで最新情報を確認するようにしてください。

●試験日程　通年

●申込方法
1. 統計検定ウェブサイトの「申し込み」→「統計検定1級以外」をクリックする。
2. 「受験の流れ」に沿って手続きを行う。
   ①株式会社オデッセイコミュニケーションズのウェブサイトに入り，「統計検定」を指定して手続きを行います。
   ②受験したい試験の［都道府県から探す］や［詳しい条件から探す］から，試験会場の候補を表示します。
   ③試験会場名をクリックしてから［受験できる試験と日程］タブをクリックすると，その試験会場の試験カレンダーが表示されます。
   ④試験カレンダーの上部に表示されている連絡先に対して，ウェブサイトや電話で申し込みをしてください。

●受験料　一般価格　8,000円（税込），学割価格　6,000円（税込）

●試験時間　90分

●試験の方法　5肢選択問題と数値入力問題，25問～30問
※解答は，マウスで選択肢を選ぶ操作やキーボードで数字を入力する操作などの簡単な作業。
※論述問題はありません。

●合格基準　100点満点で60点以上

●再受験に関するルール
　同一科目の2回目以降の受験は，前回の受験から7日以上経過することが必要です。

●試験当日に持参するもの
- 「Odyssey ID」と「パスワード」
- 受験票（試験会場によっては，「受験票」の発行がない場合があります）
- 写真付きの身分証明書（有効期限内である「運転免許証」「パスポート」「住民基本台帳カード」「個人番号カード」「社員証」「学生証」のいずれか1点）
- 電卓
    ○**使用できる電卓**
    　　四則演算（＋－×÷）や百分率（％），平方根（$\sqrt{}$）の計算ができる普通電卓（一般電卓）または事務用電卓を1台（複数の持ち込みは不可）
    ×**使用できない電卓**
    　　上記の電卓を超える計算機能を持つ金融電卓や関数電卓，プログラム電卓，グラフ電卓，電卓機能を持つ携帯端末

＊試験会場では電卓の貸出しは行いません。
＊携帯電話などを電卓として使用することはできません。

●計算用紙・数値表
　計算用紙と筆記用具，数値表は，試験会場で配布し，試験終了後に回収します。

統計検定準1級の出題範囲

●試験内容

大学において統計学の基礎的講義に引き続いて学ぶ応用的な統計学の諸手法の習得について検定します。具体的には下記の①，②を踏まえ，適切なデータ収集法を計画・立案し，問題に応じて適切な統計的手法を適用し，結果を正しく解釈する力を試験します。

①統計検定2級の内容をすべて含みます。

②各種統計解析法の使い方および解析結果の正しい解釈

以下の出題範囲表を参照してください。

なお，解答に必要な統計数値表は試験会場で配布されます。

統計検定準1級　出題範囲表

大項目	小項目	項目（学習しておきべき用語）例
確率と確率変数	事象と確率	確率の計算，統計的独立，条件付き確率，ベイズの定理，包除原理
	確率分布と母関数	確率関数，確率密度関数，同時確率関数，同時確率密度関数，周辺確率関数，周辺確率密度関数，条件付き確率関数，条件付き確率密度関数，累積分布関数，生存関数
		モーメント母関数（積率母関数），確率母関数
	分布の特性値	モーメント，歪度，尖度，変動係数，相関係数，偏相関係数，分位点関数，条件付き期待値，条件付き分散
	変数変換	変数変換，確率変数の線形結合の分布
	極限定理，漸近理論	大数の弱法則，少数法則，中心極限定理，極値分布
		二項分布の正規近似，ポアソン分布の正規近似，連続修正，デルタ法
種々の確率分布	離散型分布	離散一様分布，ベルヌーイ分布，二項分布，超幾何分布，ポアソン分布，幾何分布，負の二項分布，多項分布
	連続型分布	連続一様分布，正規分布，指数分布，ガンマ分布，ベータ分布，コーシー分布，対数正規分布，多変量正規分布
	標本分布	t 分布，カイ二乗分布，F 分布（非心分布を含む）
統計的推測（推定）	統計量	十分統計量，ネイマンの分解定理，順序統計量
	各種推定法	最尤法，モーメント法，最小二乗法，線形模型
	点推定の性質	不偏性，一致性，十分性，有効性，推定量の相対効率，ガウス・マルコフの定理，クラーメル・ラオの不等式
	漸近的性質	フィッシャー情報量，最尤推定量の漸近正規性，デルタ法，ジャックナイフ法，カルバック・ライブラー情報量
	区間推定	信頼係数，信頼区間の構成（母平均，母分散，母比率，2 標本問題），被覆確率，片側信頼限界

統計的推測 （検定）	検定の基礎	仮説，検定統計量，P 値，棄却域，第一種の過誤，第二種の過誤，検出力（検定力），検出力曲線，サンプルサイズの決定，多重比較
	検定法の導出	ネイマン・ピアソンの基本定理，尤度比検定，ワルド型検定，スコア検定，正確検定
	正規分布に関する検定	母平均，母分散に関する検定，2 標本問題に関する検定，母相関係数に関する検定
	一般の分布に関する検定法	二項分布，ポアソン分布など基本的な分布に関する検定，適合度検定
	ノンパラメトリック法	ウィルコクソン検定，並べ替え検定，符号付き順位検定，クラスカル・ウォリス検定，順位相関係数
マルコフ連鎖と確率過程の基礎	マルコフ連鎖	推移確率，既約性，再帰性，定常分布
	確率過程の基礎	ランダムウォーク，ポアソン過程，ブラウン運動
回帰分析	重回帰分析	重回帰モデル，変数選択，残差分析，一般化最小二乗推定，多重共線性，L_1 正則化法
	回帰診断法	系列相関，DW 比，はずれ値，leverage，Q-Q プロット
	質的回帰	ロジスティック回帰，プロビット分析
	その他	一般化線形モデル，打ち切りのある場合，比例ハザード，ニューラルネットワークモデル
分散分析と実験計画法		一元配置，二元配置，分散分析表，交互作用，ブロック化，乱塊法，一部実施要因計画，直交配列，ブロック計画
標本調査法		有限母集団，有限修正，各種の標本抽出法
多変量解析	主成分分析	主成分スコア，主成分負荷量，寄与率，累積寄与率
	判別分析	フィッシャー線形判別，2 次判別，SVM，正準判別，ROC，AUC，混同行列
	クラスター分析	階層型クラスター分析・デンドログラム，k-means 法，距離行列
	共分散構造分析と因子分析	パス解析，因果図，潜在変数，因子の回転
	その他の多変量解析手法	多次元尺度法，正準相関，対応分析，数量化法
時系列解析		自己相関，偏自己相関，ペリオドグラム，ARIMA モデル，定常性，階差，状態空間モデル
分割表	分割表の解析	オッズ比，連関係数，ファイ係数，残差分析
	分割表のモデル	対数線形モデル，階層モデル，条件付き独立性，グラフィカルモデル
欠測値		欠測メカニズム，EM アルゴリズム
モデル選択		情報量規準，AIC，cross validation
ベイズ法		事前分布，事後分布，階層ベイズモデル，ギブスサンプリング，Metropolis-Hastings 法
シミュレーション，計算多用手法		ジャックナイフ，ブートストラップ，乱数，棄却法，モンテカルロ法，マルコフ連鎖モンテカルロ（MCMC）法

統計検定の標準テキスト

● 1 級対応テキスト
増訂版　日本統計学会公式認定　統計検定 1 級対応
統計学

日本統計学会 編
定価：3,520円
東京図書

●準 1 級対応テキスト
日本統計学会公式認定　統計検定準 1 級対応
統計学実践ワークブック

日本統計学会 編
定価：3,080円
学術図書出版社

● 2 級対応テキスト
改訂版　日本統計学会公式認定　統計検定 2 級対応
統計学基礎

日本統計学会 編　　定価：2,420円　　東京図書

● 3 級対応テキスト
改訂版　日本統計学会公式認定　統計検定 3 級対応
データの分析

日本統計学会 編　　定価：2,420円　　東京図書

● 4 級対応テキスト
改訂版　日本統計学会公式認定　統計検定 4 級対応
データの活用

日本統計学会 編　　定価：2,200円　　東京図書

PART 2

準1級
2021年6月
問題／解説

2021年6月に実施された準1級の問題です。
「選択問題及び部分記述問題」と「論述問題」からなります。
部分記述問題は 記述4 のように記載されているので、
解答用紙の指定されたスペースに解答を記入します。
論述問題は3問中1問を選択解答します。

※統計数値表は本書巻末に「付表」として掲載しています。

問1　A, B, C の3つの事象について

$$P(A) = 0.45, \quad P(A \cup B) = 0.65, \quad P(A|B) = 0.5, \quad P(C) = 0.45,$$
$$P(A \cap C) = 0.2, \quad P(B \cap C) = 0.1, \quad P(A \cap B \cap C) = 0.05$$

のように確率が与えられているとする。

〔1〕最初の3つの式を用い，確率 $P(B)$ を求めよ。 記述 1

〔2〕確率 $P(A \cup B \cup C)$ を求めよ。 記述 2

問2　ある機械が n 台あり，i 番目の機械が故障するまでの時間 X_i はそれぞれ独立に平均 λ の指数分布に従うとする（$i = 1, 2, \ldots, n$）。ここで，平均 λ の指数分布の確率密度関数は

$$f(x) = \frac{1}{\lambda} e^{-x/\lambda} \quad (x \geq 0)$$

である。

〔1〕X_i の分散 $\theta = V(X_i)$ を λ の関数として表せ。 記述 3

〔2〕〔1〕で求めた分散の最尤推定量 $\hat{\theta}$ を求めよ。 記述 4

〔3〕〔2〕で求めた最尤推定量の漸近分散 $\lim_{n \to \infty} V(\sqrt{n}(\hat{\theta} - \theta))$ を λ の関数として表せ。 記述 5

注：記述 6，7 は問 12 にあります。

問3　$\begin{pmatrix} X \\ Y \\ Z \end{pmatrix}$ を次の3変量正規分布に従う確率ベクトルとする。

$$N\left(\begin{pmatrix} 1 \\ 2 \\ 3 \end{pmatrix}, \begin{pmatrix} 2 & 0 & 1 \\ 0 & 3 & 2 \\ 1 & 2 & 4 \end{pmatrix} \right)$$

〔1〕 $\begin{pmatrix} X+Y \\ Y-Z \end{pmatrix}$ が従う2変量正規分布として，次の ① ～ ⑤ のうちから適切なものを一つ選べ。 　1

① $N\left(\begin{pmatrix} 3 \\ 1 \end{pmatrix}, \begin{pmatrix} 5 & 0 \\ 0 & 3 \end{pmatrix} \right)$ 　　　　② $N\left(\begin{pmatrix} 3 \\ 1 \end{pmatrix}, \begin{pmatrix} 4 & 0 \\ 0 & 2 \end{pmatrix} \right)$

③ $N\left(\begin{pmatrix} 3 \\ 1 \end{pmatrix}, \begin{pmatrix} 5 & 4 \\ 4 & 3 \end{pmatrix} \right)$ 　　　　④ $N\left(\begin{pmatrix} 3 \\ -1 \end{pmatrix}, \begin{pmatrix} 4 & 0 \\ 0 & 2 \end{pmatrix} \right)$

⑤ $N\left(\begin{pmatrix} 3 \\ -1 \end{pmatrix}, \begin{pmatrix} 5 & 0 \\ 0 & 3 \end{pmatrix} \right)$

〔2〕 $X=x$ と $Y=y$ を与えたときの Z の条件付き分布として，次の ① ～ ⑤ のうちから適切なものを一つ選べ。 　2

① $N\left(3, \dfrac{15}{4} \right)$ 　　　　② $N\left(x+2y-2, \dfrac{15}{4} \right)$

③ $N\left(x+2y-2, \dfrac{13}{6} \right)$ 　　　　④ $N\left(\dfrac{1}{2}x + \dfrac{2}{3}y + \dfrac{7}{6}, \dfrac{15}{4} \right)$

⑤ $N\left(\dfrac{1}{2}x + \dfrac{2}{3}y + \dfrac{7}{6}, \dfrac{13}{6} \right)$

3

問4 n次元確率変数 $\boldsymbol{Y} = (Y_1, Y_2, \ldots, Y_n)^\top$ について,

$$E(\boldsymbol{Y}) = b\boldsymbol{x}, \quad V(\boldsymbol{Y}) = \sigma^2 I_n$$

という線形模型を仮定する。ここで, $\boldsymbol{a}^\top$ はベクトル $\boldsymbol{a}$ の転置を表しており, n は正の整数, $\boldsymbol{x} = (x_1, x_2, \ldots, x_n)^\top$ は要素が 0 ではなく確率的に変動しない所与の n 次元列ベクトル, b は未知のスカラー母数, $\sigma^2 \ (> 0)$ は未知のスカラー母数, I_n は大きさ $n \times n$ の単位行列, $E(\boldsymbol{Y})$ と $V(\boldsymbol{Y})$ はそれぞれ $\boldsymbol{Y}$ の期待値と分散共分散行列である。また, 以下では $\bar{x} = \dfrac{1}{n}\displaystyle\sum_{i=1}^{n} x_i$, $\bar{\boldsymbol{x}} = (\bar{x}, \bar{x}, \ldots, \bar{x})^\top$ とする。

〔1〕 $n = 6$, $\boldsymbol{x} = (1.1, 1.2, 1.9, 2.7, 2.8, 3.0)^\top$ とする。そして $\boldsymbol{Y}$ の実現値 $\boldsymbol{y} = (0.1, 2.7, 3.3, 8.0, 6.2, 7.1)^\top$ が得られたとする。$\boldsymbol{x}^\top\boldsymbol{x} = 30.39$, $\boldsymbol{x}^\top\boldsymbol{y} = 69.88$, $\boldsymbol{y}^\top\boldsymbol{y} = 171.04$ であることは用いてよい。

〔1-1〕 b の最小二乗法による推定量の実現値, すなわち $(\boldsymbol{y} - b\boldsymbol{x})^\top(\boldsymbol{y} - b\boldsymbol{x})$ を最小にする b として, 次の ① ～ ⑤ のうちから最も適切なものを一つ選べ。 $\boxed{3}$

① 1.0 ② 1.9 ③ 2.3 ④ 3.6 ⑤ 4.1

〔1-2〕 b の最小二乗法による推定量の実現値を $\hat{b}$ で表す。残差平方和 $(\boldsymbol{y} - \hat{b}\boldsymbol{x})^\top(\boldsymbol{y} - \hat{b}\boldsymbol{x})$ にある数をかけて得られる σ^2 の不偏推定量の実現値として, 次の ① ～ ⑤ のうちから最も適切なものを一つ選べ。 $\boxed{4}$

① 1.3 ② 1.8 ③ 2.1 ④ 4.7 ⑤ 6.8

〔2〕母数 b の最小二乗法による推定量に関して，次の (A) と (B) で述べられている事項の正誤について，下の ① 〜 ④ のうちから最も適切なものを一つ選べ。　5

> (A) 最小二乗法による推定量は不偏性をもつが，他にも不偏性をもつ推定量が存在する。例えば，c を n 次元列ベクトルとして $c^\top Y$ という形の推定量を考えると，$c^\top x = 1$ のとき，かつそのときに限って，推定量 $c^\top Y$ が不偏性をもつ。
>
> (B) 最小二乗法による推定量の分散より小さい分散をもつ不偏推定量が存在することはない。

① (A) と (B) の両方が正しい　　　　② (A) は正しいが (B) は誤り

③ (B) は正しいが (A) は誤り　　　　④ (A) と (B) の両方が誤り

〔3〕次の文中に含まれる空欄「ア・イ」に当てはまる記述の組合せとして，下の ① 〜 ⑤ のうちから最も適切なものを一つ選べ。ただし，平均ベクトル μ，分散共分散行列 $\sigma^2 I_n$ の n 次元正規分布の確率密度関数を $f_n(t; \mu, \sigma^2)$ (t は n 次元の列ベクトル) で表し，最小二乗法による b の推定量を $\hat{b}$ で表す。　6

> $n = 6$ でさらに Y の分布が 6 次元正規分布であることを仮定し，「帰無仮説：$b = 0$，対立仮説：$b \neq 0$」の尤度比検定を有意水準 5% で考える。「尤度比検定統計量 $\dfrac{\sup_{\sigma^2 > 0} f_6(Y; 0, \sigma^2)}{\sup_{b, \sigma^2 > 0} f_6(Y; bx, \sigma^2)}$ の実現値が定数 c 未満となるとき帰無仮説を棄却する」ことを変形して得られる検定方式として「検定統計量を ア として棄却域を [イ , ∞) とする」を導ける。

① ア：$\dfrac{5 x^\top x (\hat{b})^2}{(Y - \hat{b}x)^\top (Y - \hat{b}x)}$, イ：6.61　　② ア：$\dfrac{5 x^\top x (\hat{b})^2}{(Y - \hat{b}x)^\top (Y - \hat{b}x)}$, イ：2.02

③ ア：$\dfrac{5 (x - \bar{x})^\top (x - \bar{x})(\hat{b})^2}{(Y - \hat{b}x)^\top (Y - \hat{b}x)}$, イ：2.02　　④ ア：$\dfrac{6 (x - \bar{x})^\top (x - \bar{x})(\hat{b})^2}{(Y - \hat{b}x)^\top (Y - \hat{b}x)}$, イ：6.61

⑤ ア：$\dfrac{6 (x - \bar{x})^\top (x - \bar{x})(\hat{b})^2}{(Y - \hat{b}x)^\top (Y - \hat{b}x)}$, イ：1.94

問5　ある素粒子と陽子をいくつかのエネルギーで衝突させることによって生成される断面積（素粒子物理学での基本的な物理量）を測定する実験を行う。衝突時のエネルギーの逆数 (x) と断面積 (y) には強い線形関係があると言われている。実データ（資料：統計分析ソフト R 内のパッケージ faraway にある strongx）から得られるエネルギーの逆数値と断面積をプロットした図1からも線形関係が見てとれる。線形関係を調べるため，次のモデルに基づく単回帰分析を行う。

$$y_i = \beta_0 + \beta_1 x_i + \varepsilon_i \quad (i = 1, 2, \ldots, 10)$$

ここで，誤差 ε_i はそれぞれ独立に平均0, 分散 σ_i^2 をもつ確率変数とする。また，この分散 σ_i^2 の値は既知とし，いくつかの σ_i^2 は異なる値をとるとする。

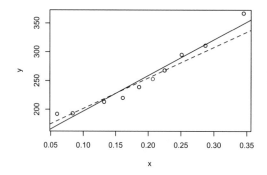

図1: 観測データの散布図と回帰直線（実線は最小二乗法による線形回帰直線，破線は一般化最小二乗法による線形回帰直線）

〔1〕図1の2つの回帰直線は，最小二乗法で推定したものと，一般化最小二乗法で重み行列を 10×10 対角行列

$$\begin{pmatrix} 1/\sigma_1^2 & 0 & \cdots & \cdots & 0 \\ 0 & 1/\sigma_2^2 & \ddots & & \vdots \\ \vdots & \ddots & \ddots & \ddots & \vdots \\ \vdots & & \ddots & 1/\sigma_9^2 & 0 \\ 0 & \cdots & \cdots & 0 & 1/\sigma_{10}^2 \end{pmatrix}$$

として推定したものである。最小二乗推定と比較し，一般化最小二乗推定を用いる利点として，次の ① ～ ⑤ のうちから最も適切なものを一つ選べ。　　7

① 推定量のバイアスが小さくなる。
② 推定量の分散が小さくなる。
③ 推定が容易になる。
④ 残差二乗和の値が小さくなる。
⑤ 回帰係数の推定値を 0 に近づけることができる。

〔2〕回帰モデルの当てはまりの尺度として，最小二乗法に基づく決定係数

$$R^2 = \frac{\boxed{ア}}{\boxed{イ}}$$

がある。断面積の平均を $\bar{y}$，推定された回帰モデルによる予測値を $\hat{y}_i$ としたとき，「$\boxed{ア}$・$\boxed{イ}$」に当てはまる式の組合せとして，次の ① ～ ⑤ のうちから適切なものを一つ選べ。　$\boxed{8}$

① ア：$\sum_{i=1}^{10}(y_i - \hat{y}_i)^2$, イ：$\sum_{i=1}^{10}(y_i - \bar{y})^2$

② ア：$\sum_{i=1}^{10}(\hat{y}_i - \bar{y})^2$, イ：$\sum_{i=1}^{10}(y_i - \bar{y})^2$

③ ア：$\sum_{i=1}^{10}(y_i - \bar{y})^2$, イ：$\sum_{i=1}^{10}(y_i - \hat{y}_i)^2$

④ ア：$\sum_{i=1}^{10}(\hat{y}_i - \bar{y})^2$, イ：$\sum_{i=1}^{10}(y_i - \hat{y}_i)^2$

⑤ ア：$\sum_{i=1}^{10}(y_i - \bar{y})^2$, イ：$\sum_{i=1}^{10}(\hat{y}_i - \bar{y})^2$

〔3〕最小二乗推定だけでなく一般化最小二乗推定でも，〔2〕で与えた定義に基づき，決定係数を求めるとする。その定義において，最小二乗推定による予測値を用いて求めた決定係数を R_1^2，一般化最小二乗推定による予測値を用いて求めた決定係数を R_2^2 とする。図1で与えられている実データから得られる R_1^2 と R_2^2 の組合せとして，次の ① ～ ⑤ のうちから最も適切なものを一つ選べ。　$\boxed{9}$

① $R_1^2 = 0.355, R_2^2 = 0.440$　② $R_1^2 = 0.440, R_2^2 = 0.355$
③ $R_1^2 = 0.440, R_2^2 = 0.440$　④ $R_1^2 = 0.955, R_2^2 = 0.705$
⑤ $R_1^2 = 0.705, R_2^2 = 0.955$

問6　2つのグループからのデータを判別する代表的な方法に，フィッシャーの線形判別がある。グループ1，グループ2の2つのグループから2次元データを収集したものとする。それぞれの標本サイズを n_1, n_2 とし，データを $\{x_1, x_2, \ldots, x_{n_1}\}$，$\{y_1, y_2, \ldots, y_{n_2}\}$ とおく。また，それぞれのグループの平均ベクトルを $\bar{x} = \dfrac{1}{n_1} \sum_{i=1}^{n_1} x_i$，$\bar{y} = \dfrac{1}{n_2} \sum_{i=1}^{n_2} y_i$ とおく。さらに，データ全体を $\{z_1, z_2, \ldots, z_n\}$，平均ベクトルを $\bar{z} = \dfrac{1}{n} \sum_{i=1}^{n} z_i$ とおく。ただし，$n = n_1 + n_2$ である。

〔1〕各グループの分散共分散行列 S_1, S_2 とデータ全体の分散共分散行列 S をそれぞれ

$$S_1 = \frac{1}{n_1} \sum_{i=1}^{n_1} (x_i - \bar{x})(x_i - \bar{x})^\top$$

$$S_2 = \frac{1}{n_2} \sum_{i=1}^{n_2} (y_i - \bar{y})(y_i - \bar{y})^\top$$

$$S = \frac{1}{n} \sum_{i=1}^{n} (z_i - \bar{z})(z_i - \bar{z})^\top$$

とおき，さらに

$$S_{\mathrm{W}} = \frac{n_1}{n} S_1 + \frac{n_2}{n} S_2$$

$$S_{\mathrm{B}} = \frac{n_1}{n} (\bar{x} - \bar{z})(\bar{x} - \bar{z})^\top + \frac{n_2}{n} (\bar{y} - \bar{z})(\bar{y} - \bar{z})^\top$$

と定義する。ここで $\top$ は転置を表すとする。3つの行列 $S, S_{\mathrm{W}}, S_{\mathrm{B}}$ の関係について，次の ① 〜 ④ のうちから最も適切なものを一つ選べ。ただし，$P > Q$ は行列 $P - Q$ の固有値がすべて正であることを意味する。　$\boxed{10}$

① つねに $S > S_{\mathrm{W}} + S_{\mathrm{B}}$ が成り立つ。

② つねに $S = S_{\mathrm{W}} + S_{\mathrm{B}}$ が成り立つ。

③ つねに $S < S_{\mathrm{W}} + S_{\mathrm{B}}$ が成り立つ。

④ 上記に正しいものは一つもない。

8

〔2〕フィッシャーの線形判別は，行列の固有値・固有ベクトルを計算して与えられる。具体的には，対応する固有ベクトルを v，新しいデータを z_0 とおくとき，$v^\top z_0$ により線形判別が行われる。S_W, S_B が

$$S_W = \begin{pmatrix} 4 & 2 \\ 2 & 3 \end{pmatrix}, \quad S_B = \begin{pmatrix} 4 & 2 \\ 2 & 1 \end{pmatrix}$$

と与えられたとき，固有値を計算する行列と，線形判別に用いる固有ベクトル v の組合せとして，次の ① ～ ④ のうちから最も適切なものを一つ選べ。　11

① 行列：$\begin{pmatrix} 1 & 1/2 \\ 0 & 0 \end{pmatrix}$, 固有ベクトル：$\begin{pmatrix} -1 \\ 2 \end{pmatrix}$

② 行列：$\begin{pmatrix} 1 & 1/2 \\ 0 & 0 \end{pmatrix}$, 固有ベクトル：$\begin{pmatrix} 1 \\ 0 \end{pmatrix}$

③ 行列：$\begin{pmatrix} 0 & 0 \\ 0 & -2 \end{pmatrix}$, 固有ベクトル：$\begin{pmatrix} -1 \\ 0 \end{pmatrix}$

④ 行列：$\begin{pmatrix} 0 & 0 \\ 0 & -2 \end{pmatrix}$, 固有ベクトル：$\begin{pmatrix} 0 \\ 1 \end{pmatrix}$

問7 モデル選択に関する次の各問に答えよ。

〔1〕2017 年 1 月 1 日から 2017 年 12 月 31 日までの，ある地域の気象データは日毎に記録されたもの (サンプルサイズは 365) であり，平均気温 (°C)，平均湿度 (%)，平均風速 (m/s)，日照時間 (h) が確認できる。このデータについて，平均気温を y_t，平均湿度を x_{t1}，平均風速を x_{t2}，日照時間を x_{t3} と表す ($t = 1, 2, \ldots, 365$)。平均気温を平均湿度，平均風速，日照時間で予測するための候補モデルとして，以下の線形回帰モデルを考える:

モデル 1: $y_t = \beta_0 + \beta_1 x_{t1} + \beta_2 x_{t2} + \beta_3 x_{t3} + \varepsilon_t$

モデル 2: $y_t = \beta_0 + \beta_1 x_{t1} + \beta_2 x_{t2} + \varepsilon_t$

モデル 3: $y_t = \beta_0 + \beta_1 x_{t1} + \beta_3 x_{t3} + \varepsilon_t$

モデル 4: $y_t = \beta_0 + \beta_2 x_{t2} + \beta_3 x_{t3} + \varepsilon_t$

モデル 5: $y_t = \beta_0 + \beta_1 x_{t1} + \varepsilon_t$

モデル 6: $y_t = \beta_0 + \beta_2 x_{t2} + \varepsilon_t$

モデル 7: $y_t = \beta_0 + \beta_3 x_{t3} + \varepsilon_t$

ただし，ε_t は独立に同一の正規分布 $N(0, \sigma^2)$ に従うものとする。

〔1-1〕t 日目のデータ y_t, x_{t1}, x_{t2}, x_{t3} に対して，モデル 1 の確率密度関数として，次の ① ～ ⑤ のうちから適切なものを一つ選べ。ただし，$\phi(\cdot)$ を標準正規分布の密度関数とする。 **12**

① $\dfrac{1}{\sigma^2}\phi\left(\dfrac{y_t + \beta_0 + \beta_1 x_{t1} + \beta_2 x_{t2} + \beta_3 x_{t3}}{\sigma^2}\right)$

② $\dfrac{1}{\sigma^2}\phi\left(\dfrac{y_t - (\beta_0 + \beta_1 x_{t1} + \beta_2 x_{t2} + \beta_3 x_{t3})}{\sigma^2}\right)$

③ $\dfrac{1}{\sigma}\phi\left(\dfrac{y_t + \beta_0 + \beta_1 x_{t1} + \beta_2 x_{t2} + \beta_3 x_{t3}}{\sigma}\right)$

④ $\dfrac{1}{\sigma}\phi\left(\dfrac{y_t - (\beta_0 + \beta_1 x_{t1} + \beta_2 x_{t2} + \beta_3 x_{t3})}{\sigma}\right)$

⑤ $\dfrac{1}{\sigma}\phi\left(\dfrac{y_t - (\beta_0 + \beta_1 x_{t1} + \beta_2 x_{t2} + \beta_3 x_{t3})}{\sigma^2}\right)$

〔1-2〕モデル1からモデル7の各モデルにおいて最大対数尤度を計算し，以下の結果を得た。

候補モデル	最大対数尤度	パラメータ数
モデル1	−842.9193	5
モデル2	−960.4235	4
モデル3	−845.3840	4
モデル4	−951.6040	4
モデル5	−1016.1566	3
モデル6	−1001.0149	3
モデル7	−962.0377	3

このとき，AICの意味で最適なモデルとして，次の ① ～ ⑤ のうちから最も適切なものを一つ選べ。　　13

① モデル1　　② モデル3　　③ モデル4　　④ モデル5　　⑤ モデル6

〔1-3〕10分割交差検証 (10-fold CV) により，予測誤差の推定を行ったところ以下の図のような結果が得られた。

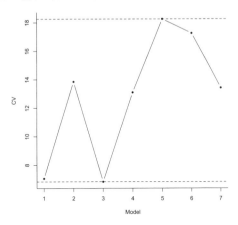

ここで，縦軸は10分割交差検証を行った結果，横軸は交差検証の対象となったモデルを表している。このとき，交差検証の意味で最適なモデルとして，次の ① ～ ⑤ のうちから最も適切なものを一つ選べ。　　14

① モデル1　　② モデル3　　③ モデル4　　④ モデル5　　⑤ モデル6

〔2〕情報量規準 (AIC，BIC) および交差検証の特徴を検証するために，モデル選択に関する数値実験を次の手順で行う。

ステップ1: データを生成するモデルを一つ定める (以下真のモデルと呼ぶ)。

ステップ2: データを表すモデルの候補を真のモデルも含め M 個想定する。

ステップ3: 真のモデルに従いサンプルサイズ N のデータを生成する。

ステップ4: AIC，BIC および 10 分割交差検証を用いて，ステップ2で想定した候補モデルの中からそれぞれ最適なモデルを選択する。

ステップ5: ステップ3，ステップ4を 1000 回繰り返す。

この数値実験をサンプルサイズ $N = 200, 300, 500, 1000$ の 4 通り，候補モデル数 $M = 8$ で行う。次の表は，真のモデルの選択確率 (ステップ4で真のモデルが選択された回数/1000) とステップ4を1回行う際にかかった時間の平均 (秒) を観測した結果である。

サンプルサイズ	選択確率			計算時間 (秒)		
	手法 (A)	手法 (B)	手法 (C)	手法 (A)	手法 (B)	手法 (C)
200	0.456	0.679	0.663	0.183	0.184	1.635
300	0.681	0.801	0.766	0.276	0.275	2.459
500	0.912	0.847	0.821	0.459	0.461	4.115
1000	0.989	0.843	0.808	0.934	0.938	8.383

手法 (A)，(B)，(C) は AIC，BIC，10 分割交差検証のいずれかを表している。この手法と AIC，BIC，10 分割交差検証の対応について，次の ① ～ ⑤ のうちから最も適切なものを一つ選べ。 | 15 |

① (A) AIC　　　　　　　(B) BIC　　　　　　　(C) 10 分割交差検証

② (A) AIC　　　　　　　(B) 10 分割交差検証　(C) BIC

③ (A) BIC　　　　　　　(B) AIC　　　　　　　(C) 10 分割交差検証

④ (A) BIC　　　　　　　(B) 10 分割交差検証　(C) AIC

⑤ (A) 10 分割交差検証　(B) AIC　　　　　　　(C) BIC

問8　ある製薬会社が高血圧治療のための降圧薬 A を開発した。降圧薬 A とプラセボの効果を比較する臨床試験を計画する。各群の血圧の減少量（血圧が減少したら正の値になる）は，ともに分散 σ^2 の正規分布に従うとする。そして，降圧薬 A 群の平均減少量を μ_A，プラセボ群の平均減少量を μ_P，$\mu_A - \mu_P$ で見込む値を $\delta\ (>0)$ とし，有意水準 5%，検出力 80% の片側検定を行う場合の必要症例数の設計を考える。

〔1〕この試験の仮説検定における帰無仮説 H_0 と対立仮説 H_1 の組合せとして，次の ① ～ ⑤ のうちから最も適切なものを一つ選べ。　 **16**

①　$H_0: \mu_A = \mu_P,$　　　$H_1: \mu_A \neq \mu_P$

②　$H_0: \mu_A = \mu_P,$　　　$H_1: \mu_A < \mu_P$

③　$H_0: \mu_A \neq \mu_P,$　　　$H_1: \mu_A > \mu_P$

④　$H_0: \mu_A = \mu_P,$　　　$H_1: \mu_A > \mu_P$

⑤　$H_0: \mu_A - \mu_P = \delta,$　　$H_1: \mu_A - \mu_P < \delta$

〔2〕次の ① ～ ④ のうちから最も適切なものを一つ選べ。　 **17**

①　検出力を 70% に減少させる場合，必要症例数は増加する。

②　有意水準を 1% とする場合，必要症例数は減少する。

③　σ^2 が大きい値であればあるほど，必要症例数は減少する。

④　δ が小さい値であればあるほど，必要症例数は増加する。

〔3〕$\delta = 3.1$ と設定し，また $\sigma = 4.2$ を既知としたときの必要症例数として，次の ① ～ ⑤ のうちから最も適切なものを一つ選べ。ただし，両群の症例数は同じであるとし，必要症例数は両群合わせた数とする。　 **18**

①　22　　　　　②　24　　　　　③　46　　　　　④　58　　　　　⑤　66

問9 Web調査によって10個の項目に関してデータ収集を行った。すべての項目は，1から5までの順序のある回答カテゴリのうちから1つを選ぶ形式であった。また，過去の研究から，10個の項目のうち，1番目から5番目の項目はある因子を，6番目から10番目の項目は別の因子をそれぞれ測定すること，および因子間には中程度の負の相関があることがわかっている。

なお，いくつかの項目は逆転項目になっている。逆転項目とは，他の項目とは逆のことを尋ねている項目である。たとえば，「友達は少ない方である」という項目により外向性を測定した場合，この項目は逆転項目である。逆転項目の場合，値を変換（1を5，2を4，4を2，5を1）してから分析することもあるが，ここではそれは行っていない。

収集されたデータを調べたところ，一部の回答者はWeb調査に真面目に取り組んでおらず，同じ回答カテゴリばかりに回答する傾向があった。そこで，「データを同じ回答カテゴリにばかり回答した回答者（これをA群とする）」と「そうでない回答者（これをB群とする）」に分類してデータ分析を行った。ただし，A群の回答者は，10個の項目に対して必ずしも同じカテゴリに回答するわけではなく，たとえば3,3,3,4,3,3,3,3,3,3というように，いくつかの項目には他とは別のカテゴリに回答することもあるとする。

〔1〕A群のデータとB群のデータに対して探索的因子分析を実行した。図1は固有値のスクリープロット，表1は因子パターン行列（2因子でプロマックス回転の場合），表2は因子間相関である。図1，表1，表2で，数字の1,2はそれぞれA群とB群いずれかのデータの分析結果を表している。

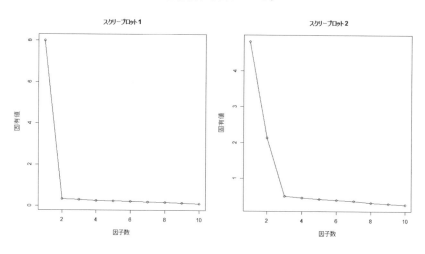

図1: 固有値のスクリープロット

表1: 因子パターン行列（プロマックス回転）

項目番号	因子パターン1		因子パターン2	
	因子1	因子2	因子1	因子2
1	0.02	0.76	0.31	0.61
2	0.18	−0.71	0.57	0.32
3	0.13	−0.73	0.12	0.78
4	0.23	0.88	0.73	0.20
5	−0.02	0.72	0.50	0.40
6	−0.79	0.08	0.71	0.26
7	0.78	0.00	0.31	0.62
8	0.80	0.04	0.79	0.14
9	0.81	0.08	0.36	0.50
10	0.78	−0.04	0.70	0.22

表2: 因子間相関

因子間相関1	因子間相関2
0.86	−0.43

B群のデータの分析結果を表しているものとして，次の ① ～ ⑤ のうちから最も適切なものを一つ選べ。　**19**

① スクリープロット1，　因子パターン1，　因子間相関1
② スクリープロット1，　因子パターン2，　因子間相関1
③ スクリープロット2，　因子パターン1，　因子間相関1
④ スクリープロット2，　因子パターン1，　因子間相関2
⑤ スクリープロット2，　因子パターン2，　因子間相関2

〔2〕逆転項目の項目番号の組合せとして，次の ① ～ ⑤ のうちから最も適切なものを一つ選べ。　**20**

① 6のみ
② 5と6
③ 2と3と6
④ 2と3と10
⑤ 2と3と5と6と10

〔3〕A 群と B 群のデータを併合した状態でも相関行列を求めたとする。なお，A 群と B 群でサンプルサイズは等しく，各項目の平均と標準偏差は 2 つのデータ間で違いはないとする。このとき，項目間の相関について，次の ① ～ ⑤ のうちから最も適切なものを一つ選べ。 21

① A 群のデータにおいて，相関が負になる項目のペアがある。

② B 群のデータにおいて，項目 1 と 4 の相関は負になる。

③ B 群のデータにおいて，項目 1 と 6 の相関は負になる。

④ B 群のデータと併合データで相関の正負が異なる項目のペアはない。

⑤ 併合データにおいて，項目 1 と 2 の相関よりも項目 1 と 4 の相関の方が大きい。

問 10 定常過程 $\{y_t\}$ に対し，時差 h の自己共分散関数 $\gamma(h)$ と自己相関関数 $\rho(h)$ は

$$\gamma(h) = cov(y_t, y_{t+h}), \qquad \rho(h) = \frac{\gamma(h)}{\gamma(0)}$$

と定義される（t と h は整数とする）。ここで $cov(y_t, y_{t+h})$ は y_t と y_{t+h} の共分散である。$\rho(h)$ の図はコレログラムと呼ばれる。また，$\{\varepsilon_t\}$ を独立に $N(0, \sigma^2)$ に従う誤差項とするとき，

$$y_t = \varepsilon_t + b_1\varepsilon_{t-1} + \cdots + b_q\varepsilon_{t-q}$$

で表される時系列モデルを次数 q の MA(q) モデル，

$$y_t = a_1 y_{t-1} + \cdots + a_p y_{t-p} + \varepsilon_t$$

で表される時系列モデルを次数 p の AR(p) モデルという。

〔1〕$\{\varepsilon_t\}$ が独立に $N(0,1)$ に従うときの MA(1) モデル

$$y_t = \varepsilon_t + 0.8\varepsilon_{t-1}$$

のコレログラム $\rho(h)$ とスペクトル密度関数 $f(\lambda)$ の組合せとして，次の ① ～ ④ のうちから最も適切なものを一つ選べ。 22

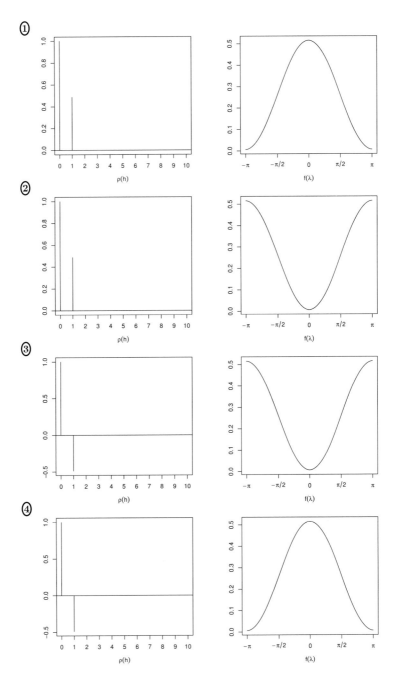

〔2〕 $\{\varepsilon_t\}$ が独立に $N(0, 1)$ に従うときの AR(1) モデル

$$y_t = -0.8y_{t-1} + \varepsilon_t$$

のコレログラム $\rho(h)$ とスペクトル密度関数 $f(\lambda)$ の組合せとして，次の ① 〜 ④ のうちから最も適切なものを一つ選べ。 23

①

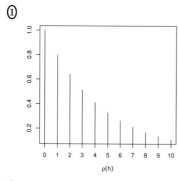 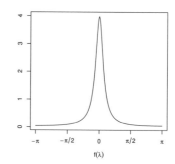

②

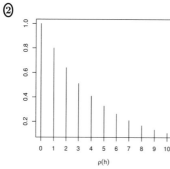 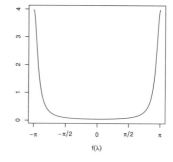

③

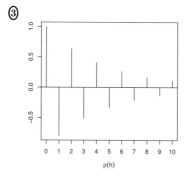 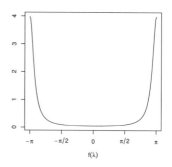

④

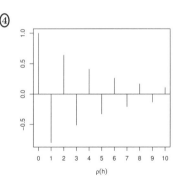 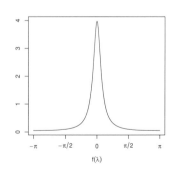

〔3〕 $\{y_t\}$ の標本平均を $\overline{y}_n = \dfrac{1}{n}\displaystyle\sum_{t=1}^{n} y_t$ と定義する。$\{\varepsilon_t\}$ が独立に $N(0,\sigma^2)$ に従うときの MA(1) モデル

$$y_t = \varepsilon_t + 0.8\varepsilon_{t-1}$$

における

$$\lim_{n\to\infty} \frac{nV(\overline{y}_n)}{V(y_t)}$$

の値として，次の ① 〜 ④ のうちから最も適切なものを一つ選べ。ここで $V(\overline{y}_n)$ と $V(y_t)$ はそれぞれ $\overline{y}_n$ と y_t の分散である。　**24**

① 0.02　　　　　② 0.51　　　　　③ 1.98　　　　　④ 41

〔4〕 $\{\varepsilon_t\}$ が独立に $N(0,\sigma^2)$ に従うときの AR(2) モデル

$$y_t = a_1 y_{t-1} + a_2 y_{t-2} + \varepsilon_t$$

において，$\rho(1) = 0.5$, $\rho(2) = -0.25$ となるとき，AR 係数 a_1, a_2 の値の組合せとして，次の ① 〜 ④ のうちから最も適切なものを一つ選べ。　**25**

① $a_1 = 1.2$, $a_2 = -1.5$　　　　　② $a_1 = -1.5$, $a_2 = 1.2$
③ $a_1 = -0.67$, $a_2 = 0.83$　　　　　④ $a_1 = 0.83$, $a_2 = -0.67$

問11 16 × 16 ピクセルからなる 0 〜 9 の手書き数字画像（資料：Le Cun et al. 1990
に基づくデータ https://web.stanford.edu/~hastie/ElemStatLearn/）のうち，
1, 2, 7 の書かれた画像 2381 枚のデータに対して，相関行列に基づく主成分分析を
行った。そして，1, 2, 7 の書かれた画像をランダムに 3 個ずつ選び，その第 1 主成
分得点 (PC1) と第 2 主成分得点 (PC2) を記したのが次の表である。

文字	1	1	1	2	2	2	7	7	7
PC1	−6.57	−7.86	−7.41	6.31	6.72	−0.24	2.94	1.24	8.04
PC2	0.12	1.03	0.48	9.84	1.22	6.28	−8.52	−7.54	−9.53

〔1〕横軸を PC1，縦軸を PC2 としたとき，ランダムに選んだ 250 個の画像の主成
分得点のプロットとして，次の ① 〜 ⑤ のうちから最も適切なものを一つ選べ。

26

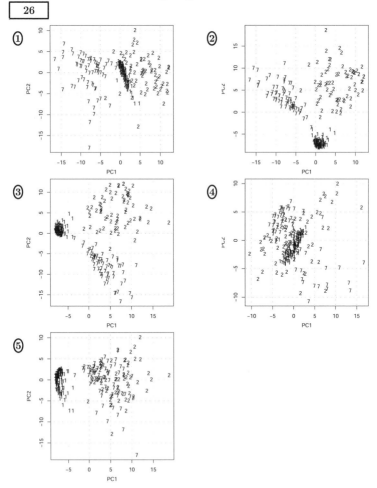

〔2〕主成分分析は，高次元空間に散らばるデータを特徴付ける低次元空間を推定する方法として解釈できる。低次元空間を推定するための方法として自己符号化器を考えよう。

次の文章は自己符号化器についての記述である。空欄「$\boxed{\text{ア}}$ ～ $\boxed{\text{エ}}$」に当てはまる単語の組合せとして，下の $\textcircled{1}$ ～ $\textcircled{5}$ のうちから最も適切なものを一つ選べ。

$\boxed{27}$

自己符号化器は，p 次元の入力ベクトル x を，$p > q$ であるような q 次元空間へ変換する $\boxed{\text{ア}}$ $z = f_\theta(x)$ と，q 次元空間を p 次元空間へ変換する $\boxed{\text{イ}}$ $x' = g_\phi(z)$ からなる $\boxed{\text{ウ}}$ である。ここで，f_θ および g_ϕ は $\boxed{\text{エ}}$ と呼ばれる非線形関数を用いて定義される関数であり，x' と x が近くなるよう定められる。θ および ϕ はそれぞれ $\boxed{\text{ア}}$ と $\boxed{\text{イ}}$ のパラメータベクトルである。

$\textcircled{1}$ ア：符号化器, イ：復号化器, ウ：ニューラルネットワーク,
　エ：活性化関数

$\textcircled{2}$ ア：符号化器, イ：復号化器, ウ：ニューラルネットワーク,
　エ：指示関数

$\textcircled{3}$ ア：復号化器, イ：符号化器, ウ：決定木,
　エ：活性化関数

$\textcircled{4}$ ア：符号化器, イ：復号化器, ウ：決定木,
　エ：指示関数

$\textcircled{5}$ ア：復号化器, イ：符号化器, ウ：ニューラルネットワーク,
　エ：活性化関数

〔3〕$q = 2$ として自己符号化による低次元空間を推定したところ，低次元空間での表のデータの散布図は次の図のようになった。

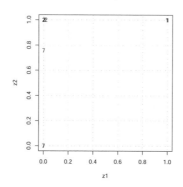

自己符号化器では，通常は誤差逆伝播法を用いてパラメータを推定する。誤差逆伝播法では，通常はデータを無作為に並べ替え，（並べ替えたデータに対して）順番にパラメータを更新する。このようなパラメータの更新規則を確率的勾配降下法とよぶ。

自己符号化器で最小化すべき目的関数を

$$L(\boldsymbol{\theta}, \boldsymbol{\phi}; \boldsymbol{x}) = \frac{1}{2}\|\boldsymbol{x} - \boldsymbol{x}'\|^2 = \frac{1}{2}\|\boldsymbol{x} - g_{\boldsymbol{\phi}}(f_{\boldsymbol{\theta}}(\boldsymbol{x}))\|^2$$

とする。t ステップでのパラメータベクトルを $\boldsymbol{\theta}_t, \boldsymbol{\phi}_t$ とし，$\alpha \, (> 0)$ を学習率係数とする。このとき，入力 $\boldsymbol{x}_t$ に対する確率的勾配降下法でのパラメータの更新規則は

$$\boldsymbol{\phi}_{t+1} = \boldsymbol{\phi}_t - \alpha F(\boldsymbol{x}_t), \quad \boldsymbol{\theta}_{t+1} = \boldsymbol{\theta}_t - \alpha G(\boldsymbol{x}_t)$$

で与えられる。$F(\boldsymbol{x}_t)$ および $G(\boldsymbol{x}_t)$ の組合せとして，次の ① ～ ④ のうちから最も適切なものを一つ選べ。ただし，$\partial_{\boldsymbol{\theta}}$ および $\partial_{\boldsymbol{\phi}}$ は，それぞれパラメータベクトル $\boldsymbol{\theta}$ および $\boldsymbol{\phi}$ でのベクトル偏微分を表す。 <u>**28**</u>

① $F(\boldsymbol{x}_t) = \partial_{\boldsymbol{\phi}} L(\boldsymbol{\theta}_t, \boldsymbol{\phi}; \boldsymbol{x}_t)|_{\boldsymbol{\phi}=\boldsymbol{\phi}_t},$ $G(\boldsymbol{x}_t) = \partial_{\boldsymbol{\theta}} L(\boldsymbol{\theta}, \boldsymbol{\phi}_t; \boldsymbol{x}_t)|_{\boldsymbol{\theta}=\boldsymbol{\theta}_t}$

② $F(\boldsymbol{x}_t) = \partial_{\boldsymbol{\phi}} L(\boldsymbol{\theta}_t, \boldsymbol{\phi}; \boldsymbol{x}_t)|_{\boldsymbol{\phi}=\boldsymbol{\phi}_t},$ $G(\boldsymbol{x}_t) = \partial_{\boldsymbol{\theta}} L(\boldsymbol{\theta}, \boldsymbol{\phi}_t; \boldsymbol{x}_t)|_{\boldsymbol{\theta}=\boldsymbol{\theta}_{t+1}}$

③ $F(\boldsymbol{x}_t) = \partial_{\boldsymbol{\phi}} L(\boldsymbol{\theta}_t, \boldsymbol{\phi}; \boldsymbol{x}_t)|_{\boldsymbol{\phi}=\boldsymbol{\phi}_{t+1}},$ $G(\boldsymbol{x}_t) = \partial_{\boldsymbol{\theta}} L(\boldsymbol{\theta}, \boldsymbol{\phi}_t; \boldsymbol{x}_t)|_{\boldsymbol{\theta}=\boldsymbol{\theta}_t}$

④ $F(\boldsymbol{x}_t) = \partial_{\boldsymbol{\phi}} L(\boldsymbol{\theta}_t, \boldsymbol{\phi}; \boldsymbol{x}_t)|_{\boldsymbol{\phi}=\boldsymbol{\phi}_{t+1}},$ $G(\boldsymbol{x}_t) = \partial_{\boldsymbol{\theta}} L(\boldsymbol{\theta}, \boldsymbol{\phi}_t; \boldsymbol{x}_t)|_{\boldsymbol{\theta}=\boldsymbol{\theta}_{t+1}}$

問12 次の表にある2つの量的変数 x, y についてサンプルサイズ8のデータが得られたとする。表の右側の図は，このデータの散布図を示している。

サンプル番号	変数 x	変数 y
1	0.2	1.6
2	0.3	0.1
3	1.1	1.7
4	1.7	2.6
5	2.1	2.5
6	2.5	3.7
7	2.6	3.5
8	2.7	1.5

2変量正規分布に従う母集団からサイズ8の無作為標本を抽出し，「帰無仮説：母相関係数 $= 0$，対立仮説：母相関係数 $\neq 0$」を有意水準5%で検定する問題を考える。表のデータをこの無作為標本の実現値とみなしたとき，次の文中の空欄を埋めよ。ただし，小数点以下3位を四捨五入せよ。変数 x の偏差平方和が7.16，変数 y の偏差平方和が9.68，変数 x と変数 y の偏差積和が5.91であることは用いてよい。

ピアソンの相関係数を R としたとき，検定統計量を $T = \sqrt{\dfrac{6R^2}{1-R^2}}$ とすると，検定方式を「$T \geq$ 記述6 のとき帰無仮説を棄却」とできる。表のデータから計算した T の実現値は 記述7 であるから，帰無仮説を棄却する。

選択問題及び部分記述問題の正解一覧です。次ページ以降に解説を掲載しています。問題の趣旨やその考え方を理解するために活用してください。

論述問題の問題文，解説例は 37 ページに掲載しています。

問			解答番号	正解
問1	〔1〕		記述 1	0.4
	〔2〕		記述 2	0.85
問2	〔1〕		記述 3	λ^2
	〔2〕		記述 4	$\left(\frac{1}{n}\sum_{i=1}^{n}X_i\right)^2$
	〔3〕		記述 5	$4\lambda^4$
問3	〔1〕		1	⑤
	〔2〕		2	⑤
問4	〔1〕	〔1-1〕	3	③
		〔1-2〕	4	③
	〔2〕		5	②
	〔3〕		6	①
問5	〔1〕		7	②
	〔2〕		8	②
	〔3〕		9	④
問6	〔1〕		10	②
	〔2〕		11	②
問7	〔1〕	〔1-1〕	12	④
		〔1-2〕	13	①
		〔1-3〕	14	②
	〔2〕		15	③

問		解答番号	正解
問8	〔1〕	16	④
	〔2〕	17	④
	〔3〕	18	③
問9	〔1〕	19	④
	〔2〕	20	③
	〔3〕	21	⑤
問10	〔1〕	22	①
	〔2〕	23	③
	〔3〕	24	③
	〔4〕	25	④
問11	〔1〕	26	③
	〔2〕	27	①
	〔3〕	28	①
問12		記述 6	2.45
		記述 7	2.47

選択問題及び部分記述問題　解説

問1

〔1〕 記述 1 ⋯⋯⋯⋯⋯⋯⋯⋯⋯⋯⋯⋯⋯⋯⋯⋯⋯⋯⋯⋯⋯⋯⋯⋯⋯⋯⋯⋯⋯⋯⋯ 正解 0.4

確率の性質より

$$P(A \cup B) = P(A) + P(B) - P(A \cap B) = P(A) + P(B) - P(A|B)P(B)$$

で，これに与えられた確率を代入すれば，

$$0.65 = 0.45 + P(B) - 0.5 \times P(B)$$

である。これを解けば $P(B) = 0.4$ が得られる。

〔2〕 記述 2 ⋯⋯⋯⋯⋯⋯⋯⋯⋯⋯⋯⋯⋯⋯⋯⋯⋯⋯⋯⋯⋯⋯⋯⋯⋯⋯⋯⋯⋯⋯⋯ 正解 0.85

確率の性質より

$$P(A \cup B \cup C) = P(A) + P(B) + P(C) - P(A \cap B) - P(B \cap C)$$
$$- P(C \cap A) + P(A \cap B \cap C)$$

で，これに与えられた確率を代入すれば，

$$0.45 + 0.4 + 0.45 - 0.2 - 0.2 - 0.1 + 0.05 = 0.85$$

が得られる。

問2

〔1〕 記述 3 ⋯⋯⋯⋯⋯⋯⋯⋯⋯⋯⋯⋯⋯⋯⋯⋯⋯⋯⋯⋯⋯⋯⋯⋯⋯⋯⋯⋯⋯⋯⋯ 正解 λ^2

連続型確率変数の期待値の定義より，

$$E(X_i) = \int_0^\infty x \frac{1}{\lambda} e^{-x/\lambda} \mathrm{d}x = [-xe^{-x/\lambda}]_0^\infty + \int_0^\infty e^{-x/\lambda} \mathrm{d}x = [-\lambda e^{-x/\lambda}]_0^\infty = \lambda$$

かつ

$$E(X_i^2) = \int_0^\infty x^2 \frac{1}{\lambda} e^{-x/\lambda} \mathrm{d}x = [-x^2 e^{-x/\lambda}]_0^\infty + \int_0^\infty 2xe^{-x/\lambda} \mathrm{d}x = 2\lambda^2$$

であり，分散の性質より，

$$V(X_i) = E(X_i^2) - E(X_i)^2 = \lambda^2$$

が得られる。

〔2〕 記述 **4** .... 正解 ▶ $\left(\dfrac{1}{n}\displaystyle\sum_{i=1}^{n}X_i\right)^2$

λ に関する対数尤度関数は $-n\log\lambda-\displaystyle\sum_{i=1}^{n}\dfrac{X_i}{\lambda}$ であり，これを微分すると $-\dfrac{n}{\lambda}+$
$\displaystyle\sum_{i=1}^{n}\dfrac{X_i}{\lambda^2}$ となる。これが 0 であるという方程式を解くことにより，λ の最尤推定量は

$$\hat{\lambda}=\frac{1}{n}\sum_{i=1}^{n}X_i$$

である。〔1〕より $\theta=\lambda^2$ なので，

$$\hat{\theta}=\left(\frac{1}{n}\sum_{i=1}^{n}X_i\right)^2$$

である。

対数尤度関数を θ の関数とし，微分して解いてもよい。つまり，θ に関する対数尤度関数は

$$-\frac{n}{2}\log\theta-\sum_{i=1}^{n}\frac{X_i}{\theta^{1/2}}$$

であり，これを微分すると

$$-\frac{n}{2\theta}+\frac{1}{2}\sum_{i=1}^{n}\frac{X_i}{\theta^{3/2}}$$

であるので，これが 0 であるという方程式を解いてもよい。

〔3〕 記述 **5** .... 正解 ▶ $4\lambda^4$

X_i の確率密度関数を $\theta=\lambda^2$ をパラメータとして表現すると

$$f(x;\theta)=\frac{1}{\theta^{1/2}}\exp\left(-\frac{x}{\theta^{1/2}}\right)$$

である。最尤推定量の基本的な性質より漸近分散 $\displaystyle\lim_{n\to\infty}V\{n^{1/2}(\hat{\theta}-\theta)\}$ は

$$E\left\{-\frac{\partial^2}{\partial\theta^2}\log f(X_i;\theta)\right\}^{-1}$$

であるので，

$$\log f(X_i;\theta)=-\frac{1}{2}\log\theta-\frac{X_i}{\theta^{1/2}}$$

を微分すると

$$\frac{\partial}{\partial\theta}\log f(X_i;\theta)=-\frac{1}{2\theta}+\frac{1}{2}\frac{X_i}{\theta^{3/2}}$$

となる。さらに微分すれば，

$$\frac{\partial^2}{\partial \theta^2} \log f(X_i; \theta) = \frac{1}{2\theta^2} - \frac{3}{4}\frac{X_i}{\theta^{5/2}}$$

となる。〔1〕の途中式より $E(X_i) = \theta^{1/2}$ なので,

$$E\left\{ -\frac{\partial^2}{\partial \theta^2} \log f(X_i; \theta) \right\} = \frac{1}{4\theta^2} = \frac{1}{4\lambda^4}$$

が得られ,したがって $\lim_{n \to \infty} V\{n^{1/2}(\hat{\theta} - \theta)\} = 4\lambda^4$ が得られる。

問3

〔1〕 **1** ··· 正解 ⑤

多変量正規分布に従う確率変数の和や差に関する性質を用いると,$\begin{pmatrix} X+Y \\ Y-Z \end{pmatrix}$ の分布は多変量正規分布,その期待値ベクトルは

$$\begin{pmatrix} E(X) + E(Y) \\ E(Y) - E(Z) \end{pmatrix}$$

であり,分散共分散行列は

$$\begin{pmatrix} V(X) + V(Y) + 2\mathrm{cov}(X,Y) & \mathrm{cov}(X,Y) - \mathrm{cov}(X,Z) + V(Y) - \mathrm{cov}(Y,Z) \\ \mathrm{cov}(X,Y) - \mathrm{cov}(X,Z) + V(Y) - \mathrm{cov}(Y,Z) & V(Y) + V(Z) - 2\mathrm{cov}(Y,Z) \end{pmatrix}$$

であることがいえる。これに該当する数値を代入すれば

$$N\left(\begin{pmatrix} 3 \\ -1 \end{pmatrix}, \begin{pmatrix} 5 & 0 \\ 0 & 3 \end{pmatrix} \right)$$

が得られる。

よって,正解は ⑤ である。

〔2〕 **2** ··· 正解 ⑤

多変量正規分布に従う確率変数の条件付き分布に関する性質を用いると,$X = x$,$Y = y$ を与えたもとでの Z の条件付き分布は正規分布,その期待値は

$$E(Z) + \begin{pmatrix} \mathrm{cov}(Z,X) & \mathrm{cov}(Z,Y) \end{pmatrix} \begin{pmatrix} V(X) & \mathrm{cov}(X,Y) \\ \mathrm{cov}(Y,X) & V(Y) \end{pmatrix}^{-1} \begin{pmatrix} x - E(X) \\ y - E(Y) \end{pmatrix}$$

であり,分散は

$$V(Z) - \begin{pmatrix} \mathrm{cov}(Z,X) & \mathrm{cov}(Z,Y) \end{pmatrix} \begin{pmatrix} V(X) & \mathrm{cov}(X,Y) \\ \mathrm{cov}(Y,X) & V(Y) \end{pmatrix}^{-1} \begin{pmatrix} \mathrm{cov}(X,Z) \\ \mathrm{cov}(Y,Z) \end{pmatrix}$$

であることがいえる。これに該当する数値を代入すれば

$$N\left(3 + \begin{pmatrix} 1 & 2 \end{pmatrix} \begin{pmatrix} 2 & 0 \\ 0 & 3 \end{pmatrix}^{-1} \begin{pmatrix} x-1 \\ y-2 \end{pmatrix}, \, 4 - \begin{pmatrix} 1 & 2 \end{pmatrix} \begin{pmatrix} 2 & 0 \\ 0 & 3 \end{pmatrix}^{-1} \begin{pmatrix} 1 \\ 2 \end{pmatrix}\right)$$

$$= N\left(\frac{1}{2}x + \frac{2}{3}y + \frac{7}{6}, \frac{13}{6}\right)$$

が得られる。

よって，正解は ⑤ である。

問4

〔1〕〔1-1〕 **3** ··· 正解 ③

残差平方和を微分すると

$$\frac{\partial}{\partial b}(\boldsymbol{y} - b\boldsymbol{x})^{\top}(\boldsymbol{y} - b\boldsymbol{x}) = 2b\boldsymbol{x}^{\top}\boldsymbol{x} - 2\boldsymbol{x}^{\top}\boldsymbol{y}$$

となるので，b の最小二乗推定値として

$$\frac{\boldsymbol{x}^{\top}\boldsymbol{y}}{\boldsymbol{x}^{\top}\boldsymbol{x}} = \frac{69.88}{30.39} \approx 2.30$$

が得られる。

よって，正解は ③ である。

〔1-2〕 **4** ··· 正解 ③

分散 σ^2 の不偏推定値は，残差平方和を自由度から1を引いたもの，つまり $n-1 = 5$ で割ることで与えられる。よってそれは

$$\frac{1}{5}(\boldsymbol{y}^{\top}\boldsymbol{y} - 2\hat{b}\boldsymbol{x}^{\top}\boldsymbol{y} + \hat{b}^2\boldsymbol{x}^{\top}\boldsymbol{x})$$

$$= \frac{1}{5}(171.04 - 2 \times 2.30 \times 69.88 + 2.30^2 \times 30.39) \approx 2.07$$

である。

よって，正解は ③ である。

〔2〕 **5** ··· 正解 ②

(A)：正しい。$E(\boldsymbol{c}^{\top}\boldsymbol{Y}) = b \iff \boldsymbol{c}^{\top}\boldsymbol{x} = 1$ であることからわかる。

(B)：誤り。もし $\boldsymbol{Y}$ が正規分布に従うならば，(B) は正しいが，この問題文では分布の仮定をしていないため，一般には非線形な不偏推定量を考えるとより小さな分散のものを作れる場合がある。たとえば，説明変数が常に1で，かつ定数項のない回帰を考えれば，位置母数の推定は回帰分析の最も単純なものである。こ

28

こで誤差項として $[-1, 1]$ の一様分布を考えると，最小二乗推定量である標本平均より最小値と最大値の平均のほうが，Rao-Blackwell の定理より分散が小さくなることがわかる。

以上から，正解は ② である。

〔3〕 **6** ……………………………………………………………… 正解 ①

尤度比検定統計量を変形すると

$$\left\{\frac{1/(\boldsymbol{Y}^\top \boldsymbol{Y}/6)}{1/\{(\boldsymbol{Y}-\hat{b}\boldsymbol{x})^\top(\boldsymbol{Y}-\hat{b}\boldsymbol{x})/6\}}\right\}^3 = \left\{1+\frac{\boldsymbol{x}^\top \boldsymbol{x}(\hat{b})^2}{(\boldsymbol{Y}-\hat{b}\boldsymbol{x})^\top(\boldsymbol{Y}-\hat{b}\boldsymbol{x})}\right\}^{-3}$$

となる。ここで，b の最小二乗法による推定量と最尤推定量が一致すること，σ^2 の最尤推定量が残差平方和を 6 で除したもので与えられること，平方和の分解

$$\boldsymbol{Y}^\top \boldsymbol{Y} = \boldsymbol{x}^\top \boldsymbol{x}(\hat{b})^2 + (\boldsymbol{Y}-\hat{b}\boldsymbol{x})^\top(\boldsymbol{Y}-\hat{b}\boldsymbol{x})$$

を用いている。$\dfrac{5\boldsymbol{x}^\top \boldsymbol{x}(\hat{b})^2}{(\boldsymbol{Y}-\hat{b}\boldsymbol{x})^\top(\boldsymbol{Y}-\hat{b}\boldsymbol{x})}$ が自由度 $(1, 5)$ の F 分布に従うからこれを検定統計量にすれば，棄却域は $[6.61, \infty]$ であることがわかる。

よって，正解は ① である。

問5

〔1〕 **7** ……………………………………………………………… 正解 ②

① : 誤り。どちらも不偏推定量であるため，バイアスはない。

② : 正しい。一般化最小二乗推定量は一様最小分散不偏推定量である。

③ : 誤り。どちらも推定量は陽の形で書けるため，推定が容易になることはない。

④ : 誤り。残差二乗和を最小にするのは最小二乗推定である。

⑤ : 誤り。正則化推定と違い，どちらも推定値を 0 に近づける性質はない。

以上から，正解は ② である。

〔2〕 **8** ……………………………………………………………… 正解 ②

決定係数の定義より，$R^2 = \dfrac{\sum_{i=1}^{10}(\hat{y}_i - \bar{y})^2}{\sum_{i=1}^{10}(y_i - \bar{y})^2}$ である。

よって，正解は ② である。

推定量の中では最小二乗推定量が最も高い決定係数を与えるので，①と③と⑤は不適切である。図1より決定係数は高いことがわかるので，④は適切であり，②は不適切である。

よって，正解は④である。

問6

〔1〕 **10** .... 正解 ②

$S = \dfrac{1}{n}\displaystyle\sum_{i=1}^{n}(\boldsymbol{z}_i - \bar{\boldsymbol{z}})(\boldsymbol{z}_i - \bar{\boldsymbol{z}})^\top$ は

$$\frac{1}{n}\left\{ \sum_{i=1}^{n_1}(\boldsymbol{x}_i - \bar{\boldsymbol{z}})(\boldsymbol{x}_i - \bar{\boldsymbol{z}})^\top + \sum_{i=1}^{n_2}(\boldsymbol{y}_i - \bar{\boldsymbol{z}})(\boldsymbol{y}_i - \bar{\boldsymbol{z}})^\top \right\}$$

$$= \frac{1}{n}\left\{ \sum_{i=1}^{n_1}(\boldsymbol{x}_i - \bar{\boldsymbol{x}})(\boldsymbol{x}_i - \bar{\boldsymbol{x}})^\top + \sum_{i=1}^{n_1}(\bar{\boldsymbol{x}} - \bar{\boldsymbol{z}})(\bar{\boldsymbol{x}} - \bar{\boldsymbol{z}})^\top \right.$$

$$\left. + \sum_{i=1}^{n_2}(\boldsymbol{y}_i - \bar{\boldsymbol{y}})(\boldsymbol{y}_i - \bar{\boldsymbol{y}})^\top + \sum_{i=1}^{n_2}(\bar{\boldsymbol{y}} - \bar{\boldsymbol{z}})(\bar{\boldsymbol{y}} - \bar{\boldsymbol{z}})^\top \right\}$$

と展開され，これは $S_\mathrm{W} + S_\mathrm{B}$ である。

よって，正解は②である。

〔2〕 **11** .... 正解 ②

フィッシャーの線形判別では $\dfrac{\boldsymbol{w}^\top S_\mathrm{B} \boldsymbol{w}}{\boldsymbol{w}^\top S_\mathrm{W} \boldsymbol{w}}$ を最大化するベクトル $\boldsymbol{w}$ が用いられる。

つまり，固有値を計算する行列は

$$S_\mathrm{W}^{-1} S_\mathrm{B} = \frac{1}{8}\begin{pmatrix} 3 & -2 \\ -2 & 4 \end{pmatrix}\begin{pmatrix} 4 & 2 \\ 2 & 1 \end{pmatrix} = \begin{pmatrix} 1 & 1/2 \\ 0 & 0 \end{pmatrix}$$

である。そしてその（0 でない）固有値 1 に対する固有ベクトルは $\begin{pmatrix} 1 \\ 0 \end{pmatrix}$ であり，それが線形判別に用いられる。

よって，正解は②である。

問7

〔1〕〔1-1〕 **12** ……………………………………………………… 正解 ④

確率密度関数は

$$\frac{1}{\sqrt{2\pi}\sigma}\exp\left[-\frac{1}{2\sigma^2}\{y_t-(\beta_0+\beta_1 x_{t1}+\beta_2 x_{t2}+\beta_3 x_{t3})\}^2\right]$$

であり，これを書き直すと ④ が得られる。

よって，正解は ④ である。

〔1-2〕 **13** ……………………………………………………… 正解 ①

AIC ＝ － 2 ×（最大対数尤度）＋ 2 ×（パラメータ数）で求めることができ，AIC
の意味で最適なモデルはこの値を最小にするモデルである。それぞれのモデルに対す
る値を求めると次のようになる。

モデル 1	1695.839
モデル 2	1928.847
モデル 3	1698.768
モデル 4	1911.208
モデル 5	2038.313
モデル 6	2008.030
モデル 7	1930.075

つまり，最小値を与えるのはモデル 1 である。

よって，正解は ① である。

〔1-3〕 **14** ……………………………………………………… 正解 ②

10 分割交差検証の意味で最適なモデルは予測残差の推定値を最小にするモデルで
ある。図において一番小さい値を与えているのはモデル 3 である。

よって，正解は ② である。

〔2〕 **15** ……………………………………………………… 正解 ③

手法 (A)：データサイズが大きくなると選択確率が上がっており，モデル選択の一致
性を有する BIC であると判断される。

手法 (B)：データサイズが大きくなっても選択確率が常に上がっているのではないの
で AIC と判断される。

手法 (C)：計算時間が大きく，10 分割交差検証であると判断される。

よって，正解は ③ である。

問8

〔1〕 **16** .... 正解 ④

受容されたら効果に差があるとは限らない，棄却されたら効果に差がある（μ_A の ほうが効果がある），と統計的に判断できる帰無仮説と対立仮説を考えればよいので， ④が最も適切である。

よって，正解は④である。

〔2〕 **17** .... 正解 ④

有意水準を α，検出力を $1-\beta$ とし，標準正規分布の上側 α 点と上側 β 点をそれ ぞれ z_α と z_β，各群の症例数を n で表すことにする。降圧薬 A 群の標本平均とプラ セボ群の標本平均の差は，帰無仮説 H_0 のもとで期待値 0，対立仮説のもとで期待値 δ_0，どちらの仮説のもとでも分散 $2\sigma^2/n$ の正規分布に従う。したがって，標本平均 の差が $(2/n)^{1/2}\sigma z_\alpha$ を超えたときに帰無仮説は棄却される。一方，この検定の検出力 が $1-\beta$ となるためには，$(2/n)^{1/2}\sigma z_\alpha = -(2/n)^{1/2}\sigma z_\beta + \delta$ を満たす必要がある。 したがって，必要症例数は $n = \{(z_\alpha + z_\beta) \times \sigma/\delta\}^2 \times 2$ を超える最小の整数の 2 倍 である。

①：誤り。検出力を小さくすることは，β を大きくすることなので，必要症例数は減 少する。

②：誤り。有意水準を小さくすることは，α を小さくすることなので，必要症例数は 増加する。

③：誤り。分散 σ^2 を大きくすると，必要症例数は増加する。

④：正しい。差 δ を小さくすると，必要症例数は増加する。

以上から，正解は④である。

〔3〕 **18** .... 正解 ③

$z_\alpha = 1.64$，$z_\beta = 0.84$，$\sigma = 4.2$，$\delta = 3.1$ とすると，〔2〕の解答で与えた量は
$$\{(z_\alpha + z_\beta) \times \sigma/\delta\}^2 \times 2 \approx 22.58$$
となる。つまり，これを超える最小の整数の 2 倍である必要症例数は 46 となる。

よって，正解は③である。

32

問9

〔1〕　**19** .... 正解 ④

　　問題文より，真面目に調査に取り組んだ場合，因子が2つあり，それらは項目1〜5にかかわるものと項目6〜10にかかわるものに分かれる。また，因子間には中程度の負の相関がある。このことから，B群では，因子が2つあることを示すスクリープロットは2（3番目からの因子の固有値は小さな値である），項目1〜5にかかわるものと項目6〜10にかかわるものを示す因子パターンは1，そして負の相関を持つことから因子間相関は2である。

　　よって，正解は④である。

〔2〕　**20** .... 正解 ③

　　問題文より，因子2は項目1〜5にかかわっており，その中で負の値をとるのは2と3である。また，因子1は項目6〜10にかかわっており，その中で負の値をとるのは6である。

　　よって，正解は③である。

〔3〕　**21** .... 正解 ⑤

①：誤り。A群は同じカテゴリにばかり回答する回答者の集まりであり，項目間には高い正の相関が生まれる。

②：誤り。1と4は逆転項目の関係にはなく，B群のデータにおいて相関は正になる。

③：誤り。1と6は別の因子を測定する項目である。因子間の相関は負であるが，6は逆転項目になっており，相関は正になる。

④：誤り。逆転項目がいくつか存在するため，B群のデータで相関が負になる項目のペアが存在することが考えられる。一方で，A群のデータでは項目間に高い正の相関が想定されるため，B群のデータと併合データで相関の正負が逆転する変数のペアが生まれる可能性がある。

⑤：正しい。2は逆転項目であるため，1と2の相関はA群では正であるが，B群では負になる。したがって，併合データでは1と2の間に大きな相関は期待できない。一方，4は逆転項目ではないため，1と4の相関は，A群では正，B群でも正になる。したがって，併合データでも正になる。ここから，併合データでは，1と2の相関よりも1と4の相関のほうが大きいと考えられる。

以上から，正解は⑤である。

問10

〔1〕 **22** .... 正解 ①

$\rho(h)$ は $h = 1$ で

$$\frac{b_1}{1 + b_1^2} = \frac{0.8}{1 + (0.8)^2} = 0.49$$

であり，$h \geq 2$ で 0 である。また，$f(\lambda)$ は

$$\frac{1}{2\pi}\left|1 + b_1 e^{i\lambda}\right|^2 = \frac{1}{2\pi}\left|1 + 0.8 e^{i\lambda}\right|^2$$

であり，低周波数成分の影響が強いことがわかる。

よって，正解は①である。

〔2〕 **23** .... 正解 ③

$\rho(h)$ は $\rho(h) = a_1^h = (-0.8)^h$，$f(\lambda)$ は

$$\frac{1}{2\pi}\left|1 - a_1 e^{i\lambda}\right|^{-2} = \frac{1}{2\pi}\left|1 + 0.8 e^{i\lambda}\right|^{-2}$$

であり，高周波数成分の影響が強いことがわかる。

よって，正解は③である。

〔3〕 **24** .... 正解 ③

求めたい極限は

$$\lim_{n \to \infty} \frac{nV(\bar{y}_n)}{V(y_t)} = \lim_{n \to \infty} \frac{V(0.8\epsilon_0 + 1.8\epsilon_1 + \cdots + 1.8\epsilon_{n-1} + \epsilon_n)/n}{V(\epsilon_t + 0.8\epsilon_{t-1})}$$

と書け，ここで分子は n が大きいときにほぼ $V(1.8\epsilon_1 + \cdots + 1.8\epsilon_{n-1} + 1.8\epsilon_n)/n$ とみなせる。したがって，この極限として

$$\frac{V(1.8\epsilon_t)}{V(\epsilon_t + 0.8\epsilon_{t-1})} = \frac{3.24}{1.64} \approx 1.98$$

が得られる。分子をもっと厳密に評価する別解は以下である。定常過程の標本平均の分散は

$$nV(\bar{y}_n) = \frac{1}{n}\sum_{i,j=1}^{n} \text{cov}(y_i, y_j) = \sum_{|h|<n}\left(1 - \frac{|h|}{n}\right)\gamma(h)$$

となる。ここでは $\{y_t\}$ は MA(1) モデルに従うので，$\gamma(0) = (1 + 0.8^2)\sigma^2$，$\gamma(1) = \gamma(-1) = 0.8\sigma^2$，$|h| \geq 2$ で $\gamma(h) = 0$ である。よって，

$$nV(\bar{y}_n) = (1 + 0.8^2)\sigma^2 + \frac{2(n-1)}{n}0.8\sigma^2$$

となる。

これより求めたい比の極限は $\dfrac{3.24}{1.64} \approx 1.98$ である。

よって，正解は ③ である。

〔4〕 **25** .... 正解 ④

$$\rho(1) = a_1 + a_2\rho(1) = a_1 + 0.5a_2 = 0.5$$

と

$$\rho(2) = a_1\rho(1) + a_2 = 0.5a_1 + a_2 = -0.25$$

を解くと，$a_1 \approx 0.833$ と $a_2 \approx -0.667$ となる。

よって，正解は ④ である。

問11

〔1〕 **26** .... 正解 ③

表を見ると，1 のプロットは $(-7.28, 0.54)$，2 のプロットは $(4.26, 5.78)$，7 のプロットは $(4.07, -8.53)$ のまわりにある。これに適合するのは ③ である。

よって，正解は ③ である。

〔2〕 **27** .... 正解 ①

自己符号化器は，p 次元の入力ベクトル $\boldsymbol{x}$ を，$p > q$ であるような q 次元空間へ変換する 符号化器 $\boldsymbol{z} = f_\theta(\boldsymbol{x})$ と，q 次元空間を p 次元空間へ変換する 復号化器 $\boldsymbol{x}' = g_\phi(\boldsymbol{z})$ からなる ニューラルネットワーク である。ここで，f_θ および g_ϕ は 活性化関数 と呼ばれる非線形関数を用いて定義される関数であり，$\boldsymbol{x}'$ と $\boldsymbol{x}$ が近くなるよう定められる。$\boldsymbol{\theta}$ および $\boldsymbol{\phi}$ はそれぞれ 符号化器 と 復号化器 のパラメータベクトルである。

よって，正解は ① である。

〔3〕 **28** .... 正解 ①

$F(\boldsymbol{x}_t)$ と $G(\boldsymbol{x}_t)$ はそれぞれ $\boldsymbol{\phi}_t$ と $\boldsymbol{\theta}_t$ の更新に用いるために，$\boldsymbol{\phi} = \boldsymbol{\phi}_t$ と $\boldsymbol{\theta} = \boldsymbol{\theta}_t$ のもとでの $L(\boldsymbol{\theta}, \boldsymbol{\phi}; \boldsymbol{x}_t)$ の勾配ベクトルを計算したものである。

よって，正解は ① である。

問 12

記述 **6** ·· 正解 2.45

記述 **7** ·· 正解 2.47

ピアソンの相関係数を R としたとき，$R\left(\dfrac{6}{1-R^2}\right)^{1/2}$ は自由度 6 の t 分布に従うため，その上側 2.5% 点である 2.45 を棄却点にすればよい。そして，R の実現値は $\dfrac{5.91}{(7.16 \times 9.68)^{1/2}} \approx 0.71$ であり，これを T の式に代入すればその実現値が 2.47 であることがわかる。

論述問題　（3問中1問選択）

問1

$n = 0, 1, 2, \cdots$ に対して，X_n と Y_n は整数値をとる確率変数（あるいは確率ベクトル）とする。

$X_0, X_1, X_2, \cdots$ は次の性質をもつものとする：任意の $n\ (\geq 1), i, j, i_0, i_1, \cdots, i_{n-2}$ に対して

$$P(X_n = j | X_{n-1} = i, X_{n-2} = i_{n-2}, \cdots, X_1 = i_1, X_0 = i_0) = P(X_n = j | X_{n-1} = i)$$

が成り立つ。このような性質をもつ $\{X_n\}$ はマルコフ性をもつという。

一方，$Y_0, Y_1, Y_2, \cdots$ は次の性質をもつものとする：任意の $n\ (\geq 1)$ に対して期待値は有界であり，

$$E(Y_n | Y_{n-1}, Y_{n-2}, \cdots, Y_1, Y_0) = Y_{n-1}$$

が成り立つ。このような性質をもつ $\{Y_n\}$ をマルチンゲールという。

いま，X_n の値が i であったとき，X_{n+1} の値が j となる（条件つき）確率は n には依存しないと仮定し，この値を $p_{i,j}$ で表す，つまり

$$p_{i,j} = P(X_{n+1} = j | X_n = i)$$

とする。そして，$P(X_0 = 0) = 1$ を満たし，$\{p_{i,j}\}$ が

$$p_{i,i+1} = p_{i,i-1} = \frac{1}{2},\ p_{i,i} = 0,\ i = 0, \pm 1, \pm 2, \cdots$$

$$p_{i,j} = 0,\ |i - j| \geq 2$$

で与えられるとする。さらに，$S_n = \displaystyle\sum_{k=0}^{n} X_k$ とする。

〔1〕確率過程 $\{S_n\}_{n=0,1,2,\cdots}$ がマルコフ性をもつかどうか，マルチンゲールかどうかを調べよ。

〔2〕確率ベクトル過程 $\{(X_n, S_n)\}_{n=0,1,2,\cdots}$ がマルコフ性をもつかどうか，マルチンゲールかどうかを調べよ。

〔3〕$T_0 = X_0,\ T_1 = X_1,\ T_n = T_{n-1} + (X_n - X_{n-1})T_{n-2}\ (n = 2, 3, 4, \cdots)$ としたとき，確率過程 $\{T_n\}_{n=0,1,2,\cdots}$ がマルコフ性をもつかどうか，マルチンゲールかどうかを調べよ。

解答例

〔1〕たとえば

$$P(S_4 = 2 \mid S_3 = 0) = P(X_4 = 2 \mid S_3 = 0) = P(X_4 = 2, \, S_3 = 0)/P(S_3 = 0)$$

について考える。$S_3 = 0$ となるのは $X_0 = 0$, $X_1 = 1$, $X_2 = 0$, $X_3 = -1$ あるいは $X_0 = 0$, $X_1 = -1$, $X_2 = 0$, $X_3 = 1$ のときであり，両方とも起きる確率は $1/8$ であるので，$P(S_3 = 0) = 1/4$ である。一方，$X_4 = 2$, $S_3 = 0$ となるのは $X_0 = 0$, $X_1 = -1$, $X_2 = 0$, $X_3 = 1$, $X_4 = 2$ のときのみであり，これが起きる確率は $1/16$ である。したがって，$P(S_4 = 2 \mid S_3 = 0) = 1/4$ である。そして

$$P(S_4 = 2 \mid S_3 = 0, \, S_2 = 1, \, S_1 = 1, \, S_0 = 0)$$
$$= P(X_4 = 2 \mid X_3 = -1, \, X_2 = 0, \, X_1 = 1) = 0$$

であることより，マルコフ性を持たないことがわかる。また，

$$\begin{aligned}
E(S_n \mid S_{n-1}, \cdots, S_0) &= E(S_{n-1} + X_n \mid S_{n-1}, \cdots, S_0) \\
&= S_{n-1} + E(X_n \mid S_{n-1}, \cdots, S_0) \\
&= S_{n-1} + E(X_n \mid X_{n-1}, \cdots, X_0) \\
&= S_{n-1} + E(X_n \mid X_{n-1}) \\
&= S_{n-1} + \frac{1}{2}(X_{n-1} - 1) + \frac{1}{2}(X_{n-1} + 1) \\
&= S_{n-1} + (S_{n-1} - S_{n-2})
\end{aligned}$$

であり，マルチンゲールでない。

〔2〕仮定より i_0, j_0 はおのおの 0 とする。

$$\begin{aligned}
&P(S_n = i_n, X_n = j_n \mid S_{n-1} = i_{n-1}, X_{n-1} = j_{n-1}, \cdots, S_0 = i_0, X_0 = j_0) \\
&= P(X_n - X_{n-1} = j_n - j_{n-1}, i_n - i_{n-1} = j_n) \\
&= P(S_n = i_n, X_n = j_n \mid S_{n-1} = i_{n-1}, X_{n-1} = j_{n-1})
\end{aligned}$$

であり，マルコフ性を持つ。また，

$$E((S_n, X_n) \mid (S_{n-1}, X_{n-1}), \cdots, (S_0, X_0)) = (S_{n-1} + X_{n-1}, X_{n-1})$$

であり，マルチンゲールでない。

〔3〕もしマルコフ性を持つならば，

$$P(T_5 = 3 \mid T_4 = 1, T_3 = 0, T_2 = 1, T_1 = 1, T_0 = 0) = 0$$
$$\ne 1/2 = P(T_5 = 3 \mid T_4 = 1, T_3 = 2, T_2 = 1, T_1 = 1, T_0 = 0)$$

の左辺と右辺は等しく $P(T_5 = 3 \mid T_4 = 1)$ となるはずである。しかし実際は異なった確率であるので，マルコフ性を持たないことがわかる。$X_n - X_{n-1}$ は $T_{n-1}, \cdots, T_0$ に依存しないので $E(X_n - X_{n-1} \mid T_{n-1}, \cdots, T_0) = 0$ であり，$E(T_n \mid T_{n-1}, \cdots, T_0) = T_{n-1}$ となるから，マルチンゲールである。

問2

ベイズ法に関する次の各問に答えよ。

〔1〕確率変数 X は,ある事象の生起確率 θ が未知の二項分布 $\mathrm{Bin}(n,\theta)$ に従うものとする。また,θ の事前分布としてベータ分布 $\mathrm{Be}(\alpha_0,\beta_0)$,$\alpha_0>0$,$\beta_0>0$ を仮定すると,事後分布もベータ分布となり,これを $\mathrm{Be}(\alpha_1,\beta_1)$ と表す。ここで,θ がベータ分布 $\mathrm{Be}(\alpha,\beta)$ に従うとき,その確率密度関数はベータ関数 $\mathrm{B}(\alpha,\beta)=\int_0^1 t^{\alpha-1}(1-t)^{\beta-1}dt$ を用いて

$$f(\theta|\alpha,\beta)=\frac{1}{\mathrm{B}(\alpha,\beta)}\theta^{\alpha-1}(1-\theta)^{\beta-1} \qquad (0\le\theta\le1,\ \alpha>0,\ \beta>0)$$

で与えられる。

〔1-1〕上の二項分布とベータ分布のように,標本の確率分布のパラメータに対して事前分布と事後分布が同一の分布族となるような性質を持つ事前分布を共役事前分布と呼ぶ。

標本の確率分布と共役事前分布の組合せとして,次の (A) ～ (C) のうち正しいもののみをすべて挙げよ。

	標本の確率分布	共役事前分布
(A)	ポアソン分布	ガンマ分布
(B)	正規分布（平均未知,分散既知）	正規分布
(C)	正規分布（平均既知,分散未知）	ベータ分布

〔1-2〕観測データ $X=x_0$ が得られたとき,事後分布のベータ分布のパラメータ α_1,β_1 を x_0,n,α_0,β_0 を用いて表せ。

〔1-3〕$\alpha_0>1$,$\beta_0>1$ とする。観測データ $X=x_0$ が得られたとき,θ の事後密度関数の値を最大とする θ を x_0,n,α_0,β_0 を用いて表せ。

〔2〕確率変数 X_1, X_2, X_3, X_4 が未知の平均 μ を持つ正規分布 $N(\mu, 4)$ に独立に従っているとする。また，μ の事前分布として正規分布 $N(0, 1)$ を仮定する。

〔2-1〕 1 回の観測を行い，$X_1 = 3.0$ が得られた。このとき，酔歩連鎖によるメトロポリス・ヘイスティングス法を用いて μ の事後分布 $f(\mu \mid X_1 = 3.0)$ に従う乱数を 11000 個（$\mu^{(1)}, \mu^{(2)}, \cdots, \mu^{(11000)}$ と表す）発生させ，$\mu^{(1)}$ から $\mu^{(1000)}$ までの 1000 個を除いた残りの 10000 個の乱数から μ の事後分布を考える。下図の (A) 〜 (D) のいずれかは発生させた 10000 個の乱数 $\mu^{(1001)}, \mu^{(1002)}, \cdots, \mu^{(11000)}$ のヒストグラムを描いたものである。(A) 〜 (D) のうち発生させた乱数のヒストグラムとして正しいものはどれか。理由も含めて答えよ。

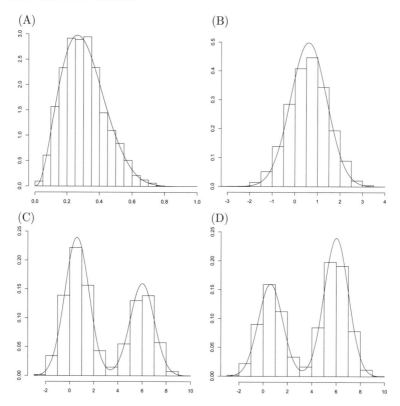

〔2-2〕 あらためて観測を行い，$X_2 = 2.3$, $X_3 = 4.2$, $X_4 = 1.5$ を得た。このとき，事後分布 $f(\mu \mid X_1 = 3.0)$ を μ の新たな事前分布とし，事後分布 $f(\mu \mid X_2 = 2.3, X_3 = 4.2, X_4 = 1.5)$ を求めよ。

解答例

〔1〕

〔1-1〕(A) と (B)

〔1-2〕事後密度関数は

$$f(\theta \mid x_0) \propto \binom{n}{x_0} \theta^{x_0}(1-\theta)^{n-x_0} \times \frac{1}{\mathrm{B}(\alpha_0, \beta_0)} \theta^{\alpha_0-1}(1-\theta)^{\beta_0-1}$$

$$\propto \theta^{x_0+\alpha_0-1}(1-\theta)^{n-x_0+\beta_0-1}$$

と書けるから，$\alpha_1 = x_0 + \alpha_0$ と $\beta_1 = n - x_0 + \beta_0$ が得られる。

〔1-3〕事後密度関数を θ で微分すると

$$定数 \times \left(\frac{x_0+\alpha_0-1}{\theta} - \frac{n-x_0+\beta_0-1}{1-\theta} \right) \theta^{x_0+\alpha_0-1}(1-\theta)^{n-x_0+\beta_0-1}$$

となるため，事後密度関数を最大にする θ は $\dfrac{x_0+\alpha_0-1}{n+\alpha_0+\beta_0-2}$ である。

〔2〕

〔2-1〕事後密度関数は

$$f(\mu \mid X_1 = 3.0) \propto \exp\left\{ -\frac{1}{2}\mu^2 - \frac{1}{8}(3-\mu)^2 \right\} \propto \exp\left\{ -\frac{5}{8}\left(\mu - \frac{3}{5}\right)^2 \right\}$$

と書けるから，事後分布は $N\left(\dfrac{3}{5},\ \dfrac{4}{5}\right)$ であり，これを描いているのは (B)。

〔2-2〕事後密度関数は

$$f(\mu \mid X_2 = 2.3, X_3 = 4.2, X_4 = 1.5)$$

$$\propto \exp\left\{ -\frac{5}{8}\left(\mu - \frac{3}{5}\right)^2 - \frac{1}{8}(2.3-\mu)^2 - \frac{1}{8}(4.2-\mu)^2 - \frac{1}{8}(1.5-\mu)^2 \right\}$$

$$\propto \exp\left\{ -\left(\mu - \frac{11}{8}\right)^2 \right\}$$

と書けるから，事後分布は $N\left(\dfrac{11}{8},\ \dfrac{1}{2}\right)$ である。

〔1〕被験者 n 人に対し血圧を測定し,血圧が130(mmHg)以上だった被験者を高血圧群と呼び,高血圧群の全被験者のみについて後日再測定した。1回目の血圧及び2回目の血圧を表す確率変数をそれぞれ $Y_{1i}, Y_{2i}\,(i = 1, 2, \cdots, n)$ とする。また,高血圧群かどうかを表す指示変数を $H_i\,(i = 1, 2, \cdots, n)$ とし,高血圧であれば1,そうでなければ0を取る2値変数とする。(Y_{1i}, Y_{2i}, H_i) は独立同一分布に従うとし,この実現値を (y_{1i}, y_{2i}, h_i) と表すことにする。$h_i = 1$ である被験者は m 人であったとし,始めの m 人が高血圧群,残りの $n - m$ 人が非高血圧群となるようにデータを並び替えておく。

図1は高血圧群の観測データ $y_{1i}, y_{2i}\,(i = 1, 2, \cdots, m)$ の散布図である。直線はそれに対する単回帰直線である。

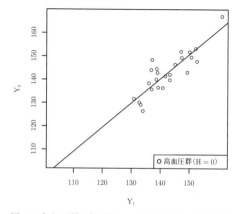

図1:高血圧群の観測データの散布図と回帰直線

　図 2 は高血圧群に加え，非高血圧群のデータも含めた $y_{1i}, y_{2i} (i = 1, 2, \cdots, n)$ の散布図である。非高血圧群の 2 回目のデータは本当は観測されていない。破線は（その観測されていないデータも含めた）すべてのデータを用いて得られる単回帰直線である。

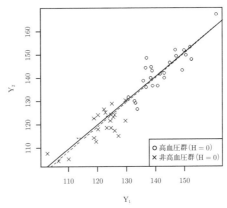

図 2：高血圧群と非高血圧群を合わせたデータの散布図と回帰直線

〔1〕図 2 で，高血圧群のみのデータを用いた単回帰直線と，すべてのデータを用いた単回帰直線は，似たような直線となっている。実際，高血圧群のデータにおいて，関係式
$$E(Y_{2i} | Y_{1i} = y_1) = E(Y_{2i} | Y_{1i} = y_1, H_i = 1)$$
が成り立つので，単回帰分析が妥当であるならば両直線は似たものとなる。この関係式が成り立つことを示せ。

〔2〕1 回目と 2 回目の血圧の関係に興味があるとし，次の単回帰分析を考える。
$$E(Y_{2i} | Y_{1i} = y_1; \boldsymbol{\beta}) = \beta_0 + \beta_1 y_1$$
　ここで，$\boldsymbol{\beta} = (\beta_0, \beta_1)^\top \in \mathbb{R}^2$，$^\top$ は転置を表すとする。いま非高血圧群の 2 回目のデータは観測されないため，存在している高血圧群のみのデータを用いて最小二乗法で回帰係数を推定した。このとき，この最小二乗推定値 $\hat{\boldsymbol{\beta}} = (\hat{\beta}_0, \hat{\beta}_1)^\top$ は $\boldsymbol{\beta}$ の不偏推定値であることを示せ。

〔3〕 2回目の血圧に関する期待値 $\mu_2 = E(Y_{2i})$ を，観測データだけを用いて推定したい。そのため，観測されていない非高血圧群のデータ y_{2i} を〔2〕で推定した回帰直線による予測値

$$\hat{y}_{2i} = \hat{\beta}_0 + \hat{\beta}_1 y_{1i} \quad (i = m+1, \cdots, n)$$

で代用し，図3のような擬似的な完全データを作成した。いま，μ_2 を2回目の測定値に対する擬似的な完全データから計算される標本平均 $\hat{\mu}_2$ で推定することを考える。このとき，$\hat{\mu}_2$ は μ_2 の不偏推定値であることを示せ。

Y_1	Y_2	H
y_{11}	y_{21}	1
$\vdots$	$\vdots$	$\vdots$
y_{1m}	y_{2m}	1
	欠測値を予測値で置き換え	
$y_{1(m+1)}$	$\hat{y}_{2(m+1)}$	0
$\vdots$	$\vdots$	$\vdots$
y_{1n}	$\hat{y}_{2n}$	0

図3：2回目の測定の欠測値を単回帰による予測値で埋めた擬似的な完全データ

〔4〕 推定値 $\hat{\boldsymbol{\beta}}$ の推定精度を上げるため，〔3〕で得られた擬似的な完全データを用いて最小二乗推定を行うことを考える。このとき，擬似的な完全データから計算される最小二乗推定値 $\hat{\boldsymbol{\beta}}_{\mathrm{imp}}$ は〔2〕で計算された最小二乗推定値 $\hat{\boldsymbol{\beta}}$ より良い推定値となるかどうか，両推定値を比較することで調べよ。

解答例

〔1〕 $f_{Y_{2i}, H_i | Y_{1i}}(y_2, h | y_1)$ を $Y_{1i} = y_1$ を与えたもとでの $(Y_{2i}, H_i) = (y_2, h)$ の条件付き確率密度，$f_{H_i | Y_{1i}, Y_{2i}}(h | y_1, y_2)$ を $(Y_{1i}, Y_{2i}) = (y_1, y_2)$ を与えたもとでの $H_i = h$ の条件付き確率，$f_{Y_{2i} | Y_{1i}}(y_2 | y_1)$ を $Y_{1i} = y_1$ を与えたもとでの $Y_{2i} = y_2$ の条件付き確率密度，などと表記することにすると，

$$f_{Y_{2i}, H_i | Y_{1i}}(y_2, h | y_1) = f_{H_i | Y_{1i}, Y_{2i}}(h | y_1, y_2) f_{Y_{2i} | Y_{1i}}(y_2 | y_1)$$

である。ここで

$$f_{H_i | Y_{1i}, Y_{2i}}(h | y_1, y_2) = f_{H_i | Y_{1i}}(h | y_1)$$

を用いると，

$$f_{Y_{2i}, H_i | Y_{1i}}(y_2, h | y_1) = f_{H_i | Y_{1i}}(h | y_1) f_{Y_{2i} | Y_{1i}}(y_2 | y_1)$$

が得られる。よって，$y_1 > 130$ かつ $h = 1$ で

$$f_{Y_{2i} | Y_{1i}, H_i}(y_2 | y_1, h) = f_{Y_{2i} | Y_{1i}}(y_2 | y_1)$$

であり，関係式が得られる。

[2] $\tilde{\boldsymbol{Y}}_{1i} = (1, Y_{1i})$ とすると，$E(\hat{\boldsymbol{\beta}} \mid \boldsymbol{Y}_1, \boldsymbol{H})$ は

$$\left(\sum_{i=1}^{n} H_i \tilde{\boldsymbol{Y}}_{1i}^{\top} \tilde{\boldsymbol{Y}}_{1i} \right)^{-1} \sum_{i=1}^{n} H_i \tilde{\boldsymbol{Y}}_{1i}^{\top} E(Y_{2i} \mid Y_{1i}, H_i)$$

$$= \left(\sum_{i=1}^{n} H_i \tilde{\boldsymbol{Y}}_{1i}^{\top} \tilde{\boldsymbol{Y}}_{1i} \right)^{-1} \sum_{i=1}^{n} H_i \tilde{\boldsymbol{Y}}_{1i}^{\top} E(Y_{2i} \mid Y_{1i}) = \boldsymbol{\beta}$$

と書けるから。

[3] $E(\hat{\mu}_2 \mid \boldsymbol{Y}_1, \boldsymbol{H})$ は

$$\frac{1}{n} \sum_{i=1}^{n} E\left\{ H_i E(Y_{2i} \mid Y_{1i}, H_i) + (1 - H_i) \tilde{\boldsymbol{Y}}_{1i} \hat{\boldsymbol{\beta}} \,\middle|\, Y_{1i}, H_i \right\}$$

$$= \frac{1}{n} \sum_{i=1}^{n} \left\{ H_i \tilde{\boldsymbol{Y}}_{1i} \boldsymbol{\beta} + (1 - H_i) \tilde{\boldsymbol{Y}}_{1i} \boldsymbol{\beta} \right\} = \frac{1}{n} \sum_{i=1}^{n} \tilde{\boldsymbol{Y}}_{1i} \boldsymbol{\beta} = \frac{1}{n} \sum_{i=1}^{n} E(Y_{2i} \mid Y_{1i})$$

である。$(\boldsymbol{Y}_1, \boldsymbol{H})$ で周辺化すれば，

$$E(\hat{\mu}_2) = E_{\boldsymbol{Y}_1, \boldsymbol{H}} \left\{ \frac{1}{n} \sum_{i=1}^{n} E(Y_{2i} \mid Y_{1i}) \right\}$$

$$= \frac{1}{n} \sum_{i=1}^{n} E_{Y_{1i}} \{ E(Y_{2i} \mid Y_{1i}) \} = \frac{1}{n} \sum_{i=1}^{n} \mu_2 = \mu_2$$

であることがわかる。

[4] $\hat{\boldsymbol{\beta}}_{\mathrm{imp}}$ は

$$\mathrm{argmin}_{\boldsymbol{\beta}} \sum_{i=1}^{n} \left\{ H_i (Y_{2i} - \tilde{\boldsymbol{Y}}_{1i} \boldsymbol{\beta})^2 + (1 - H_i)(\hat{Y}_{2i} - \tilde{\boldsymbol{Y}}_{1i} \boldsymbol{\beta})^2 \right\}$$

と表せるが，第1項目を最小化する $\boldsymbol{\beta}$ は $\hat{\boldsymbol{\beta}}$ であり，第2項目も代入値 $\hat{Y}_{2i}$ の定義から $\boldsymbol{\beta} = \hat{\boldsymbol{\beta}}$ のとき 0 となるため，全体として $\hat{\boldsymbol{\beta}}$ が最小解となる。つまり $\hat{\boldsymbol{\beta}}_{\mathrm{imp}} = \hat{\boldsymbol{\beta}}$ となり推定量が完全に一致するため，精度は変わらない。

PART 3

準1級
2019年6月
問題／解説

2019年6月に実施された準1級の問題です。
「選択問題及び部分記述問題」と「論述問題」からなります。
部分記述問題は 記述4 のように記載されているので、
解答用紙の指定されたスペースに解答を記入します。
論述問題は3問中1問を選択解答します。

※統計数値表は本書巻末に「付表」として掲載しています。

選択問題及び部分記述問題　問題

問 1　あるサッカーの試合において，チーム T1 があげた得点 X およびチーム T2 が
あげた得点 Y がそれぞれ独立に平均 3 および 2 のポアソン分布に従うと仮定する。
次の空欄に当てはまる数値または用語を答えよ。

〔1〕2 チームの合計得点 $X+Y$ の従う分布は，平均が　記述 1　，分散が　記述 2　の
ポアソン分布である。

〔2〕2 チームの合計得点 $X+Y$ が 4 であるという条件の下で，チーム T1 の得点
X は平均が　記述 3　の　記述 4　分布に従う。ただし，必要であれば平均が λ
のポアソン分布の確率関数は

$$P(X = x) = e^{-\lambda}\frac{\lambda^x}{x!} \quad (x = 0, 1, \dots)$$

であることを用いよ。

問 2　あるお菓子を買うと，3 種類のアニメキャラクターのカードのうちの 1 つが等確
率でおまけとして付いてくる。

〔1〕無作為復元抽出を仮定できるとき，3 種類すべてのカードを揃えるまでに必要
な購入回数の期待値を求めよ。ただし，必要であればパラメータ p $(0 < p < 1)$
をもつ幾何分布の平均は p^{-1} となること，つまり

$$\sum_{k=1}^{\infty} k(1-p)^{k-1}p = \frac{1}{p}$$

となることを用いよ。　記述 5

〔2〕3 種類のカードをすべて集めた後，お菓子を買うのをやめていたが，新しい種
類のカード 1 枚が追加されたため再び購入を始めた。この場合に，はじめの 3 種
類と追加の 1 種類の，4 種類すべてを揃えるのに必要な購入回数の期待値を x と
する。一方，はじめから 4 種類が発売されていた場合に，4 種類すべてを揃える
までに必要な購入回数の期待値を y とする。このとき，購入回数の期待値の差
$x-y$ の値を求めよ。ただし，いずれの購入時期においても等確率の無作為復元
抽出を仮定してよい。　記述 6

注：記述 7〜10 は問 11，問 12 にあります。

問 3 医薬品の開発段階において観察された有害事象は，審査時に臨床的重要性について検討がなされ，製造販売後の調査において適切に監視される。

〔1〕開発段階の臨床試験において，ある有害事象の発現割合（母比率）を p とする。また，症例数は十分大きく，発現割合の推定量 $\hat{p}$ は近似的に正規分布に従うと仮定する。

(1) 症例数 475 で，帰無仮説 $H_0 : p = 0.05$，対立仮説 $H_1 : p > 0.05$ の片側検定をするとき，帰無仮説の下で $\hat{p}$ が 0.0733 以上になる確率はいくらか。次の ① ～ ⑤ のうちから最も適切なものを一つ選べ。　　1

　① 0.01　　② 0.025　　③ 0.05　　④ 0.1　　⑤ 0.2

(2) 帰無仮説 $H_0 : p = 0.05$，対立仮説 $H_1 : p = 0.1$ に対し，有意水準 2.5 ％の片側検定を行うとき，検出力を 90 ％とする製造販売後調査の必要症例数は何例になるか。次の ① ～ ⑤ のうちから最も適切なものを一つ選べ。　　2

　① 114　　② 164　　③ 214　　④ 264　　⑤ 314

〔2〕発現が懸念されるある有害事象が，開発段階の臨床試験では観察されなかった。該当の有害事象は，発現割合が 0.001 未満であれば，安全性の観点からは許容可能であると考えられている。

(1) 発現割合が 0.05 の事象について，独立に 8 症例を調べた。このとき，少なくとも 1 例の有害事象が観測される確率はいくらか。次の ① ～ ⑤ のうちから最も適切なものを一つ選べ。　　3

　① 0.05　　② 0.24　　③ 0.34　　④ 0.40　　⑤ 0.66

(2) 発現割合が 0.001 の独立な事象について，95 ％の確率で少なくとも 1 例の有害事象が観察されるような症例数を n とする。この症例数 n で独立に観察を行ったときに，1 例も有害事象が観察されなければ，その事象の発現割合は 0.001 未満であると判断する。この場合の製造販売後調査の必要症例数は何例になるか。次の ① ～ ⑤ のうちから最も適切なものを一つ選べ。ただし，必要に応じて付表 5 を用い，また $\varepsilon (> 0)$ が十分小さいときに $\log(1 - \varepsilon) \simeq -\varepsilon$ であることを用いてよい。ここで，log は自然対数である。
　　4

　① 1000　　② 1500　　③ 2000　　④ 2500　　⑤ 3000

問4　ある商品について，CM の影響の有無と購入の有無について調査した結果，次の分割表が得られた。

	購入あり	購入なし	計
CM の影響あり	93	42	135
CM の影響なし	97	68	165
計	190	110	300

〔1〕CM の影響の有無と購入の有無に関連がないと仮定して確率を推定する。このとき，CM の影響ありかつ購入ありの頻度の期待値として，次の①〜⑤のうちから最も適切なものを一つ選べ。　5

① 34.3　　　② 48.7　　　③ 58.3　　　④ 85.5　　　⑤ 106.7

〔2〕CM の影響の有無と購入の有無の関連性に関するピアソンの χ^2 統計量はいくつか。次の①〜⑤のうちから最も適切なものを一つ選べ。　6

① −4.32　　　② 0.33　　　③ 3.26　　　④ 10.49　　　⑤ 22.93

〔3〕「CM の影響の有無と購入の有無の関連性がない」という帰無仮説に対する片側検定の結果について，次の①〜⑤のうちから最も適切なものを一つ選べ。
　7

① 有意水準 10 ％では帰無仮説は棄却されない。

② 有意水準 10 ％では帰無仮説は棄却されるが，有意水準 5 ％では棄却されない。

③ 有意水準 5 ％では帰無仮説は棄却されるが，有意水準 2.5 ％では棄却されない。

④ 有意水準 2.5 ％では帰無仮説は棄却されるが，有意水準 1 ％では棄却されない。

⑤ 有意水準 1 ％では帰無仮説は棄却される。

2019年6月

問5 ある冠動脈疾患の治療施設では，心筋梗塞と喫煙の関係を調べるため，以下の
ような調査を行った。まず，急性心筋梗塞を発症してこの施設に入院した患者（86
名）について，喫煙歴の有無を調査した。次に，86名のそれぞれに対して，同じ
期間に別の急性疾患を発症してこの施設に入院した患者の中から，年齢，性別，身
長，体重が比較的近い者を3名ずつ選んだ。選ばれた258名をコントロール群と
よび，コントロール群に対しても喫煙歴の有無を調査した。調査結果をまとめたの
が，次の表である。

	心筋梗塞患者	コントロール群	合計
喫煙歴あり	65	66	131
喫煙歴なし	21	192	213
合計	86	258	344

この調査から読み取れる心筋梗塞に罹る確率（罹患率）の解釈について，次の①～
⑤ のうちから最も適切なものを一つ選べ。 8

① 心筋梗塞患者に関する喫煙歴ありのオッズ（65/21 = 3.10）はコントロール
群に関する喫煙歴ありのオッズ（66/192 = 0.344）の約9倍である。心筋梗
塞の罹患率は小さい値であると知られているので，喫煙歴がある場合とない
場合のそれぞれに対する心筋梗塞の罹患率の比（相対リスク）は，およそ9
であると推定できる。

② 心筋梗塞患者に関する喫煙歴ありのオッズ（65/21 = 3.10）はコントロール
群に関する喫煙歴ありのオッズ（66/192 = 0.344）の約9倍である。コント
ロール群として3倍の人数を選んでいるので，喫煙歴がある場合とない場合
のそれぞれに対する心筋梗塞の罹患率の比（相対リスク）は，およそ3であ
ると推定できる。

③ 喫煙歴のある患者に関する心筋梗塞患者の割合は 65/131 = 0.496 であり，
喫煙歴のない患者に関する心筋梗塞患者の割合は 21/213 = 0.0986 である。
これらはそれぞれ，喫煙歴がある場合とない場合のそれぞれに対して，心筋
梗塞の罹患率の妥当な推定値である。

④ 喫煙歴のある患者に関する心筋梗塞患者の割合は 65/131 = 0.496 であり，
喫煙歴のない患者に関する心筋梗塞患者の割合は 21/213 = 0.0986 であり，
この差はおよそ 0.40 である。このことから，喫煙歴があると，喫煙歴がな
い場合に比べて，心筋梗塞の罹患率が 40% 増えると推定できる。

⑤ この調査では，調査対象の4分の1は心筋梗塞患者となる。これは，実際の
心筋梗塞の罹患率とはかけ離れた値であるから，この調査から読み取れるも
のはない。

問 6　ある時点で生成したコンクリートの圧縮強度 (y) を調べるため，セメント量 (x_1)，高炉スラグ量 (x_2)，飛散灰量 (x_3)，水分量 (x_4)，高性能 AE 減水剤量 (x_5)，粗骨材量 (x_6)，細骨材量 (x_7)，およびこれらを観測した時点 (x_8) を記録した標本サイズ 50 のデータが観測されている。説明変数 $x_1, \ldots, x_8$ について相関係数行列に基づく主成分分析を行ったところ，第 1 主成分 (PC1) から第 8 主成分 (PC8) までの固有値，寄与率，長さ 1 の固有ベクトルは以下の通りであった。

主成分		PC1	PC2	PC3	PC4	PC5	PC6	PC7	PC8
固有値		2.334	1.540	1.372	1.012	0.936	0.659	0.113	0.035
寄与率		0.292	0.193	0.172	0.127	0.117	0.082	0.014	0.004
固有ベクトル	x_1	0.288	−0.349	0.454	−0.553	0.034	−0.158	0.057	−0.504
	x_2	−0.416	0.319	0.374	0.212	0.191	0.485	0.224	−0.468
	x_3	0.250	0.578	−0.353	0.023	0.095	−0.469	0.277	−0.415
	x_4	−0.593	−0.014	−0.018	−0.006	−0.041	−0.448	−0.610	−0.272
	x_5	0.461	0.474	0.206	−0.049	0.014	0.266	−0.668	0.016
	x_6	−0.021	−0.202	−0.693	−0.299	0.192	0.471	−0.167	−0.321
	x_7	0.301	−0.344	−0.058	0.662	−0.401	0.041	−0.105	−0.420
	x_8	−0.161	0.242	−0.060	−0.345	−0.868	0.160	0.111	−0.032

資料: UCI Machine Learning Repository,
Concrete Compressive Strength Data Set

〔1〕第何主成分まででではじめて累積寄与率が 80 ％以上になるか。次の ① ～ ⑤ のうちから最も適切なものを選べ。　　9

　① 第 3 主成分　② 第 4 主成分　③ 第 5 主成分　④ 第 6 主成分　⑤ 第 7 主成分

〔2〕横軸を第 1 主成分 (PC1)，縦軸を第 2 主成分 (PC2) とした場合の $x_1, \ldots, x_4$ の固有ベクトルのプロットはどれか。次の ① ～ ⑤ のうちから最も適切なものを一つ選べ。 [10]

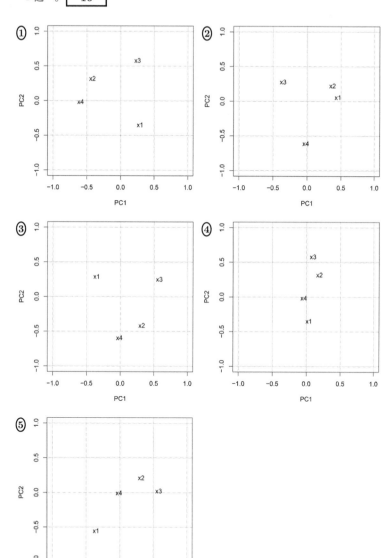

〔3〕次に，主成分スコア $z_1, \ldots, z_8$ を説明変数とした線形回帰モデルを考える。説明変数として $\{z_1\}, \{z_1, z_2\}, \ldots, \{z_1, z_2, \ldots, z_8\}$ を用いた階層型モデルを順にモデル 1，モデル 2, ..., モデル 8 とする。このとき，各モデルの AIC を計算したところ，図 1 の結果が得られた。

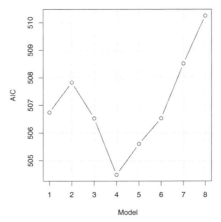

図 1：各モデルの AIC の値

ここで，縦軸は AIC の値，横軸は AIC を計算するために用いたモデルを示している。図 1 から，予測の観点から最適なモデルは何か。次の ① ～ ⑤ のうちから最も適切なものを一つ選べ。 **11**

① モデル 2　　　　② モデル 4　　　　③ モデル 6
④ モデル 7　　　　⑤ モデル 8

〔4〕次の ① ～ ⑤ の文章のうちから最も適切なものを一つ選べ。 **12**

① 主成分分析を行う際には，前処理としてデータを標準化することが不可欠である。

② 相関行列に対する主成分分析では，各主成分の主成分負荷量（因子負荷量）はその主成分ともとの変量との相関係数と一致する。

③ AIC を用いて比較できるのはモデルのパラメータ集合間に包含関係がある場合のみである。

④ AIC の特徴として，一般にモデル同定の一致性をもつことがあげられる。

⑤ AIC によるモデル選択は，交差検証法に比べて一般に計算量が大きくなるという欠点がある。

問 7 平均 μ が未知，分散 σ^2 が既知の正規分布に従うサイズ 1 の標本 $X \sim N(\mu, \sigma^2)$ が観測されたとする。このとき，μ に対する事前分布として正規分布 $N(\mu_0, \sigma_0^2)$ を仮定すると，事後分布も正規分布となるが，これを $N(\tilde{\mu}, \tilde{\sigma}^2)$ と表すことにする。例えば，$\mu_0 = 0$, $\sigma_0 = 1$, $\sigma = 2$ のときに観測値 $X = 2$ が得られた場合の事前分布と事後分布の密度関数のグラフは，それぞれ図 1 の破線と実線のようになる。

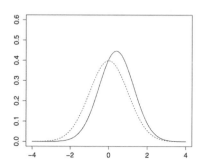

図 1：事前分布 (破線) と事後分布 (実線) の密度関数

〔1〕事後平均と事後分散の組合せ $(\tilde{\mu}, \tilde{\sigma}^2)$ として，次の ① ～ ⑤ のうちから適切なものを一つ選べ。　　**13**

① $\tilde{\mu} = \dfrac{\sigma^2 X + \sigma_0^2 \mu_0}{\sigma^2 + \sigma_0^2}$,　$\tilde{\sigma}^2 = \sigma \sigma_0$

② $\tilde{\mu} = \dfrac{\sigma^2 X + \sigma_0^2 \mu_0}{\sigma^2 + \sigma_0^2}$,　$\tilde{\sigma}^2 = \dfrac{\sigma^2 + \sigma_0^2}{2}$

③ $\tilde{\mu} = \dfrac{\sigma^2 X + \sigma_0^2 \mu_0}{\sigma^2 + \sigma_0^2}$,　$\tilde{\sigma}^2 = \left(\dfrac{1}{\sigma^2} + \dfrac{1}{\sigma_0^2} \right)^{-1}$

④ $\tilde{\mu} = \dfrac{\sigma_0^2 X + \sigma^2 \mu_0}{\sigma^2 + \sigma_0^2}$,　$\tilde{\sigma}^2 = \dfrac{\sigma^2 + \sigma_0^2}{2}$

⑤ $\tilde{\mu} = \dfrac{\sigma_0^2 X + \sigma^2 \mu_0}{\sigma^2 + \sigma_0^2}$,　$\tilde{\sigma}^2 = \left(\dfrac{1}{\sigma^2} + \dfrac{1}{\sigma_0^2} \right)^{-1}$

〔2〕ある施設で養殖されている蟹の重さ（グラム）の測定データを正規分布で近似したうえで，平均の事後分布を求める。ただし，蟹の重さの平均の事前分布については，測定日の前日までのデータをもとにして得られた $N(13, 2.7^2)$ を用い，分散 σ^2 としては当日のデータの標本分散を用いることにする。当日の測定で次の 10 個体のデータが新たに得られたとする。

重さ (g)	14.05	19.25	23.00	16.00	13.90	14.70	20.35	15.05	15.30	15.50

平均：16.71，　標準偏差：3.07

資料: CRAN Package 'isdals'

このとき，事前分布（破線）と事後分布（実線）の密度関数のグラフとして，次の ① ～ ⑤ のうちから最も適切なものを一つ選べ。　14

①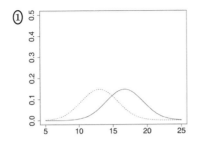

②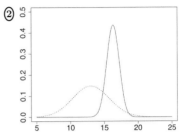

③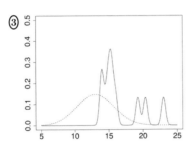

④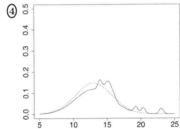

⑤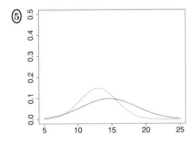

２０１９年６月

〔3〕上の正規分布の例のように，特定の確率分布のパラメータに対して，事前分布と事後分布が同じ分布族に属するような性質をもつ事前分布は共役事前分布とよばれる。これに関して述べた次の (A) 〜 (C) の文章の正誤について，下の ① 〜 ⑤ のうちから最も適切なものを一つ選べ。 15

> (A) 共役事前分布を用いる利点の一つは，事後分布の計算がハイパーパラメータの更新として表現できる点である。
>
> (B) 正規分布の平均が既知で分散が未知のとき，分散に対する共役事前分布としては例えばベータ分布を用いることができる。
>
> (C) 共役事前分布を用いることができない場合には，一般にモンテカルロ法等の数値計算を用いて事後分布を近似計算する。

① (A)，(B)，(C) はすべて正しい。

② (A)，(B) のみが正しい。

③ (A)，(C) のみが正しい。

④ (B)，(C) のみが正しい。

⑤ (A)，(B)，(C) はすべて誤り。

問 8　中性子モニターは宇宙から地球の大気に当たる高エネルギー荷電粒子の数を測定するために設計された地上ベースの検出器である。図 1 は，2000 年 10 月から 2018 年 10 月までの，フィンランド Oulu 大学における中性子モニターによって計測された中性子のカウントデータ (月次) である。

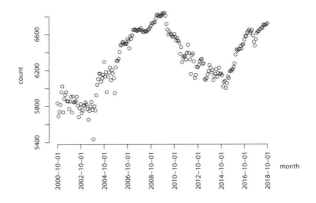

図 1：中性子のカウントデータ

資料: Cosmic Ray Station of the University of Oulu
(http://cosmicrays.oulu.fi/#solar)

217 点の観測データを $y_i (i = 1, 2, \ldots, 217)$ とし，このデータに対して平滑化を行うことで，中性子数の変動に関する特徴を捉えたい。特に Fused Lasso は，次の式により (y_i) を平滑化した実数列 (β_i) を生成する手法である。

$$\hat{\boldsymbol{\beta}} = \underset{\boldsymbol{\beta} \in \mathbb{R}^{217}}{\arg\min} \frac{1}{2} \sum_{i=1}^{217} (y_i - \beta_i)^2 + \lambda \sum_{i=1}^{216} |\beta_{i+1} - \beta_i|$$

ここで λ は非負の平滑化パラメータであり，$\underset{\boldsymbol{\beta} \in \mathbb{R}^{217}}{\arg\min} f(\boldsymbol{\beta})$ は関数 $f(\boldsymbol{\beta})$ を $\boldsymbol{\beta} \in \mathbb{R}^{217}$ (217 次元ベクトルの集合) の範囲で最小化するような $\boldsymbol{\beta} = (\beta_1, \beta_2, \ldots, \beta_{217})$ の値を意味する。

〔1〕 $\lambda = 500$ とした Fused Lasso で平滑化を行った結果の図として，次の ① 〜 ④ から最も適切なものを一つ選べ。 16

①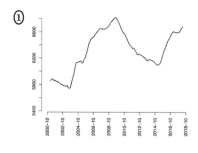

②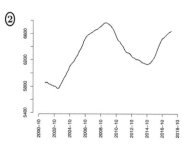

③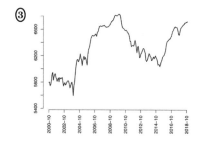

④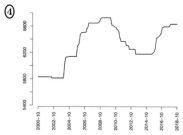

〔2〕次に，同じデータに対して別の平滑化手法を適用したところ次の図のように
なった。

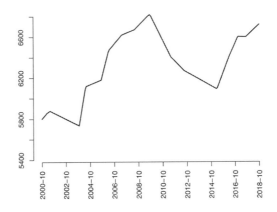

この結果に対応する平滑化手法として，次の ① 〜 ⑤ のうちから最も適切なも
のを一つ選べ。　 **17**

① $\hat{\boldsymbol{\beta}} = \underset{\boldsymbol{\beta} \in \mathbb{R}^{217}}{\arg\min} \frac{1}{2} \sum_{i=1}^{217} |y_i - \beta_i| + 100 \sum_{i=1}^{217} \beta_i^2$

② $\hat{\boldsymbol{\beta}} = \underset{\boldsymbol{\beta} \in \mathbb{R}^{217}}{\arg\min} \frac{1}{2} \sum_{i=1}^{217} |y_i - \beta_i| + 500 \sum_{i=1}^{217} |\beta_i|$

③ $\hat{\boldsymbol{\beta}} = \underset{\boldsymbol{\beta} \in \mathbb{R}^{217}}{\arg\min} \frac{1}{2} \sum_{i=1}^{217} (y_i - \beta_i)^2 + 500 \sum_{i=1}^{217} |\beta_i|$

④ $\hat{\boldsymbol{\beta}} = \underset{\boldsymbol{\beta} \in \mathbb{R}^{217}}{\arg\min} \frac{1}{2} \sum_{i=1}^{217} (y_i - \beta_i)^2 + 500 \sum_{i=1}^{215} |\beta_{i+2} - 2\beta_{i+1} + \beta_i|$

⑤ $\hat{\boldsymbol{\beta}} = \underset{\boldsymbol{\beta} \in \mathbb{R}^{217}}{\arg\min} \frac{1}{2} \sum_{i=1}^{217} (y_i - \beta_i)^2 + 500 \sum_{i=1}^{214} |\beta_{i+3} - 3\beta_{i+2} + 3\beta_{i+1} - \beta_i|$

問9 図1および図2は，ある一週間における米ドル／円とユーロ／円の為替レートの一例である。

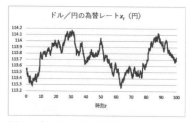

図1：米ドル／円 為替レート 　　　 図2：ユーロ／円 為替レート

〔1〕一週間における取引市場の開始時刻を $t = 0$，終了時刻を $t = 100$ として，時刻 $t \in [0, 100]$ において1米ドル $= x_t$ 円が以下の式に従うとする：

$$x_t = x_0 + \sigma B_t$$

ただし，$x_0, \sigma > 0$ は定数で，$(B_t)_{0 \le t \le 100}$ は標準ブラウン運動とする。観測データ $x_k\ (k = 0, 1, \ldots, 100)$ を用いて x_t の増分の二乗の平均を計算したところ，

$$V = \frac{1}{100} \sum_{k=1}^{100} (x_k - x_{k-1})^2 = 0.001224$$

となった。このとき，観測データを用いて σ をモーメント法により推定したときの推定値 $\hat{\sigma}$ として，次の ①〜⑤ のうちから最も適切なものを一つ選べ。　18

① 0.019　　② 0.035　　③ 0.11　　④ 0.19　　⑤ 0.35

〔2〕〔1〕とは別の一週間の取引市場に対して得られた，より高頻度の観測データ $x_{k/10}\ (k = 0, 1, \ldots, 1000)$ を用いて x_t の増分の二乗の平均を計算したところ，

$$V_1 = \frac{1}{1000} \sum_{k=1}^{1000} (x_{\frac{k}{10}} - x_{\frac{k-1}{10}})^2 = 0.000595$$

となった。〔1〕と同じ確率過程モデルを仮定したとき，この観測データを用いて σ をモーメント法により推定したときの推定値 $\hat{\sigma}$ として，次の ①〜⑤ のうちから最も適切なものを一つ選べ。　19

① 0.0077　　② 0.024　　③ 0.077　　④ 0.24　　⑤ 0.77

〔3〕次に，1 米ドル $= x_t$ 円，1 ユーロ $= y_t$ 円としたとき，x_t と y_t が以下の式に従うとする：

$$x_t = x_0 + \sigma_1\sqrt{\rho}B_t^{(1)} + \sigma_1\sqrt{1-\rho}B_t^{(2)}$$
$$y_t = y_0 + \sigma_2\sqrt{\rho}B_t^{(1)} + \sigma_2\sqrt{1-\rho}B_t^{(3)}$$

ただし，$x_0, y_0, \sigma_1 > 0, \sigma_2 > 0, \rho \in (0,1)$ は定数で，$(B_t^{(1)}, B_t^{(2)}, B_t^{(3)})_{0 \le t \le 100}$ は 3 個の独立な標準ブラウン運動とする。観測データ $\{x_{k/10}, y_{k/10}\}$ ($k = 0, 1, \ldots, 1000$) を用いて，x_t, y_t の増分の二乗の平均と積和の平均を計算したところ，

$$V_1 = \frac{1}{1000}\sum_{k=1}^{1000}(x_{\frac{k}{10}} - x_{\frac{k-1}{10}})^2 = 0.000595$$

$$V_2 = \frac{1}{1000}\sum_{k=1}^{1000}(y_{\frac{k}{10}} - y_{\frac{k-1}{10}})^2 = 0.001008$$

$$V_{1,2} = \frac{1}{1000}\sum_{k=1}^{1000}(x_{\frac{k}{10}} - x_{\frac{k-1}{10}})(y_{\frac{k}{10}} - y_{\frac{k-1}{10}}) = 0.000292$$

と計算された。このとき，観測データを用いて ρ をモーメント法により推定したときの推定値 $\hat{\rho}$ として，次の ① ～ ⑤ のうちから最も適切なものを一つ選べ。

2019年6月

20

① 0.12　　② 0.25　　③ 0.38　　④ 0.51　　⑤ 0.64

問 10　1986 年に起きたスペースシャトル「チャレンジャー号」の爆発事故は，右側固体燃料補助ロケットの密閉用 O リングの破損が原因であったと考えられる。S. R. Dalal, E. B. Fowlkes and B. Hoadley (1989) では，チャレンジャー号爆発事故より以前の 23 回のスペースシャトルの打ち上げにおける，外気温と O リングの破損の有無のデータを分析している。このデータについて，統計ソフトウェアを利用してロジスティック回帰モデルを推定したところ，以下のような出力結果が得られた。ただし，「外気温（華氏）」と「破損の有無（1 が破損あり，0 が破損なし）」に対応する変数名をそれぞれ Temperature，TD としている。また，出力結果の (Intercept) は回帰モデルの定数項を意味している。

```
─ 出力結果 ─────────────────────────────

 Deviance Residuals:
     Min      1Q    Median      3Q      Max
 -1.0611  -0.7613  -0.3783  0.4524   2.2175


 Coefficients:
               Estimate Std. Error z value Pr(>|z|)
 (Intercept)   15.0429      7.3786    2.039   0.0415
 Temperature   -0.2322      0.1082   -2.145   0.0320
```

$i = 1, \ldots, 23$ について，x_i は i 番目の打ち上げ時の外気温（華氏），y_i は i 番目の打ち上げでの O リングの破損の有無とする。次の文章は，このデータに対するロジスティック回帰モデルの説明文である。

> y_i は互いに独立な確率変数 Y_i の実現値であり，Y_i は（ア）に従う。$\pi_i \ (0 < \pi_i < 1)$ について構造式（イ）を仮定する。

出典：S. R. Dalal, E. B. Fowlkes and B. Hoadley (1989). Risk analysis of the space shuttle: Pre-Challenger prediction of failure. (*Journal of the American Statistical Association*, **84**, 945–957)

〔1〕（ア）に当てはまる分布はどれか。次の ①〜④ のうちから適切なものを一つ選べ。　**21**

① ベルヌーイ分布 $Bin(1, \pi_i)$　　　② 二項分布 $Bin(23, \pi_i)$

③ ポアソン分布 $Po(\pi_i)$　　　④ 正規分布 $N(\pi_i, 1)$

〔2〕（イ）に当てはまる式はどれか。次の ①〜④ のうちから適切なものを一つ選べ。　**22**

① $\log \dfrac{\pi_i}{1 - \pi_i} = \alpha + \beta x_i$　　　② $\dfrac{\exp(\pi_i)}{1 + \exp(\pi_i)} = \alpha + \beta x_i$

③ $\log \pi_i = \alpha + \beta x_i$　　　④ $\pi_i = \alpha + \beta x_i$

〔3〕ロジスティック回帰モデルの推定の出力結果によると，O リングの破損確率が 0.5 となるのは，外気温が何度のときか。次の ① 〜 ⑤ のうちから最も適切なものを一つ選べ。　23

① 14.9 °F　② 24.3 °F　③ 54.9 °F　④ 64.8 °F　⑤ 71.7 °F

〔4〕チャレンジャー号の事故当日は，異常寒波の影響で外気温は 31°F であった。ロジスティック回帰モデルが正しいと仮定したときの，事故当日の O リングの破損確率の推定値として，次の ① 〜 ⑤ のうちから最も適切なものを一つ選べ。必要に応じて付表 5 を用いよ。　24

① 0.0028　② 0.1589　③ 0.5820　④ 0.8979　⑤ 0.9996

問 11　企業の信用状態に対する評価（格付）が，ある格付会社によって A（優良），B（投資適格），C（投資不適格・債務不履行）の三つに分類されている。格付は一年毎に更新され，各企業の格付の推移がマルコフ連鎖で表される。各企業の格付推移はそれぞれ独立であるとする。状態 (A,B,C) を $(1,2,3)$ に対応させ，$1 \leq i,j \leq 3$ に対して，一年後に状態 i から状態 j へ推移する確率を p_{ij} と書く。推移確率行列 $M = (p_{ij})_{1 \leq i,j \leq 3}$ が定数 $\theta, \phi \in [0,1], \phi + \theta \leq 1$ を用いて以下のように表される：

$$M = \begin{pmatrix} 1-\theta & \theta & 0 \\ \theta & 1-\theta-\phi & \phi \\ 0 & \phi & 1-\phi \end{pmatrix}$$

〔1〕ある年に格付 A の企業が 100 社，格付 B の企業が 20 社，格付 C の企業が 0 社あったとして，次の年において，A → B に推移した企業の数が 5 社，B → A に推移した企業の数が 1 社で他の企業に格付の変化はなかったとする。$\phi = 0.01$ であるとき，θ の最尤推定値はいくらか。小数点第 3 位を四捨五入して答えよ。

　　　記述 7

〔2〕n を正の整数とする。M の固有値を $\lambda_j \ (j = 1,2,3)$ とし，直交行列 $U = (u_{ij})_{1 \leq i,j \leq 3}$ を

$$U^\top M U = \begin{pmatrix} \lambda_1 & 0 & 0 \\ 0 & \lambda_2 & 0 \\ 0 & 0 & \lambda_3 \end{pmatrix}$$

をみたすようにとる。ただし，$U^\top$ は行列 U の転置を表す。このとき，t 年において格付 A の企業が $t+n$ 年において格付 C である確率を $n, \lambda_j \ (j = 1,2,3), u_{ij} \ (1 \leq i,j \leq 3)$ の式で表せ。　記述 8

問 12 時系列モデルに関する以下の問いに答えよ。ただし，ε_t $(t = \ldots, -1, 0, 1, \ldots)$ は互いに独立に $N(0, \sigma^2)$ に従う確率変数列とする。

〔1〕自己回帰モデル AR(p) とは以下の式で表される時系列モデルである。

$$X_t = c + \sum_{i=1}^{p} a_i X_{t-i} + \varepsilon_t \quad (t = \ldots, -1, 0, 1, \ldots)$$

ただし，c と各 a_i は実数である。AR(p) モデルが定常であることの必要十分条件は方程式

$$1 - a_1 z - \cdots - a_p z^p = 0$$

のすべての解の絶対値が 1 より大きくなることである。AR(2) モデルが $a_1 = a_2 = a$ $(0 < a)$ のとき，定常であるための a に関する必要十分条件を求めよ。
記述 9

〔2〕移動平均モデル MA(q) とは以下の式で表される時系列モデルである。

$$X_t = c + \varepsilon_t + \sum_{i=1}^{q} b_i \varepsilon_{t-i} \quad (t = \ldots, -1, 0, 1, \ldots)$$

ただし c と各 b_i は実数であるとする。

すべての b_i の値を 0.5 に設定した MA(q) モデルにより生成された時系列データ x_t $(t = 1, \ldots, 3000)$ のコレログラムを作成したところ，図 1 のようになった。（図中の破線は時系列が無相関であるという帰無仮説の下での有意水準 5 %の棄却限界値を表す。）モデルの次数 q の値はいくつと推測できるか。また，そのように考えられる理由を数式を用いて説明せよ。 記述 10

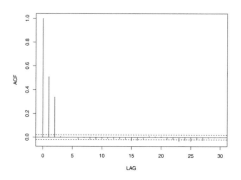

図 1：MA(q) のコレログラム

　選択問題及び部分記述問題の正解一覧です。次ページ以降に解説を掲載しています。問題の趣旨やその考え方を理解するために活用してください。

　論述問題の問題文，解答例は83ページに掲載しています。

問			解答番号	正解
問1	〔1〕		記述1	5
			記述2	5
	〔2〕		記述3	2.4
			記述4	二項（分布）
問2	〔1〕		記述5	5.5
	〔2〕		記述6	$\frac{7}{6}$
問3	〔1〕	(1)	1	①
		(2)	2	④
	〔2〕	(1)	3	③
		(2)	4	⑤
問4	〔1〕		5	④
	〔2〕		6	③
	〔3〕		7	②
問5			8	①
問6	〔1〕		9	③
	〔2〕		10	①
	〔3〕		11	②
	〔4〕		12	②

問		解答番号	正解
問7	〔1〕	13	⑤
	〔2〕	14	②
	〔3〕	15	③
問8	〔1〕	16	④
	〔2〕	17	④
問9	〔1〕	18	②
	〔2〕	19	③
	〔3〕	20	③
問10	〔1〕	21	①
	〔2〕	22	①
	〔3〕	23	④
	〔4〕	24	⑤
問11	〔1〕	記述7	※
	〔2〕	記述8	
問12	〔1〕	記述9	
	〔2〕	記述10	

※は次ページ以降を参照。

選択問題及び部分記述問題 解説

問1

〔1〕 記述 1 ⋯⋯⋯⋯⋯⋯⋯⋯⋯⋯⋯⋯⋯⋯⋯⋯⋯⋯⋯⋯⋯⋯⋯ 正解 5

記述 2 ⋯⋯⋯⋯⋯⋯⋯⋯⋯⋯⋯⋯⋯⋯⋯⋯⋯⋯⋯⋯⋯⋯⋯ 正解 5

まず,平均は $\mathrm{E}[X + Y] = \mathrm{E}[X] + \mathrm{E}[Y] = 3 + 2 = 5$ である。次に,$X \sim Po(3)$,$Y \sim Po(2)$ である。ポアソン分布の平均と分散は等しいので,$\mathrm{Var}[X] = 3$,$\mathrm{Var}[Y] = 2$ である。したがって,X と Y の独立性から,$\mathrm{Var}[X + Y] = \mathrm{Var}[X] + \mathrm{Var}[Y] = 5$ となる。

〔2〕 記述 3 ⋯⋯⋯⋯⋯⋯⋯⋯⋯⋯⋯⋯⋯⋯⋯⋯⋯⋯⋯⋯⋯ 正解 2.4

記述 4 ⋯⋯⋯⋯⋯⋯⋯⋯⋯⋯⋯⋯⋯⋯⋯⋯⋯ 正解 二項(分布)

$X \sim Po(\lambda_1)$,$Y \sim Po(\lambda_2)$ で互いに独立のとき,ポアソン分布の再生性より $X + Y \sim Po(\lambda_1 + \lambda_2)$ である。よって,

$$P(X = x, Y = y | X + Y = x + y) = \frac{e^{-\lambda_1} \dfrac{\lambda_1^x}{x!} e^{-\lambda_2} \dfrac{\lambda_2^y}{y!}}{e^{-(\lambda_1 + \lambda_2)} \dfrac{(\lambda_1 + \lambda_2)^{x+y}}{(x+y)!}}$$

$$= \binom{x+y}{x} \left(\frac{\lambda_1}{\lambda_1 + \lambda_2} \right)^x \left(\frac{\lambda_2}{\lambda_1 + \lambda_2} \right)^y$$

となり,これは $x + y = k$ が与えられたときに,X が二項分布 $B\left(k, \dfrac{\lambda_1}{\lambda_1 + \lambda_2}\right)$ に従うことを意味している。したがって,本問の設定の $k = 4$,$\lambda_1 = 3$,$\lambda_2 = 2$ のときは,X は $B(4, 0.6)$ に従う。これより,平均が 2.4 の二項分布が正解である。

問2

〔1〕 記述 5 ⋯⋯⋯⋯⋯⋯⋯⋯⋯⋯⋯⋯⋯⋯⋯⋯⋯⋯⋯⋯⋯⋯ 正解 5.5

カードの種類を n としたとき,k 種類揃っている状態で $k + 1$ 種類目のカードが出る確率は $p_k = (n - k)/n$ であり,そのカードが出るまでに必要な購入回数は平均 $1/p_k$ の幾何分布に従う。よって,全 n 種類カードが出るまでの購入回数の期待値は $\displaystyle\sum_{k=0}^{n-1} \frac{1}{p_k} = \sum_{k=0}^{n-1} \frac{n}{n-k}$ となる。特に $n = 3$ のときは,

$$\sum_{k=0}^{2} \frac{3}{3-k} = \frac{3}{3} + \frac{3}{2} + \frac{3}{1} = 5.5$$

となる。

[2] 記述 6 ・・ 正解 $\frac{7}{6}$

x は〔1〕で求めた期待値 5.5 に残り 1 枚のカードが出るまでの購入回数の期待値 4 を足した 9.5 である。一方，$y = \sum_{k=0}^{3} \frac{4}{4-k} = \frac{25}{3}$ であるから，$x - y = 9.5 - \frac{25}{3} = \frac{7}{6}$ となる。

問3

〔1〕(1) $\boxed{1}$ ・・ 正解 ①

症例数 475 で，帰無仮説 $H_0 : p = 0.05$ の片側検定をするとき，帰無仮説の下で $\hat{p}$ は近似的に正規分布 $N(0.05, \frac{0.05 \times 0.95}{475})$ に従う。これより，

$(\hat{p} - 0.05)/\sqrt{\frac{0.05 \times 0.95}{475}}$ は近似的に標準正規分布に従い，$\hat{p}$ が 0.0733 以上になる確率は

$$P(\hat{p} \geq 0.0733) = P\left(\frac{\hat{p} - 0.05}{\sqrt{\dfrac{0.05 \times 0.95}{475}}} \geq \frac{0.0733 - 0.05}{\sqrt{\dfrac{0.05 \times 0.95}{475}}}\right)$$

$$= P\left(\frac{\hat{p} - 0.05}{\sqrt{\dfrac{0.05 \times 0.95}{475}}} \geq 2.33\right)$$

$$= 0.01$$

となる。

よって，正解は ① である。

〔1〕(2) $\boxed{2}$ ・・ 正解 ④

症例数 n で，帰無仮説 $H_0 : p = 0.05$，対立仮説 $H_1 : p = 0.1$ の片側検定をするとき，それぞれの仮説の下での $\hat{p}$ は近似的に正規分布 $N(0.05, 0.05 \times 0.95/n)$ および $N(0.1, 0.1 \times 0.9/n)$ に従う。この近似の下で，検出力が 90 % であることから棄却臨界点は $0.1 - Z_{0.9}\sqrt{0.1 \times 0.9/n}$ であり，有意水準が 2.5 % であることから

棄却臨界点は $0.05 + Z_{0.975}\sqrt{0.05 \times 0.95/n}$ でもある。ただし，$Z_{0.975}$, $Z_{0.9}$ はそれぞれ下側確率 0.975, 0.9 に対する標準正規分布のパーセント点を表す。よって

$$0.1 - Z_{0.9}\sqrt{0.1 \times 0.9/n} \approx 0.05 + Z_{0.975}\sqrt{0.05 \times 0.95/n}$$

が成り立たねばならないことから，

$$n \approx \frac{(1.96\sqrt{0.05 \times 0.95} + 1.28\sqrt{0.1 \times 0.9})^2}{0.05^2} \approx 263.2$$

となる。

　よって，正解は④である。

〔2〕(1)　**3**　……………………………………………… 正解 ③

　発現割合が 0.05 の事象について，独立に 8 症例を調べたとき，少なくとも 1 例の有害事象が観察される確率は

$$P(少なくとも 1 例が観測される) = 1 - P(1 例も観測されない)$$
$$= 1 - (1 - 0.05)^8 \approx 0.34$$

となる。

　よって，正解は③である。

〔2〕(2)　**4**　……………………………………………… 正解 ⑤

　発現割合が 0.1 ％のときに 95 ％の確率で少なくとも 1 例観察されるということは，1 例も観察されない確率が 5 ％ということを意味するので，症例数を n 例として以下の等式が成り立つ。

$$(1 - 0.001)^n = 1 - 0.95$$

両辺の対数をとって付表を用いると，

$$n \log(1 - 0.001) = \log 0.05 = \log 5 - 2\log 10 = 2.3026 \times (0.699 - 2) \approx -3.0$$

一方，$\log(1 - 0.001) \approx -0.001$ を用いると，

$$n \approx -3.0/(-0.001) = 3000$$

となる。

　よって，正解は⑤である。

問4

〔1〕 **5** ·· 正解 ④

(総人数) × (CM の影響ありの割合) × (購入ありの割合) を求めればよいから,

$$300 \times (135/300) \times (190/300) = 135 \times 190/300 = 85.5$$

となる。

よって，正解は④である。

〔2〕 **6** ·· 正解 ③

ピアソンの χ^2 統計量は各セルに対する (観測値 − 期待値)^2/期待値 の値の和であるから，

$$\chi^2 = \frac{(93 - 135 \times 190/300)^2}{135 \times 190/300} + \frac{(42 - 135 \times 110/300)^2}{135 \times 110/300}$$
$$+ \frac{(97 - 165 \times 190/300)^2}{165 \times 190/300} + \frac{(68 - 165 \times 110/300)^2}{165 \times 110/300} = 3.262 \cdots$$

なお，2×2 のクロス表の χ^2 統計量の計算は，分数の分子が同じ値になることを利用すると計算が楽になる（分子が等しくなる理由は，上の例で，例えば $(93 - 135 \times 190/300) + (42 - 135 \times 110/300) = 135 - 135 = 0$ となることから，$93 - 135 \times 190/300 = -(42 - 135 \times 110/300)$ となり，この関係は一般の場合に成立することから確認できる）。

よって，正解は③である。

〔3〕 **7** ·· 正解 ②

クロス表の χ^2 統計量の自由度は (行数 − 1) × (列数 − 1) であるから，本問の場合は自由度 1 のカイ二乗分布の上側確率を確認すればよい。付表から 3.26 に対する上側確率は 0.05 より大きく，0.10 未満である。

よって，正解は②である。

問5

8 ⋯⋯⋯⋯⋯⋯⋯⋯⋯⋯⋯⋯⋯⋯⋯⋯⋯⋯⋯⋯⋯⋯ **正解** ①

①：正しい。喫煙の有無を $X(=0,1)$，心筋梗塞疾患の有無を $Y(=0,1)$ としたとき，本当に知りたいのは $P(Y \mid X)$ であるが，推定できるのは $P(X \mid Y)$ の値のみである。しかし，オッズ比を

$$\frac{P(X=1 \mid Y=1)P(X=0 \mid Y=0)}{P(X=1 \mid Y=0)P(X=0 \mid Y=1)}$$
$$=\frac{P(Y=1, X=1)P(Y=0, X=0)}{P(Y=1, X=0)P(Y=0, X=1)}$$
$$=\frac{P(Y=1 \mid X=1)P(Y=0 \mid X=0)}{P(Y=1 \mid X=0)P(Y=0 \mid X=1)}$$

と変形し，$P(Y=1 \mid X=1), P(Y=1 \mid X=0)$ がいずれも小さい値であれば，$P(Y=0 \mid X=0)/P(Y=0 \mid X=1) \approx 1$ と近似して

$$\frac{P(Y=1 \mid X=1)P(Y=0 \mid X=0)}{P(Y=1 \mid X=0)P(Y=0 \mid X=1)} \approx \frac{P(Y=1 \mid X=1)}{P(Y=1 \mid X=0)}$$

となる。つまりオッズ比は，罹患率比（相対リスク）の推定値として使える。

②：誤り。前半は正しいが，後半部分は ① の内容が正しい。

③：誤り。心筋梗塞患者とコントロール群の比の 1：3 は，研究デザインで定めたものであるので，意味がない。したがって，各行についても，心筋梗塞患者とコントロール群の比に意味はない。

④：誤り。③ と同じ理由で誤りである。ケースコントロール研究では，曝露要因ごとの罹患率や，その差を推定することはできない。

⑤：誤り。母集団（たとえば，国民全体）からの無作為標本でなくても，①のように考えることで，意味のある解釈を導くことができる。

以上から，正解は①である。

問6

〔1〕 **9** ⋯⋯⋯⋯⋯⋯⋯⋯⋯⋯⋯⋯⋯⋯⋯⋯⋯⋯⋯⋯⋯ **正解** ③

PC1 から PC4 の寄与率の和が 0.784，PC1 から PC5 の寄与率の和が 0.901 であることから，第 5 主成分までで累積寄与率が 80 % を超える。

よって，正解は③である。

〔2〕 ┌──── 10 ────┐ ‥‥‥‥‥‥‥‥‥‥‥‥‥‥‥‥‥‥‥‥‥‥‥‥ 正解 ▶ ①

表の固有ベクトル $x_1, \ldots, x_4$ の PC1, PC2 成分を座標とする 4 点となっている
のは①の図である。

よって，正解は①である。

〔3〕 ┌──── 11 ────┐ ‥‥‥‥‥‥‥‥‥‥‥‥‥‥‥‥‥‥‥‥‥‥‥‥ 正解 ▶ ②

AIC が最も小さい値をもつモデルを選べばよいので，モデル 4 が最適となる。

よって，正解は②である。

〔4〕 ┌──── 12 ────┐ ‥‥‥‥‥‥‥‥‥‥‥‥‥‥‥‥‥‥‥‥‥‥‥‥ 正解 ▶ ②

① ： 誤り。主成分分析は前処理として相関行列を計算する場合もあるが，これは必
須ではなく，目的によって共分散行列を使うか相関行列を使うかを判断する。

② ： 正しい。相関行列に対する主成分分析の場合，主成分負荷量（因子負荷量）は，
その主成分ともとの変量との相関係数になるのでこれは正しい。

③ ： 誤り。2 つの統計モデルを比較する際には，片方のモデルが他方のモデルに含ま
れるいわゆる「入れ子構造」になっていなくても AIC を用いることができる。
実際にこの場合においてもサンプルサイズが十分に大きいと仮定した漸近理論
を用いて，AIC を用いたモデルの選択および，そのモデルの下でのパラメータ
の推定の妥当性を証明できる。

　　AIC や BIC などの情報量規準については，たとえば，小西貞則・北川源四
郎著『情報量規準』（朝倉書店）を参照するとよい。

④ ： 誤り。AIC はモデル同定の一致性（サンプルサイズが大きくなるにつれて正し
いモデルを選択する確率が 1 に収束する性質）をもたない。モデル同定の一致
性を持つ選択規準は，たとえば BIC などがある。

⑤ ： 誤り。交差検証法（クロスバリデーション）とは，一部のデータ集合を用いて
訓練した結果が，残りのデータ（バリデーション集合）に対しても当てはまり
がよいかを確認することにより，データ解析手法の妥当性を評価する方法であ
る。訓練用データ集合とバリデーション集合の分割の仕方を変えて繰り返し計
算し，その平均的な精度を用いて評価するため，一般に計算量が大きくなると
いう欠点がある。

以上から，正解は②である。

問7

〔1〕 **13** ･･･ 正解 ⑤

　正規分布の密度関数は期待値のところで最大となり，その値は $(\sqrt{2\pi}\sigma)^{-1}$ である。したがって，密度関数のグラフの比較より，事前分布に比べて事後分布は分散が小さいことがわかる（③ または⑤）。また，事後平均についてもグラフを比較すると，観測値 2 より事前平均 0 に近い。したがって，残された選択肢の中では，観測値 x と事前平均 μ_0 を $\sigma^2 : \sigma_0^2 = 4 : 1$ に内分する点となっている $\dfrac{\sigma_0^2 x + \sigma^2 \mu_0}{\sigma_0^2 + \sigma^2}$ と適合する。

　よって，正解は⑤である。

　なお，厳密な計算でも以下のように確認できる。まず $f(x; \mu, \sigma)$, $\pi(\mu; \mu_0, \sigma_0)$ をそれぞれ X の従う分布の密度関数および事前分布の密度関数とする。このとき，事後分布の密度関数は

$$
\begin{aligned}
f_\pi(\mu|x) &= \frac{f(x; \mu, \sigma)\pi(\mu; \mu_0, \sigma_0)}{\int f(x; \mu, \sigma)\pi(\mu; \mu_0, \sigma_0)d\mu} \\
&= \frac{(2\pi\sigma^2)^{-1/2}\exp\{-(x-\mu)^2/2\sigma^2\}(2\pi\sigma_0^2)^{-1/2}\exp\{-(\mu-\mu_0)^2/2\sigma_0^2\}}{\int (2\pi\sigma^2)^{-1/2}\exp\{-(x-\mu)^2/2\sigma^2\}(2\pi\sigma_0^2)^{-1/2}\exp\{-(\mu-\mu_0)^2/2\sigma_0^2\}d\mu} \\
&= \frac{\exp\{-(x-\mu)^2/2\sigma^2\}\exp\{-(\mu-\mu_0)^2/2\sigma_0^2\}}{\int \exp\{-(x-\mu)^2/2\sigma^2\}\exp\{-(\mu-\mu_0)^2/2\sigma_0^2\}d\mu} \quad (1)\\
&= C\exp\left\{-\left(\frac{1}{2\sigma^2}+\frac{1}{2\sigma_0^2}\right)\left(\mu-\frac{\sigma_0^2 x+\sigma^2\mu_0}{\sigma_0^2+\sigma^2}\right)^2\right\}
\end{aligned}
$$

ここで，$C=\left\{2\pi\left(\dfrac{1}{2\sigma^2}+\dfrac{1}{2\sigma_0^2}\right)\right\}^{-1/2}$ であり，これは式 (1) 右辺の分子の平方完成および分母のガウス積分を用いて求めることができる。よって事後分布は平均が $\dfrac{\sigma_0^2 x+\sigma^2\mu_0}{\sigma_0^2+\sigma^2}$，分散が $\left(\dfrac{1}{\sigma^2}+\dfrac{1}{\sigma_0^2}\right)^{-1}$ の正規分布となる。つまり，事後平均 $\tilde{\mu}$ は観測値 x と事前平均 μ_0 を $\sigma^2 : \sigma_0^2$ に内分する点であり，事後分散 $\tilde{\sigma}^2$ は $\left(\dfrac{1}{\sigma^2}+\dfrac{1}{\sigma_0^2}\right)^{-1}$ となり，σ^2, σ_0^2 のいずれよりも小さくなる。

〔2〕 **14** ･･･ 正解 ②

　事後分布が正規分布になることから ①，②，⑤ に絞られ，さらに事後分布の分散は事前分布の分散より小さくなることから ② とわかる。なお，標本サイズの増大とともにベイズ事後分散は小さくなり，事後平均が標本平均に近づく傾向がある。

よって，正解は②である。

　これを数式で確認すると以下のようになる。正規分布に独立同一に従う標本 $X_1, \ldots, X_n \overset{\text{i.i.d.}}{\sim} N(\mu, \sigma^2)$ の同時確率密度関数は

$$f(x_1, \ldots, x_n; \mu, \sigma^2) = (2\pi\sigma^2)^{-n/2} \exp\left\{ -\sum_{i=1}^{n} \frac{(x_i - \mu)^2}{2\sigma^2} \right\}$$
$$= C' \exp\left\{ -\frac{(\bar{x} - \mu)^2}{2\sigma^2/n} \right\}$$

となる。ここで，$\bar{x}$ は $x_1, \ldots, x_n$ の平均であり，C' は μ によらない係数である。よって，事後密度関数は〔1〕において $f(x; \mu, \sigma)$ の代わりに $f(\bar{x}; \mu, \sigma/\sqrt{n})$ を用いたものであり，事後分布は $N\left(\dfrac{\sigma_0^2 \bar{x} + (\sigma^2/n)\mu_0}{\sigma_0^2 + (\sigma^2/n)}, \left(\dfrac{n}{\sigma^2} + \dfrac{1}{\sigma_0^2} \right)^{-1} \right)$ となる。これより，標本サイズ n の増大とともに事後分散は小さくなり，事後平均が標本平均 $\bar{x}$ に近づくことがわかる。

〔3〕　**15** .... 正解▶③

(A)：正しい。たとえば，上記の正規分布の例では，事前分布の μ_0, σ_0 がハイパーパラメータであり，データの観測によって $\mu_0 \mapsto \tilde{\mu}$, $\sigma_0 \mapsto \tilde{\sigma}$ と更新される。

(B)：正しくない。分散に関する共役事前分布としては逆ガンマ分布が知られている。

(C)：正しい。共役事前分布をもつような尤度関数の種類は限られており，それ以外の場合は通常は数値計算や近似計算を用いる必要がある。

　以上から，正解は③である。

問8

[1] **16** ··· 正解▶④

ℓ_1 ノルム $\|\boldsymbol{x}\|_1 := \sum_{i=1}^{d} |x_i|$ による罰則項を用いる ℓ_1 正則化では，ℓ_2 ノルム $\|\boldsymbol{x}\|_2 := \sum_{i=1}^{d} |x_i|^2$ による罰則項を用いる ℓ_2 正則化に比べて，ベクトル $\boldsymbol{x}$ の各成分 x_i が 0 の値を取りやすいように最適化される。通常の Lasso は，この性質を用いて疎性をもつパラメータの推定を実現する手法であった。

本問では，同様の仕組みを用いてより一般化した Fused Lasso を，時系列データの平滑化に用いている。上記の ℓ_1 正則化の性質より，中性子のカウントデータの差分に対して ℓ_1 罰則項を用いて最適化すると，最適値の連続する月のカウント数の差 $\beta_{i+1} - \beta_i$ が 0 になりやすくなる。つまり，連続する月で同じ値を取りやすくなる。

よって，正解は④である。

なお，①，②，③ のグラフはそれぞれ，移動平均過程 $MA(10)$，$MA(20)$ およびカルマンフィルターによる平滑化である。

[2] **17** ··· 正解▶④

グラフを見ると，ほぼ区分線形関数になっているが，このようになるのは ④ の正則化項の形の場合である。なぜなら，

$$|\beta_{i+2} - 2\beta_{i+1} + \beta_i| = |(\beta_{i+2} - \beta_{i+1}) - (\beta_{i+1} - \beta_i)|$$

と考えることにより，差分の差分，つまり傾きの変化が 0 となりやすいように最適化されるからである。

よって，正解は④である。

なお，$|f(i+2) - 2f(i+1) + f(i)|$ の形が関数 f の 2 階微分の離散近似として用いられることを知っていると，正則化項の意味に気づきやすい。また，本文で問われていることとは直接関係はないが，選択肢①，②のように $\hat{\boldsymbol{\beta}}$ の定義式の第 1 項の 2 乗和を絶対値の和に直すと，より外れ値の影響を受けづらい（ロバスト性をもつ）推定量となることが知られている。

問9

〔1〕 **18** ··· 正解 ②

標準ブラウン運動（ウィーナー過程）B_t $(t \geq 0)$ は，各 t に対して B_t が確率変数となるような「確率過程」の最も標準的な例であり，以下の性質をもつ。

1. $B_0 = 0$

2. B_t $(t \geq 0)$ は確率1で連続なグラフをもつ

3. 独立増分をもつ。つまり $0 \leq s \leq t \leq s' \leq t'$ に対して，$B_t - B_s$ と $B_{t'} - B_{s'}$ が独立になる

4. $t > s$ に対して，$B_t - B_s$ が正規分布 $N(0, t-s)$ に従う

上記の性質3, 4により $\Delta x_k := x_k - x_{k-1} = \sigma(B_k - B_{k-1})$ は正規分布 $N(0, \sigma^2)$ に従い，互いに独立である。したがって，$n = 100$ とおくと

$$\frac{1}{n}\sum_{k=1}^{n}(\Delta x_k)^2 = \hat{\sigma}^2$$

よりモーメント法による推定値 $\hat{\sigma}$ は $\hat{\sigma}^2 = 0.001224$ をみたし，$\hat{\sigma} = 0.0350$ となる。

よって，正解は②である。

〔2〕 **19** ··· 正解 ③

〔1〕と同様の理由から $\Delta x_k := x_{\frac{k}{10}} - x_{\frac{k-1}{10}}$ は正規分布 $N(0, \sigma^2/10)$ に従い，互いに独立である。したがって，$n = 1000$ とおくと

$$\frac{1}{n}\sum_{k=1}^{n}(\Delta x_k)^2 = \frac{\hat{\sigma}^2}{10}$$

よりモーメント法による推定値 $\hat{\sigma}$ は $\hat{\sigma}^2 = 10 \times 0.000595$ をみたす。よって $\hat{\sigma} = 0.0771$ となる。

よって，正解は③である。

〔3〕 **20** ··· 正解 ③

$\Delta x_k := x_{\frac{k}{10}} - x_{\frac{k-1}{10}}$，$\Delta y_k := y_{\frac{k}{10}} - y_{\frac{k-1}{10}}$ とおくと，$(\Delta x_k, \Delta y_k)$ は2次元の独立同一の正規分布に従い，各々の分散は $\sigma_1^2/10$，$\sigma_2^2/10$，共分散は $\sigma_1\sigma_2\rho/10$ である。したがって，$n = 1000$ とおくと，

$$\frac{1}{n}\sum_{k=1}^{n}(\Delta x_k)^2 = \frac{\hat{\sigma}_1^2}{10}, \quad \frac{1}{n}\sum_{k=1}^{n}(\Delta y_k)^2 = \frac{\hat{\sigma}_2^2}{10}, \quad \frac{1}{n}\sum_{k=1}^{n}\Delta x_k \Delta y_k = \frac{\hat{\sigma}_1\hat{\sigma}_2\hat{\rho}}{10}$$

78

よりモーメント法による $\hat{\sigma}_1$, $\hat{\sigma}_2$, $\hat{\rho}$ の推定値は

$$\hat{\sigma}_1^2 = 10 \times 0.000595, \quad \hat{\sigma}_2^2 = 10 \times 0.001008, \quad \hat{\sigma}_1 \hat{\sigma}_2 \hat{\rho} = 10 \times 0.000292$$

をみたす。よって

$$\hat{\sigma}_1 = 0.0771, \quad \hat{\sigma}_2 = 0.1004, \quad \hat{\rho} = 0.377$$

となる。

よって，正解は ③ である。

問10

〔1〕　**21** .... 正解 ①

ロジスティック回帰では，ベルヌーイ分布 $Bin(1, \pi_i)$ のパラメータ π_i がリンク関数を介して回帰分析される。

よって，正解は ① である。

〔2〕　**22** .... 正解 ①

① の左辺は π_i のロジット関数であり，ロジスティック回帰のリンク関数である。③ の左辺は π_i の対数関数であり，ポアソン回帰等のリンク関数として用いられる。④ の左辺は π_i の恒等関数であり，線形回帰等のリンク関数として用いられる。なお，② の左辺は π_i のロジスティック関数とよばれ，ロジット関数の逆関数であるが，一般化線形モデルのリンク関数として用いられることは少ない。

よって，正解は ① である。

〔3〕　**23** .... 正解 ④

推定された回帰式は以下のようになる。

$$\log \frac{\hat{\pi}}{1 - \hat{\pi}} = \hat{\alpha} + \hat{\beta}x$$

これに $\hat{\pi} = 1/2$, $\hat{\alpha} = 15.0429$, $\hat{\beta} = -0.2322$ を代入すると，

$$x = -\frac{\hat{\alpha}}{\hat{\beta}} = -15.0429/(-0.2322) \approx 64.8$$

である。

よって，正解は ④ である。

〔4〕 **24** ・・ 正解 ⑤

$$\log \frac{\hat{\pi}}{1-\hat{\pi}} = \hat{\alpha} + \hat{\beta}x = 15.0429 - 0.2322 \times 31 = 7.8447$$

付表 5 の注意書きより

$$\log_{10} \frac{\hat{\pi}}{1-\hat{\pi}} = 2.3026^{-1} \log \frac{\hat{\pi}}{1-\hat{\pi}} = 7.8447/2.3026 \approx 3.40$$

したがって,

$$\frac{\hat{\pi}}{1-\hat{\pi}} \approx 10^{3.4} > 10^3 = 1000$$

である。これより, $\hat{\pi} > 1000/1001 \approx 0.999$ であり, 選択肢の中では⑤が最も適切である。

よって, 正解は⑤である。

なお, 実際のデータは Temperature の最小値が 53°F, 最大値が 81°F で, 事故当日の 31°F での確率の推定は「外挿」となるため注意が必要であるが, この問いでは「ロジスティック回帰モデルが正しいと仮定したとき」という条件をおくことによって計算を可能としている。

問11

〔1〕 記述 7 ………………………………………………… 正解 下記参照

推移確率行列 M から尤度関数は

$$L(\theta) = (1-\theta)^{100-5}\theta^5 \times \theta^1(1-\theta-\phi)^{19} = (1-\theta)^{95}\theta^6(0.99-\theta)^{19}$$

となる。最尤推定量は対数尤度関数 $\log L(\theta)$ の1階微分の根なので，これを $\hat{\theta}$ とすると，

$$-\frac{95}{1-\hat{\theta}} + \frac{6}{\hat{\theta}} - \frac{19}{0.99-\hat{\theta}} = 0$$

両辺に $\hat{\theta}(1-\hat{\theta})(0.99-\hat{\theta})$ を掛けて整理すると，

$$120\hat{\theta}^2 - 125\hat{\theta} + 5.94 = 0$$

よって，$\hat{\theta} = 0.0499$ と最尤推定値が求まり，四捨五入して $\hat{\theta} = 0.05$ となる。

〔2〕 記述 8 ………………………………………………… 正解 下記参照

格付 A の企業が n 年後に各状態に推移する確率は M を用いて

$$(1,0,0)\, M^n = (1,0,0)\, U \begin{pmatrix} \lambda_1^n & 0 & 0 \\ 0 & \lambda_2^n & 0 \\ 0 & 0 & \lambda_3^n \end{pmatrix} U^\top$$

と表される。よって，格付 C になる確率は $(1,0,0)\, M^n$ の第3成分 $\sum_{j=1}^3 \lambda_j^n u_{1j}u_{3j}$ となる。

問12

〔1〕 記述 9 ………………………………………………… 正解 下記参照

問題中の $\mathrm{AR}(p)$ が定常になる必要十分条件は $a < 0.5$ である。この理由を説明する。$\mathrm{AR}(p)$ の定常性の必要十分条件は

$$1 - a_1 z - a_2 z^2 - \cdots - a_p z^p = 0$$

という方程式の（複素）解の絶対値が 1 より大きくなることである。いまの場合は $1 - az - az^2 = 0$ の解であるが，この2次方程式の判別式は $a^2 + 4a$ であり，$a > 0$ の仮定より常に正である。2つの実解は $z = \dfrac{-1 \pm \sqrt{1+4/a}}{2}$ となり，このうち

絶対値が小さい解は $\dfrac{-1+\sqrt{1+4/a}}{2}$ である。この絶対値が 1 より大きくなるのは $a < 1/2$ のときである。

なお，AR モデルの定常性については，たとえば，北川源四郎著『時系列解析入門』（岩波書店）を参照のこと。

〔2〕 記述 10 ・・・ 正解 下記参照

正解は $q = 2$。この理由は以下の通りである。MA(q) モデルでは $X_t = \varepsilon_t + b_1\varepsilon_{t-1} + \cdots + b_q\varepsilon_{t-q}$ と $X_{t+k} = \varepsilon_{t+k} + b_1\varepsilon_{t+k-1} + \cdots + b_q\varepsilon_{t+k-q}$ が独立であることから，ラグ $k(> q)$ の自己相関は 0 になり，標本自己相関は 0 の周辺値を取る。一方，ラグ k が q 以下のときは，X_t と X_{t+k} の共分散が正となるので，自己相関も正の値を取るため，$q = 2$ と推測できる。

なお，実際に $q = 2, k = 1, 2$ のときの共分散を計算すると，

$$
\begin{aligned}
\mathrm{Cov}(X_t, X_{t+1}) &= \mathrm{Cov}(\varepsilon_t + b_1\varepsilon_{t-1} + b_2\varepsilon_{t-2}, \varepsilon_{t+1} + b_1\varepsilon_t + b_2\varepsilon_{t-1}) \\
&= b_1\mathrm{Var}(\varepsilon_t) + b_1b_2\mathrm{Var}(\varepsilon_{t-1}) = \frac{3}{4}\sigma^2, \\
\mathrm{Cov}(X_t, X_{t+2}) &= \mathrm{Cov}(\varepsilon_t + b_1\varepsilon_{t-1} + b_2\varepsilon_{t-2}, \varepsilon_{t+2} + b_1\varepsilon_{t+1} + b_2\varepsilon_t) \\
&= b_2\mathrm{Var}(\varepsilon_t) = \frac{1}{2}\sigma^2
\end{aligned}
$$

また，

$$
\mathrm{Var}(X_t) = \mathrm{Var}(X_{t+1}) = \mathrm{Var}(X_{t+2}) = \sigma^2 + \left(\frac{1}{2}\right)^2\sigma^2 + \left(\frac{1}{2}\right)^2\sigma^2 = \frac{3}{2}\sigma^2
$$

より，ラグ 1, 2 の自己相関はそれぞれ

$$
\mathrm{Cor}(X_t, X_{t+1}) = \frac{\dfrac{3}{4}\sigma^2}{\sqrt{\dfrac{3}{2}\sigma^2}\sqrt{\dfrac{3}{2}\sigma^2}} = \frac{1}{2},
$$

$$
\mathrm{Cor}(X_t, X_{t+2}) = \frac{\dfrac{1}{2}\sigma^2}{\sqrt{\dfrac{3}{2}\sigma^2}\sqrt{\dfrac{3}{2}\sigma^2}} = \frac{1}{3}
$$

となり，コレログラムの値とほぼ一致する。

論述問題　（3問中1問選択）

問1

白葉枯病（しらはがれ病）は水稲の感染病のひとつで，菌に感染した水稲の葉は縁部分から内側に向かい徐々に枯れてしまう。表は，水稲4品種について，温室内のポットを実験単位とし，白葉枯病に感染した株の割合を観測したデータである。各水準の繰り返し数 n_i $(i = 1, 2, 3, 4)$ は一定ではない。

品種	n_i	割合（%）					平均
A_1	4	34	31	29	28		30.5
A_2	5	25	28	30	28	27	27.6
A_3	5	32	31	30	31	28	30.4
A_4	4	33	32	29	34		32.0
計	18						30.0

水準 A_i の第 j 番目の観測データを y_{ij} とする $(i = 1, \ldots, 4;\ j = 1, \ldots, n_i)$。$y_{ij}$ を確率変数 Y_{ij} の実現値とみなし，その期待値を $E[Y_{ij}] = \mu_i$ とする。さらに，以下の，一元配置分散分析モデルを仮定した。

$$Y_{ij} = \mu_i + \varepsilon_{ij} = \mu + \alpha_i + \varepsilon_{ij}, \quad i = 1, \ldots, 4, \ j = 1, \ldots, n_i$$

ただし ε_{ij} は互いに独立に正規分布 $N(0, \sigma^2)$ に従う確率変数であると仮定する。

〔1〕通常，一元配置分散分析では，母数 $\alpha_1, \ldots, \alpha_4$ について

$$\sum_{i=1}^{4} \alpha_i = 0 \quad \text{あるいは} \quad \sum_{i=1}^{4} n_i \alpha_i = 0$$

のような制約を仮定する。その理由を説明せよ。また，それぞれの制約の下で，母数 μ, α_i と母平均 μ_i の関係を説明せよ。

〔2〕表のデータに対して，次の帰無仮説および対立仮説

$$H_0 \ : \ \alpha_1 = \alpha_2 = \alpha_3 = \alpha_4 = 0$$
$$H_1 \ : \ \alpha_i \neq \alpha_j \text{ となる } i, j \text{ が存在する}$$

を考える。分散分析表の空欄を埋め，検定を行い，その結果の解釈を述べよ。また，母分散 σ^2 の不偏推定量の値を答えよ。

要因	平方和	自由度	分散	F 値
品種				
誤差		$(=\nu)$		
合計				

ただし，誤差の自由度（$=\nu$ とおいた）は次の設問で使う。

〔3〕4 つの品種のうち，A_1, A_2 と A_3, A_4 は，それぞれ異なる母本（品種の親）からの品種であり，白葉枯病に対する抵抗力が異なっている可能性がある。そこで，次の帰無仮説および対立仮説

$$H_0 : \frac{\mu_1 + \mu_2}{2} = \frac{\mu_3 + \mu_4}{2}$$

$$H_1 : \frac{\mu_1 + \mu_2}{2} \neq \frac{\mu_3 + \mu_4}{2}$$

の検定を考える。各水準の観測データの標本平均を $\bar{Y}_i = \frac{1}{n_i} \sum_{j=1}^{n_i} Y_{ij}$ とする（$i = 1, \ldots, 4$）。検定統計量

$$T = \frac{1}{c} \left(\frac{\bar{Y}_1 + \bar{Y}_2}{2} - \frac{\bar{Y}_3 + \bar{Y}_4}{2} \right)$$

による有意水準 α の両側検定の棄却域が

$$|T| > t_{\alpha/2}(\nu)$$

で与えられるとき，c を求めよ。ただし，ν は分散分析表における誤差の自由度の値であり，$t_{\alpha/2}(\nu)$ は自由度 ν の t 分布の上側確率 $\alpha/2$ に対する t の値である。さらに，表のデータについてこの検定を実行し，結論を述べよ。

〔4〕新人データアナリストの N 君は，表のデータを見て，「品種 A_2 の平均値が最も小さく，品種 A_4 の平均値が最も大きい」ことに注目し，次のことを主張した。

> 品種 A_2 のデータと品種 A_4 のデータから，帰無仮説および対立仮説
>
> $$H_0 : \mu_2 = \mu_4 \quad \text{vs} \quad H_1 : \mu_2 < \mu_4$$
>
> の検定を，母分散が等しいと仮定した二標本 t 検定により行うと，t 統計量の値は
>
> $$t = \frac{27.6 - 32.0}{\sqrt{(\frac{1}{5} + \frac{1}{4})\hat{\sigma}^2}} = -3.327 < -2.998 = -t_{0.01}(7)$$
>
> となる（母分散の不偏推定値は $\hat{\sigma}^2 = 3.886$ である）。したがって，H_0 は有意水準 1％で棄却される。つまり，品種 A_2 は品種 A_4 よりも白葉枯病に対する抵抗力が強いと，有意水準 1％で主張できる。

この N 君の主張に対し，上司の K 氏は，「検定の多重性が考慮されていない」と指摘した。K 氏の指摘する『検定の多重性』とは何を意味するか説明し，N 君の主張のどこが不適切であるかを説明せよ。

2019年6月

解答例

〔1〕任意の定数 c について μ を $\mu + c$ に，α_i を $\alpha_i - c$ に置き換えても，同じ構造式 $\mu_i = \mu + \alpha_i$ を満足する。すなわち，構造式はこのままでは母数が一意に推定可能ではなく識別可能性をもたない。一方，制約を仮定すれば母数は推定可能になる。

制約 $\sum_{i=1}^{4} \alpha_i = 0$ の下では，μ は 4 個の母平均 $\mu_1, \ldots, \mu_4$ の平均

$$\mu = \frac{1}{4} \sum_{i=1}^{4} \mu_i$$

となる。一方，制約 $\sum_{i=1}^{4} n_i \alpha_i = 0$ の下では，μ は 4 個の母平均 $\mu_1, \ldots, \mu_4$ の重み付き平均

$$\mu = \frac{1}{n} \sum_{i=1}^{4} n_i \mu_i, \quad n = \sum_{i=1}^{4} n_i$$

となる。いずれの場合も，$\alpha_i = \mu_i - \mu$ となる。

〔2〕分散分析表は以下。

要因	平方和	自由度	分散	F 値
品種	46.6	3	15.53	3.7886
誤差	57.4	14	4.10	
合計	104.0	17		

自由度 $(3, 14)$ の F 分布の上側 5 % $F_{0.05}(3, 14)$ は，$F_{0.05}(3, 10) = 3.708$ と $F_{0.05}(3, 15) = 3.287$ のあいだにある．よって，現在の F 値 $(=3.7886)$ は $F_{0.05}(3, 14)$ よりも大きい．検定の結論は「有意水準 5 % で帰無仮説は棄却される」．すなわち，$\alpha_i \neq \alpha_j$ となる $i \neq j$ が存在する．表より，母分散 σ^2 の不偏推定量は $\hat{\sigma}^2 = 4.10$ である．

〔3〕 $\bar{Y}_i \sim N(\mu_i, \sigma^2/n_i),\ i = 1, 2, 3, 4$ であるので，c を定数とするとき，帰無仮説の下で $\mathrm{E}(T) = 0$ であり，分散は

$$\mathrm{V}(T) = \frac{1}{c^2} \times \frac{\sigma^2}{4} \left(\frac{1}{n_1} + \frac{1}{n_2} + \frac{1}{n_3} + \frac{1}{n_4} \right)$$

となる．したがって，σ^2 をその不偏推定量 $\hat{\sigma}^2$ で置き換えて基準化した

$$\frac{\dfrac{\bar{Y}_1 + \bar{Y}_2}{2} - \dfrac{\bar{Y}_3 + \bar{Y}_4}{2}}{\sqrt{\dfrac{\hat{\sigma}^2}{4} \left(\dfrac{1}{n_1} + \dfrac{1}{n_2} + \dfrac{1}{n_3} + \dfrac{1}{n_4} \right)}}$$

は自由度 ν の t 分布に従う．したがって c の推定量は

$$\hat{c} = \sqrt{\frac{\hat{\sigma}^2}{4} \left(\frac{1}{n_1} + \frac{1}{n_2} + \frac{1}{n_3} + \frac{1}{n_4} \right)}$$

である．値を代入すると検定統計量 T の実現値の絶対値は，

$$|T| = \left| \frac{\dfrac{30.5 + 27.6}{2} - \dfrac{30.4 + 32.0}{2}}{\sqrt{\dfrac{4.10}{4} \left(\dfrac{1}{4} + \dfrac{1}{5} + \dfrac{1}{5} + \dfrac{1}{4} \right)}} \right| = |-2.238| = 2.238$$

となる．この値は，自由度 $\nu = 14$ の t 分布の上側 2.5 % 点 $t_{14}(0.025) = 2.144787$ よりも大きいので，有意水準 $\alpha = 0.05$ で帰無仮説は棄却されるが，$t_{14}(0.005) = 2.976843$ よりは小さいので，有意水準 $\alpha = 0.01$ では棄却されない．

〔4〕 データを見る前に品種 A_2 と品種 A_4 の二標本 t 検定を行うことを決めたのであれば問題ない．しかし，N 君はデータを見てから仮説を決めており，N 君が考えた仮説は，2 つの品種を比較する 6 通りの帰無仮説

$$\mathrm{H}_0: \mu_1 = \mu_2, \quad \mathrm{H}_0: \mu_1 = \mu_3, \quad \mathrm{H}_0: \mu_1 = \mu_4,$$
$$\mathrm{H}_0: \mu_2 = \mu_3, \quad \mathrm{H}_0: \mu_2 = \mu_4, \quad \mathrm{H}_0: \mu_3 = \mu_4$$

のうち，最も有意性の高い仮説である。したがって，第1種の誤りの指標をファミリーワイズエラー率（FWER）とすれば，「上の6通りの帰無仮説のすべてが真のときに，6つの t 検定のうち少なくとも1つが有意になる確率」として定めなくてはならず，これは明らかに，「仮説 $\mathrm{H}_0: \mu_2 = \mu_4$ が真のときに，品種2と品種4の二標本 t 検定が有意になる確率」よりも大きい。つまり，N君の主張において，第1種の過誤の確率は $\alpha = 0.01$ 以下になっていない。このような問題を，検定の多重性の問題という。

　多重性を考慮する方法（多重検定）には様々な方法がある。最も簡単なのは，上の例であれば，個々の t 検定の有意水準を $\alpha/6$ として，全体の有意水準を α 以下とするものである。これは Bonferroni の方法とよばれる。より良い方法（検出力が高い方法）には，Tukey 法などがある。ただし，ここでは第1種の誤りの指標はファミリーワイズエラー率（FWER）を用いるとする。

　ある学校の同級生のA君，B君，C君が互いに課題レポートを写しあっているのではないかとT教員は疑っている。そこで，T教員は各生徒の課題レポートの点数が正規分布に従うと仮定したうえで，グラフィカルモデルを用いて解析することにした。ここでいうグラフィカルモデルとは，以下のような性質をもつ統計モデルである。

　多変量正規分布 $N(\mathbf{0}, \Sigma)$ に従う確率ベクトル $(X_1, \ldots, X_d)$ に対して，頂点集合 $V = \{v_1, \ldots, v_d\}$ をもつ無向グラフ (V, E) の辺集合 E を以下のように定義する。「もし，2つの頂点 v_i と v_j が辺で結ばれていなければ，X_i と X_j はそれ以外の確率変数で条件付けたときに条件付き独立である。」このようにグラフによって条件付き独立性が表現される統計モデルをグラフィカルモデルという。

〔1〕確率ベクトル (X_1, X_2, X_3) は $N_3(\mathbf{0}, \Sigma)$ に従い，かつその条件付き独立性が図1のグラフで表されているとする。

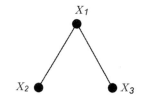

図1　グラフィカルモデルの例

　このグラフの構造からわかる共分散行列 Σ の性質を述べよ。ただし共分散行列の正則性は仮定してよい。また，理由の説明は必要ない。

〔2〕A君，B君，C君の課題レポートの点数 (X_A, X_B, X_C) の標本相関行列 $\hat{C}$ およびその逆行列 $\hat{C}^{-1}$ の成分は以下のようになった。

$$\hat{C} = \begin{pmatrix} 1.00 & 0.80 & 0.52 \\ 0.80 & 1.00 & 0.65 \\ 0.52 & 0.65 & 1.00 \end{pmatrix}, \quad \hat{C}^{-1} = \begin{pmatrix} 2.78 & -2.22 & 0.00 \\ -2.22 & 3.51 & -1.13 \\ 0.00 & -1.13 & 1.73 \end{pmatrix}$$

この結果をふまえて3名の学生にヒアリングを行ったところ，以下のような発言を得た。

A君：　「私はB君にレポートの解答のヒントをあげていますが，B君はそれをC君に伝えているみたいです。」

B君：　「僕はいつもA君とC君の両方にレポートのヒントをあげています。」

C君：　「B君は僕とA君の両方のレポートをうまく合成して自分のレポートを作成しています。」

　　A君，B君，C君の発言のうち，標本相関行列 $\hat{C}$ を用いたグラフィカルモデル解析結果と最も適合 <u>しない</u> のは誰の発言か。そう考える理由とともに述べよ。

〔3〕調査を進めるうえで，新たに D 君の点数と上記 3 名の点数との相関が高いことがわかった。そこで，D 君の点数 X_D を目的変数，3 名の点数 X_A, X_B, X_C を説明変数として線形回帰を行い，AIC で変数選択を行ったところ次のようなモデルが選ばれた。

$$X_D = \alpha X_A + \gamma X_C + \epsilon$$

ここで，回帰係数 α, γ の推定値は有意に正の値をもっていた。さらに残差 ϵ は正規分布に従い，X_A, X_B, X_C との相関が十分に小さいことも確認できた。このとき，(X_A, X_B, X_C, X_D) の条件付き独立性を最も良く表すような，X_A, X_B, X_C, X_D の 4 頂点をもつグラフを描け。

〔4〕さらに調査を進めると，他の学級，学年も含めた巨大なレポート情報シンジケートがあることがわかってきた。今後の調査はグラフィカルモデルの頂点数が非常に多くなり，グラフ構造の推定に必要な行列演算の計算量が心配される。ただし，各学級から他の学級への情報の伝達が，各クラスの代表者一人のみを介して行われるとわかっているときには，推定に必要な計算は比較的容易になる。この理由を，確率密度関数の性質とグラフ構造の観点から説明せよ。

解答例

〔1〕　Σ^{-1} の $(2,3)$ 要素および $(3,2)$ 要素が 0 となる。このとき，Σ の $(2,3)$ 要素および $(3,2)$ 要素は $\sigma_{12}\sigma_{13}/\sigma_1^2$ となる。これは以下の理由からである（解答に理由の説明は必要ない）。$A := \Sigma^{-1}$ とおく（A は精度行列 (precision matrix) とよばれる）。
　　$A_{ij} = 0$ と仮定したとき，x_i, x_j 以外の変数を並べた行ベクトルを $z := (x_k)_{k \neq i,j}$ とすると，多変量正規分布の同時密度関数は

$$f(x_1, \ldots, x_d) = (2\pi \det(\Sigma))^{-1/2} f_1(z) f_2(z, x_i) f_3(z, x_j) f_4(x_i, x_j)$$

のように関数

$$f_1(z) = \exp\left(-\sum_{k \neq i,j} \sum_{\ell \neq i,j} A_{k\ell} x_k x_\ell / 2 \right)$$

$$f_2(z, x_i) = \exp\left(-\sum_{k \neq i,j} A_{ki} x_k x_i / 2 \right)$$

$$f_3(z, x_j) = \exp\left(- \sum_{k \neq i,j} A_{kj} x_k x_j / 2\right)$$

$$f_4(x_i, x_j) = \exp(-A_{ij} x_i x_j / 2) = 1$$

の積の形で表すことができる。よって，適当な関数 g, h を用いて $f(x_1, \ldots, x_d) = g(z, x_i) h(z, x_j)$ のように分解できる。これはたとえば

$$g(z, x_i) := (2\pi \det(\Sigma))^{-1/2} f_1(z) f_2(z, x_i),$$

$$h(z, x_j) := f_3(z, x_j) f_4(x_i, x_j) = f_3(z, x_j)$$

とおけばよい。このとき条件付き密度関数は

$$\begin{aligned}
f(x_i, x_j | z) &= \frac{f(x_1, \ldots, x_d)}{\int f(x_1, \ldots, x_d) dx_i dx_j} \\
&= \frac{(z, x_i) h(z, x_j)}{\int g(z, x_i) dx_i \int h(z, x_j) dx_j} \\
&= f(x_i | z) f(x_j | z)
\end{aligned}$$

となり，Z が与えられたときに X_i と X_j は条件付き独立となる。逆に条件付き独立性を仮定すると，$f(x_1, \ldots, x_d) = g(z, x_i) h(z, x_j)$ のように同時密度関数は分解できるため，上記の f_4 は定数でなくてはならない。よって $A_{ij} = 0$ である。以上よりグラフィカルモデルで頂点ペア $\{i, j\}$ 間に辺がないときは，Σ^{-1} の (i, j) 要素 A_{ij} が 0 であることがわかる。

〔2〕　C 君の発言が最も適合しない。これは，以下の理由による。

　　まず，相関行列の逆行列と，共分散行列の逆行列は 0 の要素の位置が一致する（これは $C_{ij} = \Sigma_{ij} \mathrm{Var}(X_i)^{-1/2} \mathrm{Var}(X_j)^{-1/2}$ より $(C^{-1})_{ij} = (\Sigma^{-1})_{ij} \mathrm{Var}(X_i)^{1/2} \mathrm{Var}(X_j)^{1/2}$ となることから確認できる）。標本相関行列の $(1,3)$ 要素と $(3,1)$ 要素が 0 であることから，グラフィカルモデルは辺 $\{1, 3\}$ をもたない。

　　もし C 君が言うように，B 君が A 君と C 君の両方のレポートを合成してレポートを作成しているならば，B 君の点数で条件付けたときに A 君と C 君のレポートの点数に相関が生じ，たとえ A 君と C 君が全く独立にレポートを作成していたとしても条件付き独立でなくなる。これはグラフの構造と矛盾する。

　　一方，A 君と B 君の発言は，B 君の点数で条件付けたときに A 君と C 君のレポートの点数が条件付き独立になることとは矛盾しない。

　　以下は，より詳細な説明である。簡単のため，3 名の点数を X_A, X_B, X_C の代わりに単に A, B, C と書き，3 名の点数の同時確率を $P(A, B, C)$ とする。このとき，一般の条件付き確率の性質より $P(A, B, C) = P(A, B) P(C | A, B) = P(A) P(B | A) P(C | A, B)$ という分解が成立するが，A 君の発言は $P(C | A, B) = P(C | B)$ を意味する。このとき，B 君の点数で条件付けたときの A 君と C 君の点数の条件付き確率は，

$$P(A,C|B) = P(A,B,C)/P(B) = P(A)P(B|A)P(C|B)/P(B)$$
$$= P(A|B)P(B)P(C|B)/P(B) = P(A|B)P(C|B)$$

と分解できる。

次に B 君の発言について考える。一般に $P(A,B,C) = P(B)P(A|B)P(C|A,B)$ という同時確率の分解が成立するが，B 君の発言は $P(C|A,B) = P(C|B)$ を意味しており，条件付き確率は

$$P(A,C|B) = P(A,B,C)/P(B)$$
$$= P(B)P(A|B)P(C|B)/P(B)$$
$$= P(A|B)P(C|B)$$

と分解できる。最後に C 君の発言は $P(A,B,C) = P(A)P(C)P(B|A,C)$ を意味している。この場合は，一般に条件付き確率 $P(A,C|B)$ の上のような分解は不可能であり，グラフから辺 AC を除くことはできない。

〔3〕　グラフは次のようになる。

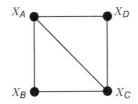

（解答に理由は必要ない）これは，以下のような理由による。回帰式によると，X_A, X_C の値を固定すると，X_B と X_D は条件付き独立である。よって，この条件付き独立性を表すためには，グラフは辺 BD をもたない方が適切である。一方，X_D を固定したとき，X_B の値に関わらず X_A と X_C は相関をもち（ただし負の相関も含む），グラフは辺 $\{A,C\}$ をもつ。これ以外の条件付き独立性については以上の条件からは言えないので，頂点ペア $\{A,C\}$ については辺を加えるべきである。

〔4〕　学級数を m として，各学級 i $(i = 1,\ldots,m)$ の生徒のうち，学級の代表の生徒を H_i，代表以外の生徒の集合を C_i と表す。また記法の省略のため，各生徒の点数を表す確率変数の集合，および対応するグラフの頂点集合も同じ記号を用いて表すことにする。代表 H_i を介してのみ外部の学級と情報の交換を行う場合は，この生徒の成績で条件付けると，学級 i の代表以外の生徒 C_i と，i 以外の学級の生徒の成績は条件付き独立となる。よって，グラフィカルモデルでは，C_i に属する頂点とそれ以外の頂点を結ぶ経路は必ず頂点 H_i を通る。このような場合は，グラフは大きなサイクルをもたない。一方，全生徒集合を V，全級の代表者の集合を $H := \{H_i \mid i = 1,\ldots,m\}$ とすると，

$V = C_1 \cup \cdots \cup C_m \cup H$ と分解でき，全員の成績の同時密度関数は

$$P(V) = P(C_1, \ldots, C_m, H) = \prod_{i=1}^{m} P(C_i|H)P(H)$$

と分解できる。さらに，C_i の従う分布は H_i で条件付けると，H_i 以外の H 内の変数とは条件付け独立になるので，$P(C_i|H) = P(C_i|H_i)$ と書き直せる。これより

$$P(V) = \prod_{i=1}^{m} P(C_i|H_i)P(H)$$

となり，各学級内の変数による部分 $P(C_i|H_i)$ および代表者集合のみによる部分 $P(H)$ に分解できるため，推定の計算も分解でき，計算量が大幅に節約できる。このように効率的な分解ができるグラフィカルモデルは分解可能モデルとよばれる。

問3

図1のような2次元データがあり，それぞれ平均および分散共分散行列が

$$\boldsymbol{\mu}_1 = \begin{pmatrix} 1.5 \\ 1.5 \end{pmatrix}, \quad \boldsymbol{\mu}_2 = \begin{pmatrix} -1 \\ -1 \end{pmatrix}, \quad \Sigma_1 = \begin{pmatrix} 0.8 & 0 \\ 0 & 0.8 \end{pmatrix}, \quad \Sigma_2 = \begin{pmatrix} 0.4 & 0 \\ 0 & 0.4 \end{pmatrix}$$

である2変量正規分布 $N_2(\boldsymbol{\mu}_1, \Sigma_1)$ および $N_2(\boldsymbol{\mu}_2, \Sigma_2)$ に従う2つのクラスに属するものとする。なお，2変量正規分布 $N_2(\boldsymbol{\mu}, \Sigma)$ の同時確率密度関数は

$$f(\boldsymbol{x}; \boldsymbol{\mu}, \Sigma) = (2\pi)^{-1} (\det \Sigma)^{-1/2} \exp\left(-\frac{1}{2}(\boldsymbol{x} - \boldsymbol{\mu})^\top \Sigma^{-1} (\boldsymbol{x} - \boldsymbol{\mu}) \right)$$

である。ただし，$\boldsymbol{x}^\top$ は列ベクトル $\boldsymbol{x}$ の転置を表す。

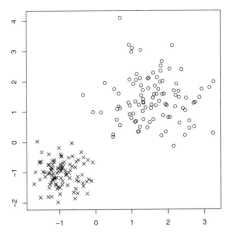

図1：判別するデータの集合（○がクラス1，×がクラス−1のデータを表す）

〔1〕二次判別分析を用いて，2次元の列ベクトルの入力 $\boldsymbol{x}$ から，1もしくは−1のクラスラベル y を予測する。$\boldsymbol{x}$ で条件付けたクラスラベル y の確率の比を用いて

$$\hat{y} = \operatorname{sign}\left(\log \frac{\Pr(y = 1 | \boldsymbol{x})}{\Pr(y = -1 | \boldsymbol{x})} \right)$$

で2クラス判別器を構成する。$\Pr(\boldsymbol{x}|y = 1)$ および $\Pr(\boldsymbol{x}|y = -1)$ に対応する条件付き分布をそれぞれ $N(\boldsymbol{\mu}_1, \Sigma_1)$，$N(\boldsymbol{\mu}_2, \Sigma_2)$ としたとき，この判別関数は $\boldsymbol{x}$ の二次関数

$$f_q(\boldsymbol{x}) = \boldsymbol{x}^\top A \boldsymbol{x} + \boldsymbol{b}^\top \boldsymbol{x} + c, \quad A \in \mathbb{R}^{2 \times 2}, \boldsymbol{b} \in \mathbb{R}^2$$

となり，判別器はその符号として表すことができる。ただし，A は 2×2 の対称行列，$\boldsymbol{b} \in \mathbb{R}^2$ は2次元の列ベクトルである。このとき，$A, \boldsymbol{b}$ を $\boldsymbol{\mu}_1, \boldsymbol{\mu}_2, \Sigma_1, \Sigma_2$ を用いて表わせ。また，この判別関数が $\boldsymbol{x}$ の一次関数になるための条件を述べよ。

〔2〕サンプルデータから $\boldsymbol{\mu}_1, \boldsymbol{\mu}_2, \Sigma_1, \Sigma_2$ を経験平均，経験分散共分散行列として推定する。$f_q(\boldsymbol{x})$ における $\boldsymbol{\mu}_1, \boldsymbol{\mu}_2, \Sigma_1, \Sigma_2$ を推定値で置き換えたものを $\hat{f}_q(\boldsymbol{x})$ として $\hat{f}_q(\boldsymbol{x})$ の等高線を示したものが図 2 である。

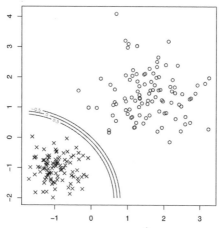

図 2：二次判別分析による $\hat{f}_q(\boldsymbol{x})$ の等高線

経験平均，経験分散共分散行列がそれぞれ

$$\hat{\boldsymbol{\mu}}_1 = \begin{pmatrix} 1.57 \\ 1.41 \end{pmatrix}, \quad \hat{\boldsymbol{\mu}}_2 = \begin{pmatrix} -0.95 \\ -1.00 \end{pmatrix}, \quad \hat{\Sigma}_1 = \begin{pmatrix} 0.53 & 0 \\ 0 & 0.60 \end{pmatrix}, \quad \hat{\Sigma}_2 = \begin{pmatrix} 0.14 & 0 \\ 0 & 0.17 \end{pmatrix}$$

であったとき，〔1〕で求めた判別器における $A, \boldsymbol{b}$ の値を小数点以下第 2 位まで求めよ。

〔3〕学習データ $\{\boldsymbol{x}_i, y_i\}$ $(i = 1, 2, \ldots, n)$ に対して，サポートベクトルマシン（SVM）の判別関数は，カーネル関数 $k(\boldsymbol{x}, \tilde{\boldsymbol{x}})$ を用いて

$$f_s(\boldsymbol{x}) = \sum_{i \in SV} \alpha_i y_i k(\boldsymbol{x}_i, \boldsymbol{x}) + \beta$$

で表すことができる。ただし SV はサポートベクトル集合を表し，α_i $(i = 1, 2, \ldots, n), \beta$ は実数パラメータである。多項式カーネル

$$k(\boldsymbol{x}, \tilde{\boldsymbol{x}}) = (\boldsymbol{x}^\top \tilde{\boldsymbol{x}} + 1)^2$$

を採用した SVM の判別関数 $f_s(\boldsymbol{x})$ は，入力 $\boldsymbol{x} = (x_1, x_2)^\top \in \mathbb{R}^2$ の二次関数となり，これを

$$f_s(\boldsymbol{x}) = \boldsymbol{x}^\top \tilde{A} \boldsymbol{x} + \tilde{\boldsymbol{b}}^\top \boldsymbol{x} + \tilde{c}$$

とする。このときの行列 $\tilde{A}$ の式を，学習データ $\{\boldsymbol{x}_i, y_i\}$ $(i = 1, 2, \ldots, n)$ および最適化されたパラメータ値 α_i $(i = 1, 2, \ldots, n), \beta$ を用いて表せ。

〔4〕上記の多項式カーネルを用いた SVM を用いて判別器を学習したところ，判別関数 $f_s(\boldsymbol{x})$ は図 3 のようになった。

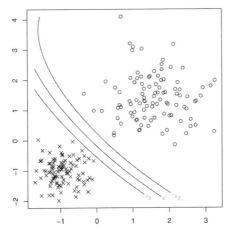

図 3：サポートベクトルマシンによる判別関数の等高線

このように，二次判別分析における判別器とサポートベクトルマシンにおける判別器は，どちらも二次関数により記述されても形状が大きく異なることがある。本問題のデータに対してはどちらを用いる方が適当かを，その理由とともに説明せよ。

解答例

〔1〕

$$
\begin{aligned}
&\log \frac{P(y=1|\boldsymbol{x})}{P(y=-1|\boldsymbol{x})}\\
&= \log \frac{p(\boldsymbol{x}|y=1)P(y=1)/p(\boldsymbol{x})}{p(\boldsymbol{x}|y=-1)P(y=-1)/p(\boldsymbol{x})}\\
&= \log \frac{P(y=1)}{P(y=-1)} + \log \frac{p(\boldsymbol{x}|y=1)}{p(\boldsymbol{x}|y=-1)}\\
&= \log \frac{P(y=1)}{P(y=-1)}\\
&\quad + \log \exp\left\{-\frac{1}{2}(\boldsymbol{x}-\boldsymbol{\mu}_1)^\top \Sigma_1^{-1}(\boldsymbol{x}-\boldsymbol{\mu}_1) + \frac{1}{2}(\boldsymbol{x}-\boldsymbol{\mu}_2)^\top \Sigma_2^{-1}(\boldsymbol{x}-\boldsymbol{\mu}_2)\right\}\\
&= \frac{1}{2}\boldsymbol{x}^\top\left(-\Sigma_1^{-1}+\Sigma_2^{-1}\right)\boldsymbol{x} + (\boldsymbol{\mu}_1^\top\Sigma_1^{-1}-\boldsymbol{\mu}_2^\top\Sigma_2^{-1})\boldsymbol{x} + const
\end{aligned}
$$

よって，$A = -\frac{1}{2}\Sigma_1^{-1} + \frac{1}{2}\Sigma_2^{-1}$，$\boldsymbol{b} = \Sigma_1^{-1}\boldsymbol{\mu}_1 - \Sigma_2^{-1}\boldsymbol{\mu}_2$ であり，$\Sigma_1 = \Sigma_2$ のときに

一次式になる。

〔2〕〔1〕で求めた解に代入すればよい。小数点以下第3位を四捨五入すると

$$A = \begin{pmatrix} 2.63 & 0 \\ 0 & 2.11 \end{pmatrix}$$

$$\boldsymbol{b} = (9.75, 8.23)^{\top}$$

〔3〕

$$
\begin{aligned}
f(\boldsymbol{x}) &= \sum_{i \in SV} \alpha_i y_i k(\boldsymbol{x}_i, \boldsymbol{x}) + \beta \\
&= \sum_{i \in SV} \alpha_i y_i (\boldsymbol{x}_i^{\top} \boldsymbol{x} + 1)^2 + \beta \\
&= \sum_{i \in SV} \alpha_i y_i (\boldsymbol{x}^{\top} \boldsymbol{x}_i \boldsymbol{x}_i^{\top} \boldsymbol{x} + 2\boldsymbol{x}_i^{\top} \boldsymbol{x} + 1) + \beta \\
&= \boldsymbol{x}^{\top} \left(\sum_{i \in SV} \alpha_i y_i \boldsymbol{x}_i \boldsymbol{x}_i^{\top} \right) \boldsymbol{x} + \left(2 \sum_{i \in SV} \alpha_i y_i \boldsymbol{x}_i \right)^{\top} \boldsymbol{x} + \sum_{i \in SV} \alpha_i y_i + \beta
\end{aligned}
$$

よって，$\tilde{A} = \sum_{i \in SV} \alpha_i y_i \boldsymbol{x}_i \boldsymbol{x}_i^{\top}$ である。また，サポートベクトル以外の α_i は 0 であるので，$\sum_{i \in SV}$ の代わりに，単に $\sum_{i=1}^{n}$ とした場合も正解とする。

〔4〕本問のように，データの生成モデルとして多変量正規分布を仮定できるときは，統計モデルに基づくベイズ最適解である二次判別分析を用いるべきである。一方，統計モデルが不明であり推定も困難であるような場合や，正規分布と比べて大きな外れ値をもちやすくロバストな推定が必要な場合，もしくはサポートベクトルによる情報圧縮や効率的な最適化アルゴリズムを用いる必要があるほどデータのサイズが大きいときは SVM を用いた判別分析が有効であるが，本問の場合はいずれも当てはまらない。

二次判別問題（Quadratic Discriminant Analysis, QDA）およびサポートベクトルマシン（SVM）に関しては，たとえば，G. James 他著『An Introduction to Statistical Learning: with Applications in R』（Springer 社），（日本語訳：『R による統計的学習入門』（朝倉書店））を参考にするとよい。

PART 4

準1級
2018年6月
問題／解説

2018年6月に実施された準1級の問題です。
「選択問題及び部分記述問題」と「論述問題」からなります。
部分記述問題は 記述4 のように記載されているので、
解答用紙の指定されたスペースに解答を記入します。
論述問題は3問中1問を選択解答します。

※統計数値表は本書巻末に「付表」として掲載しています。

問 1　ある感染症に 1000 人に 1 人の割合で感染している。この感染症には検査 1，検査 2 の 2 種類の検査がある。検査 1 は，本当に感染していた場合に 99.9 ％の確率で陽性反応を示すが，感染していない場合でも 0.1 ％の確率で陽性反応を示す。検査 2 は，検査 1 で陽性と診断された者に対して行う。検査 1 で陽性と診断された者が本当に感染していた場合，検査 2 は 95 ％の確率で陽性反応を示す。検査 1 で陽性と診断された者が実際は感染していない場合，検査 2 は 5 ％の確率で陽性反応を示す。

〔1〕A さんが検査 1 を受診したところ，結果は「陽性」であった。A さんが本当に感染している確率は何パーセントになるか求めよ。　記述 1

〔2〕検査 1 で「陽性」と判定された A さんは，次に検査 2 を受診し，再び「陽性」と判定された。A さんが本当に感染している確率は何パーセントになるか求めよ。　記述 2

問2　ある 10 人のグループのうち 5 人は関東地方出身者，他の 5 人は関東地方以外の出身者であった。この 10 人の中から無作為非復元抽出によって選ばれた 5 人の標本を

$$X_i = \begin{cases} 1, & i \text{ 番目の人は関東地方出身者} \\ 0, & i \text{ 番目の人は関東地方以外の出身者} \end{cases} , \; i = 1, 2, 3, 4, 5$$

とおく。

〔1〕　X_i^2 の期待値 $E[X_i^2]$ を求めよ。　記述 **3**

〔2〕　$X_i, \; X_j, \; i \neq j$ に対し $E[X_i X_j]$ を求めよ。　記述 **4**

〔3〕　標本平均 $\bar{X} = (1/5) \sum_{i=1}^{5} X_i$ の分散 $V[\bar{X}]$ を求めよ。　記述 **5**

問3 判別分析に関する次の各問に答えよ。

〔1〕図1の散布図にあるような正例 (+1) と負例 (−1) の2群からなる2次元データを考える。

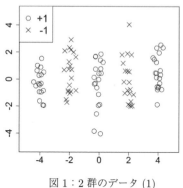

図1：2群のデータ (1)

このデータで正例と負例を判別するために，p 次の多項式カーネル

$$k(\boldsymbol{x}, \boldsymbol{x}') = (1 + \boldsymbol{x}^T \boldsymbol{x}')^p$$

を用いて，SVM で判別を行う。ここで，$\boldsymbol{x}$, $\boldsymbol{x}'$ は2次元の縦ベクトル，$\boldsymbol{x}^T$ は $\boldsymbol{x}$ の転置とする。また，p は正の整数であるとする。このとき，すべてのデータが正しく判別されるために必要な多項式カーネルの最小の次数 p はいくつになるか。その理由も含めて述べよ。 記述 6

〔2〕図2のような正例（+1）と負例（−1）の2群からなる2次元データを考える。

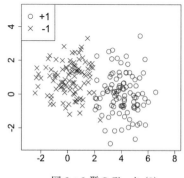

図2：2群のデータ (2)

このデータで正例，負例を判別するために，
● 線形カーネルを用いて正則化パラメータを固定したソフトマージン SVM
● 線形判別分析
の 2 つの手法を適用した結果，図 3(a) のような判別直線が得られた。

次に，判別直線に近い観測値以外の観測値を取り除いて，再び 2 つの手法で判別を行った結果，図 3(b) のような判別直線が得られた。このとき，すべてのデータを用いた場合と比べて，線形判別分析では判別直線に変化が見られたが，SVM では判別直線が全く変化しなかった。SVM で判別直線の位置に変化がなかった理由を述べよ。 記述 7

SVM

線形判別分析

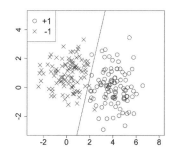 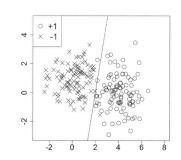

(a) すべてのデータに対する判別直線

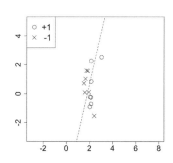 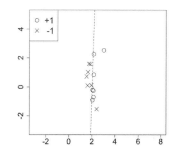

(b) 一部のデータに対する判別直線

図 3: SVM と線形判別による判別直線

注：記述 8，9，10 は問 13 にあります。

問 4 次の表は，ソーシャルネットワークサービス「Instagram」の 20 代男女の利用者数を整理したクロス集計表である。

	利用している	利用していない	計
20 代男	38	73	111
20 代女	60	46	106
計	98	119	217

資料：総務省「平成 28 年情報通信メディアの利用時間と情報行動に関する調査報告書」

〔1〕次の図の中で，上のクロス集計表のモザイクプロットはどれか。次の ① ～ ⑤ のうちから最も適切なものを一つ選べ。 | 1 |

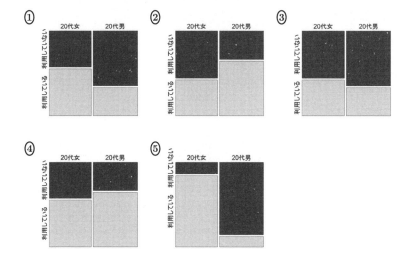

〔2〕Instagram の利用率に男女差があるかどうかを調べるために，検定統計量 Z を用いて，利用率に男女差がないという帰無仮説に対する有意水準 α の両側検定

$$|Z| > z_{\alpha/2} \ \Rightarrow \ \text{利用率に男女差がある}$$

を行うことにした。ただし $z_{\alpha/2}$ は標準正規分布の上側 $\alpha/2$ 点である。検定統計量 Z として，次の ① ～ ⑤ のうちから最も適切なものを一つ選べ。　$\boxed{2}$

① $\dfrac{38/111 - 60/106}{\sqrt{(1/111 + 1/106) \times (98/217) \times (119/217)}}$

② $\dfrac{38/111 - 60/106}{\sqrt{(1/(111 + 106)) \times (1/2) \times (1 - 1/2)}}$

③ $\dfrac{(38 - 50.1)^2}{50.1} + \dfrac{(73 - 60.9)^2}{60.9} + \dfrac{(60 - 47.9)^2}{47.9} + \dfrac{(46 - 58.1)^2}{58.1}$

④ $\dfrac{\log((38 \times 46)/(73 \times 60)) - 1}{\sqrt{1/38 + 1/73 + 1/60 + 1/46}}$

⑤ $\dfrac{217(38 \times 46 - 73 \times 60)^2}{98 \times 119 \times 111 \times 106}$

問5　高血圧の治療のために，血圧を下げる効果のある治療薬 (A 薬) を開発した。A 薬の効果を従来薬 (B 薬) と比較するために，血圧がほぼ等しい高血圧患者 6 名をランダムに 3 名ずつに分け，それぞれ，A 薬と B 薬のいずれかを投与した。薬の投与後の血圧測定の結果が以下である（単位：mmHg）。

治療薬	血圧 (mmHg)		
A	135	127	131
B	132	144	138

2 種類の治療薬の効果が等しいという帰無仮説を，A 薬の方が効果が高いという片側対立仮説に対してウィルコクソンの順位和検定を用いて検定することを考える。

〔1〕A 薬群，B 薬群のデータを併せ，血圧が低い順に 1 から 6 までの番号をつける。これを順位という。次に，A 薬群に属する患者についた順位の和と B 薬群に属する患者についた順位の和を求める。これらをそれぞれの群の順位和とよぶ。A 薬群と B 薬群の順位和はいくつになるか。次の ① ～ ⑤ のうちから適切なものを一つ選べ。　3

① A：3，B：8　　　② A：5，B：16　　　③ A：7，B：14
④ A：9，B：12　　　⑤ A：10，B：11

〔2〕帰無仮説が正しいと仮定すると，6 名の測定値は A 薬群，B 薬群にランダムに割り振られると考えてよい。A 薬群の順位和が〔1〕で求めた値以下となる確率を，ウィルコクソンの順位和検定の片側 P-値と考える。この考え方による片側 P-値はいくらか。次の ① ～ ⑤ のうちから適切なものを一つ選べ。　4

① 0.05　　　② 0.10　　　③ 0.20　　　④ 0.25　　　⑤ 0.50

〔3〕別の患者のデータを用いて，同様の仮説に対するウィルコクソンの順位和検定を行ったところ，片側 P-値が 3 ％未満になった。このとき，最低でも何人以上の患者がいたか。次の ① ～ ⑤ のうちから適切なものを一つ選べ。　5

① 8人（A 群 4 人，B 群 4 人）　　　② 7人（A 群 3 人，B 群 4 人）
③ 6人（A 群 3 人，B 群 3 人）　　　④ 5人（A 群 2 人，B 群 3 人）
⑤ 4人（A 群 2 人，B 群 2 人）

問6　ある大学の文理融合系学部における統計学の講義の受講生 300 名のうち，200 名は文系，100 名は理系の学生で，300 名全員が期末試験を受験した。期末試験は 100 点満点で，受講生全体の成績の分布は，文系が平均 65 点，標準偏差 5 点の正規分布 $N(65, 5^2)$，理系が平均 80 点，標準偏差 3 点の正規分布 $N(80, 3^2)$ という 2 つの正規分布の混合正規分布で近似できた。

〔1〕このテストにおいて，文系の A さんは 64 点，理系の B さんは 86 点であった。文系の学生の中における A さんの偏差値と，理系の学生の中における B さんの偏差値の組として正しいものはどれか。次の ① ～ ⑤ のうちから最も適切なものを一つ選べ。　| 6 |

① A：29.4，B：92.4　　② A：37.8，B：92.0　　③ A：48.0，B：70.0

④ A：49.0，B：72.7　　⑤ A：49.5，B：63.5

〔2〕得点分布の近似分布である混合正規分布の確率密度関数のグラフはどれか。次の ① ～ ⑤ のうちから最も適切なものを一つ選べ。　| 7 |

①
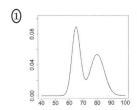

②
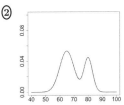

③
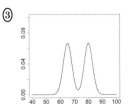

④
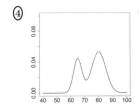

⑤
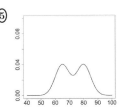

〔3〕この期末試験では 60 点以上を合格とした。この試験の合格率はおよそ何パーセントか。次の ① ～ ⑤ のうちから最も適切なものを選べ。　| 8 |

① 65 %　　② 70 %　　③ 80 %　　④ 90 %　　⑤ 98 %

問7　5種類の寿司ネタ (まぐろ, サーモン, うに・いくら, 貝類, 白身) の好みに関し,
　　　1. 好きでない　　　　　2. あまり好きでない　3. どちらでもない
　　　4. わりと好きである　　5. 好きである

という5件法を用いてA, B, ..., Oの15人を対象にアンケート調査を行った。このデータに対し, ユークリッド距離を用いたウォード法によって階層的クラスター分析を適用した結果, 以下のようなデンドログラムを得た。

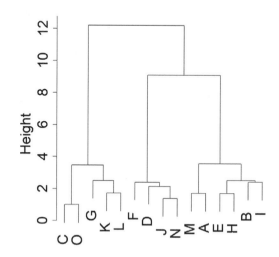

〔1〕ウォード法ではクラスター間の距離をどのように定義するか。次の ① 〜 ⑤ のうちから最も適切なものを一つ選べ。　 9

　　① 2つのクラスターの重心間の距離

　　② 2つのクラスターの個体同士で最も距離の近い個体間の距離

　　③ 2つのクラスターの個体同士で最も距離の遠い個体間の距離

　　④ 2つのクラスター内の偏差平方和の和と, 結合した後のクラスター内の偏差平方和との差の絶対値の平方根

　　⑤ 2つのクラスター間のすべての個体の組合せにおける距離の平均

〔2〕A, B, Cの3名は, 次の表の (ア) 〜 (ウ) のいずれかの回答をした。

	まぐろ	サーモン	うに・いくら	貝類	白身
(ア)	5	3	2	4	5
(イ)	3	4	5	5	3
(ウ)	4	5	5	4	4

A，B，Cと（ア）～（ウ）の組合せとして，次の①～⑤のうちから最も適切なものを一つ選べ。　**10**

① A：（ア），B：（イ），C：（ウ）　② A：（ア），B：（ウ），C：（イ）

③ A：（イ），B：（ア），C：（ウ）　④ A：（ウ），B：（ア），C：（イ）

⑤ A：（ウ），B：（イ），C：（ア）

〔3〕同じデータに対し，主成分分析を適用したところ，第1，第2主成分ベクトルは次の表のようになり，これらの累積寄与率は 90.13 ％となった。

	第 1 主成分	第 2 主成分
まぐろ	0.824	0.450
サーモン	−0.763	0.580
うに・いくら	−0.662	0.703
貝類	0.878	0.290
白身	0.906	0.313

主成分負荷量のマップ (横軸：第 1 主成分，縦軸：第 2 主成分) はどれか。次の①～⑤のうちから最も適切なものを一つ選べ。　**11**

①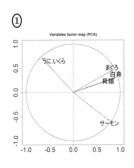

②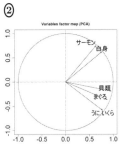

③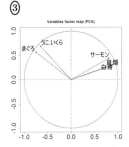

④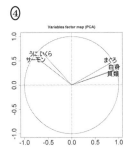

⑤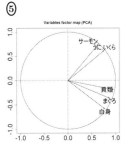

107

問 8　$u_1, u_2, \ldots, u_T$ が 1 次の自己回帰モデル (AR(1) モデル)

$$u_{t+1} = \alpha u_t + \epsilon_{t+1} \quad (t = 1, \ldots, T - 1) \tag{1}$$

に従うとする。ここで，$|\alpha| < 1$，ϵ_t は $N(0, \sigma^2)$ に従うホワイトノイズとし，$u_1, u_2, \ldots, u_T$ は定常であると仮定できるものとする。

〔1〕 $\alpha = 0.5$ の AR(1) モデルに従う $T = 1000$ 個の標本から求めた偏自己相関係数のプロットはどれか。次の ①〜⑤ のうちから最も適切なものを一つ選べ。ただし，図中の破線は，偏自己相関係数が 0 であるという帰無仮説に対する有意水準 5 ％の両側検定の臨界点である。　**12**

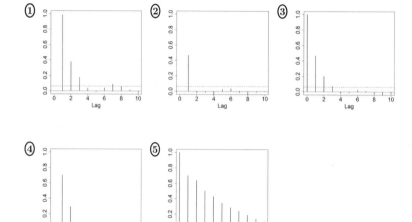

〔2〕 $\alpha = 0.1$ のとき，u_t の分散 σ_u^2 の値はいくらか。次の ①〜⑤ のうちから適切なものを一つ選べ。　**13**

① $\sigma^2/0.9$　　② $\sigma^2/0.99$　　③ σ^2　　④ $0.1\sigma^2$　　⑤ $0.011\sigma^2$

〔3〕$x_1, x_2, \ldots, x_{10}$ は独立に同一の分布 $N(\mu, \sigma_u^2)$ に従うとし，$\bar{x} = (1/10)\sum_{i=1}^{10} x_i$ をその平均とする。また，y_t を

$$y_t = \mu + u_t \quad (t = 1, \ldots, T)$$

とし，$\bar{y}_T = (1/T)\sum_{t=1}^{T} y_t$ をその平均とする。ただし，u_t は式 (1) で定義され，ここでは $\alpha > 0$ とする。μ の推定量として，$\bar{x}$, $\bar{y}_T$ の 2 つの統計量を考えるときに，これらの統計量の性質に関する記述として，次の ① 〜 ⑤ のうちから最も適切なものを一つ選べ。　| 14 |

① $\bar{x}$, $\bar{y}_T$ ともに不偏で，$T = 10$ のときは $\bar{x}$ の分散と $\bar{y}_{10}$ の分散は等しい。従って，$\bar{x}$ と $\bar{y}_{10}$ は μ の推定量として同等の精度を持つと言える。

② $T = 10$ のときは $\bar{x}$ の分散と $\bar{y}_{10}$ の分散は等しいが，$\bar{y}_{10}$ には偏りがある。従って，μ の推定量として，$\bar{y}_{10}$ は $\bar{x}$ より精度が劣る。

③ $\bar{x}$, $\bar{y}_T$ ともに不偏であるが，$T = 10$ のときは $\bar{x}$ の分散の方が $\bar{y}_{10}$ の分散より小さい。従って，$\bar{y}_T$ が μ の推定量として $\bar{x}$ よりよい精度を得るためには，$T > 10$ の標本が必要である。

④ $\bar{x}$, $\bar{y}_T$ ともに不偏である。$T = 10$ のときの $\bar{x}$ の分散と $\bar{y}_{10}$ の分散の大小関係は α の値に依存する。つまり，α の値によっては $\bar{x}$ よりも $\bar{y}_{10}$ の方が，μ の推定量として精度がよくなることがあり得る。

⑤ $T = 10$ のとき，$\bar{y}_{10}$ には偏りがあるが，$\bar{y}_{10}$ の分散は $\bar{x}$ の分散よりも小さい。従って，μ の推定量としての $\bar{x}$ と $\bar{y}_{10}$ の精度を比較することはできない。

問 9 次の表は，世の中の動きについて信頼できる情報を得るために最もよく利用する
メディアを年代別に整理したクロス集計表である。標本サイズは 1500 である。

	テレビ	ラジオ	新聞	雑誌	書籍	インターネット	その他
10 代	94	2	15	0	4	23	1
20 代	106	3	41	0	2	64	3
30 代	133	2	53	1	6	73	7
40 代	186	3	55	1	3	56	6
50 代	157	6	67	0	1	24	2
60 代	203	7	69	1	4	15	1

資料：総務省「平成 28 年情報通信メディアの利用時間と情報行動に関する調査報告書」

年代によってメディアの利用実態に相違があるかどうかを調べるために，ピアソ
ンのカイ二乗適合度検定と，クラメールの連関係数を利用することを考えた。上の
表について計算したカイ二乗統計量の値は 116.52 であった。また，クラメールの
連関係数 V とは，n を標本サイズ，k をクロス集計表の行数と列数の大きくない方
の値，χ^2 をカイ二乗統計量の値としたときに，$V = \sqrt{\dfrac{\chi^2}{n \times (k-1)}}$ によって定義
される量である。

〔1〕クロス集計表の各セルの頻度を a 倍 $(a = 2, 3, \ldots)$ したときの，カイ二乗統計
量，ピアソンのカイ二乗適合度検定の P-値，クラメールの連関係数の値の関係
として，次の ① ～ ⑤ のうちから最も適切なものを一つ選べ。 15

① a を大きくしていくと，カイ二乗統計量，P-値，クラメールの連関係数の
値はすべて大きくなる。

② a を大きくしてもカイ二乗統計量，P-値，クラメールの連関係数の値はす
べて変わらない。

③ a を大きくしていくと，カイ二乗統計量の値は大きくなるが，P-値とクラ
メールの連関係数の値は小さくなる。

④ a を大きくしていくと，カイ二乗統計量の値は大きく，P-値は小さくなる
が，クラメールの連関係数の値は変わらない。

⑤ a を大きくしていくと，カイ二乗統計量の値とクラメールの連関係数の値
は大きくなるが，P-値は小さくなる。

〔2〕年代とメディア利用の関係について，次の ① ～ ⑤ のうちから最も適切なもの
を一つ選べ。 16

① クラメールの連関係数の値が 0.1 程度であるので，年代とメディアの間に
強い関係があるかどうかは疑わしい。ピアソンのカイ二乗適合度検定の P-
値が 1 ％未満なのは標本サイズが大きいためである。

110

② クラメールの連関係数の値が 0.1 程度なので，標本サイズが大きいが，年代とメディアの間には実質的に有意な関係があると言える。

③ クラメールの連関係数の値が 0.5 程度なので，年代とメディアの間には中程度の関係があると言える。

④ ピアソンのカイ二乗適合度検定の P-値は 1 ％未満であるから，年代とメディアの間には強い関係があると言える。

⑤ ピアソンのカイ二乗適合度検定は 5 ％有意ではなく，クラメールの連関係数の値も 0.1 程度であることから，年代とメディアの間の関係の有無に関する情報を得ることはできない。

〔3〕このクロス集計表に対し対応分析を適用したところ，図1のバイプロットを得た。このバイプロットの解釈として，次の ① ～ ⑤ のうちから 適切でない ものを一つ選べ。　| 17 |

① 10 代の回答者は 20 代や 30 代と比べ，メディアの中でテレビを選択した割合が多い。

② 20 代，30 代の回答者は他の世代に比べ，メディアの中でインターネットを選択した割合が多い。

③ 40 代の回答者には，メディアの中で新聞が最も多く選択されている。

④ ラジオを選択した回答者の中で 50 代が占める割合は，書籍を選択した回答者の中で 50 代が占める割合よりも多い。

⑤ 60 代の回答者は 40 代以下に比べて，メディアの中でテレビ，ラジオ，新聞を選択した割合が多い。

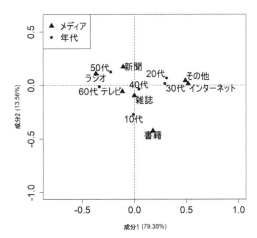

図 1：メディアと年代のバイプロット

2018年6月

111

問 10 ふるさと納税による寄付金額の要因を調べるために，日本の 1741 市町村につい
て，寄付金額 (百万円) を被説明変数とし，人口 (人)，返礼品の種類数 (品目)，ふる
さと納税ポータルサイトのふるさとチョイス (https://www.furusato-tax.jp/)
で分類されている 166 品目の返礼品の取扱いの有無に関するダミー変数を説明変
数として，重回帰分析を行った。i 番目の市町村の寄付金額を y_i，説明変数を

- x_{1i} : 人口 (人)
- x_{2i} : 返礼品の種類数 (品目)
- x_{ki} : 166 品目の返礼品の有無に関するダミー変数 ($k = 3, 4, \ldots, 168$)

と書く。すべての説明変数は平均 0，分散 1 に標準化されている。このときモデルは

$$y_i = \beta_0 + \sum_{k=1}^{168} \beta_k x_{ki} + u_i \quad (i = 1, \ldots, 1741)$$

と表すことができる。ここで，u_i は誤差項である。このモデルの推定には，最小二
乗法 (OLS 法)，最小二乗法と AIC による変数減少法を用いた説明変数選択 (OLS
法 +AIC)，L_1 正則化法，L_2 正則化法 (リッジ回帰) の 4 つの方法を用いた。L_q 正
則化法 ($q = 1, 2$) とは，

$$\sum_{i=1}^{1741} \left(y_i - \left(\beta_0 + \sum_{k=1}^{168} \beta_k x_{ki} \right) \right)^2 + \lambda \sum_{k=1}^{168} |\beta_k|^q$$

の最小化によって回帰係数の推定値を求める方法である。λ は正則化パラメータで，
ここでは交差検証法を用いて求めた。

〔1〕次の図（ア）〜（エ）は，各手法における回帰係数の推定値を説明変数に対し
てプロットしたものである。

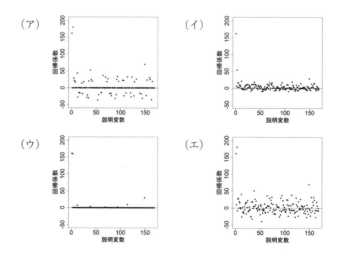

上の４つの推定法と推定値のプロットの組合せはどれか。次の ① 〜 ⑤ のうちから最も適切なものを一つ選べ。　18

① （ア）OLS 法，（イ）L_1 正則化法，（ウ）OLS 法 +AIC，（エ）リッジ回帰
② （ア）OLS 法，（イ）OLS 法 +AIC，（ウ）L_1 正則化法，（エ）リッジ回帰
③ （ア）リッジ回帰，（イ）OLS 法 +AIC，（ウ）L_1 正則化法，（エ）OLS 法
④ （ア）OLS 法，（イ）リッジ回帰，（ウ）L_1 正則化法，（エ）OLS 法 +AIC
⑤ （ア）OLS 法 +AIC，（イ）リッジ回帰，（ウ）L_1 正則化法，（エ）OLS 法

〔2〕 次に Elastic Net 回帰法を用いて推定を行った。Elastic Net 回帰法とは，

$$\sum_{i=1}^{1741}\left(y_i - \left(\beta_0 + \sum_{k=1}^{168}\beta_k x_{ki}\right)\right)^2 + \lambda\sum_{k=1}^{168}\left(\alpha|\beta_k| + (1-\alpha)|\beta_k|^2\right), \quad 0 \le \alpha \le 1$$

の最小化によって回帰係数を推定する方法で，$\alpha = 1$ のときは L_1 正則化法，$\alpha = 0$ のときはリッジ回帰にそれぞれ一致する。λ はここでも正則化パラメータである。

下の図（ア）〜（エ）は，Elastic Net 回帰法において α を $0, 0.5, 0.7, 1$ のいずれかに固定した場合の回帰係数の推定値を $\log(\lambda)$ に対してプロットした解パスである。グラフ上部の数値は，非ゼロの回帰係数を持つ説明変数の数を表す。$\alpha = 0.5$ のときの解パスはどれか。次の ① 〜 ④ のうちから最も適切なものを一つ選べ。　19

① （ア） 　② （イ） 　③ （ウ） 　④ （エ）

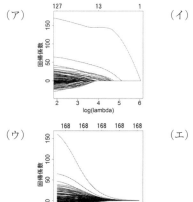
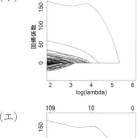
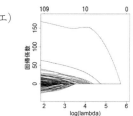

2018年6月

問 11　消費者のファッションブランドに対するイメージを可視化するために，100 人の消費者を対象に，A から J までの 10 のファッションブランドに対して，

1. 高級感を感じるか（高級感）
2. 品質がよいと思うか（品質）
3. 親しみを感じるか（親しみ）
4. 認知の有無（認知度）
5. 所有の有無（所有率）

の 5 項目についてアンケート調査を行った。調査で得られたデータからファッションブランドごとに平均を求め，その 10 行 5 列の集計結果に因子分析を適用することで 5 項目間の関連を分析した。因子数は 2 とし，推定には最尤法，回転にはバリマックス回転をそれぞれ用いた。各因子に対する因子負荷量と共通性は表 1 のようになった。この結果から，第 1 因子を「洗練度」，第 2 因子を「普及率」と名付けることにした。図 1 は各ブランドの因子得点を，横軸を第 1 因子，縦軸を第 2 因子としてプロットしたものである。

表 1:　各項目の因子負荷量

	第 1 因子	第 2 因子	共通性
高級感	0.96	（ア）	0.9412
品質	0.75	−0.08	0.5689
親しみ	−0.71	（イ）	0.8762
認知度	−0.04	0.94	0.8852
所有率	0.00	0.70	0.4900

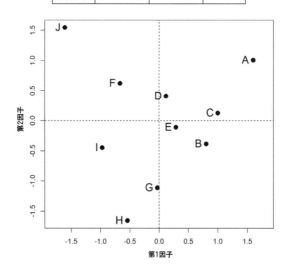

図 1:　各ブランドの因子得点のプロット

〔1〕表1の（ア）と（イ）の因子負荷量の組合せはどれか。次の ① 〜 ⑤ から最も適切なものを一つ選べ。　**20**

① （ア）　0.14,（イ）　0.61　　② （ア）−0.02,（イ）　1.59

③ （ア）−0.02,（イ）−0.17　　④ （ア）　0.14,（イ）−0.17

⑤ （ア）−0.02,（イ）−0.61

〔2〕バリマックス回転によって定められた因子軸は，一般にどのような性質を持つ傾向にあるか。次の ① 〜 ⑤ から最も適切なものを一つ選べ。　**21**

① 特定の因子のすべての項目でのみ因子負荷量の絶対値が 1 に近くなり，それ以外の因子の因子負荷量はすべて 0 に近くなる傾向にある。

② 因子得点のプロットが均一に散らばる傾向にある。

③ 因子得点のプロットが軸の近くに配置される傾向にある。

④ 各因子について，いくつかの項目のみ因子負荷量の絶対値が 1 に近くなり，それ以外の項目では因子負荷量が 0 に近くなる傾向にある。

⑤ 各因子で各項目の因子負荷量が均一になる傾向にある。

〔3〕各ブランドのイメージに関する記述として，次の ① 〜 ⑤ のうちから 適切でない ものを一つ選べ。　**22**

① A は B，C，D，E に比べて洗練度，普及率ともに高い。

② C は相対的に洗練度の高くないブランドであるが，普及率も高い方ではない。

③ F は B，C，D，E と比べると洗練度は相対的に低いが，普及率は高い。

④ H は普及率の点で相対的に他のブランドに劣るが，I，J に比べると洗練度は高いと言える。

⑤ J は洗練度は高くないが，普及率は他のブランドに比べて高い。

問 12 図 1 は，2012 年 1 月から 2017 年 3 月までの，京都府における平均現金支給給
与額 (千円) の月次データの時系列プロットである。

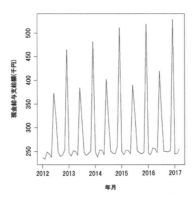

図 1： 京都府における現金支給給与額 (千円)

資料：京都府「毎月勤労統計調査地方調査」

〔1〕この系列のコレログラムはどれか。次の ① ～ ⑤ のうちから最も適切なものを
一つ選べ。 **23**

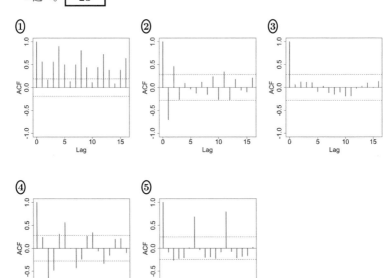

〔2〕図 2 は，図 1 の現金給与支給額の原系列と，それを季節成分，トレンド成分，不規則成分の 3 成分に分解してプロットしたものである。

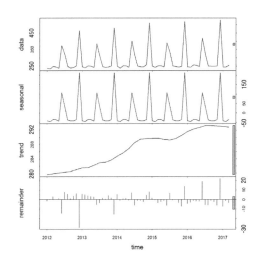

図 2：京都府における現金支給給与額の成分分解 (単位：千円)
(上から原系列，季節成分，トレンド成分，不規則成分)

この図の解釈として，次の ① 〜 ⑤ のうちから 読み取れない ものを一つ選べ。

24

① トレンド成分から，現金支給給与額はこの期間を通しては増加の傾向にあるが，直近の数ヶ月は停滞している。

② トレンド成分から，現金支給給与額はこの 5 年強の間で 1 万円程度上昇している。

③ 季節成分から，年 2 回のボーナスの影響が読み取れる。

④ 給与額の季節成分では，1 年間の最大値と最小値に 20 万円以上の差がある。

⑤ 不規則成分はホワイトノイズとみなせる。

問 13 次の Step 1 - Step 6 のように，目標分布が混合正規分布

$$\frac{1}{4}N(0,1) + \frac{3}{4}N(6,1)$$

であるような，酔歩連鎖によるメトロポリス・ヘイスティングス法を用いて，乱数 x を 10000 個発生させることを考える。ここで，$U(a,b)$ は，閉区間 $[a,b]$ 上の一様分布を表すものとする。

Step 1 初期値 $x^{(0)}$ を設定し，$t \leftarrow 0$ とする。また，$a > 0$ をひとつ定める。

Step 2 ϵ を $U(-a,a)$ から発生させ，

$$y = x^{(t)} + \epsilon$$

とする。

Step 3 u を $U(0,1)$ から発生させ，

$$x^{(t+1)} = \begin{cases} y, & u \leq \alpha(x^{(t)}, y) \\ x^{(t)}, & \text{それ以外} \end{cases}$$

とする。ただし，$\alpha(x^{(t)}, y)$ は採択確率 (C) である。

Step 4 $t \leftarrow t+1$ とする。

Step 5 $t \leq 1000$ のときは $x^{(t)}$ を出力しない。$1000 < t \leq 11000$ のときは $x^{(t)}$ を $t-1000$ 番目の乱数として出力する。

Step 6 $t = 11000$ なら終了，それ以外の場合は Step 2 に戻る。

〔1〕酔歩連鎖によるメトロポリス・ヘイスティングス法では，目標分布の確率密度関数が $\pi(x)$ のとき，採択確率 $\alpha(x^{(t)}, y)$ は

$$\alpha(x^{(t)}, y) = \min\left(1, \frac{\pi(y)}{\pi(x^{(t)})}\right)$$

と表される。$\phi(\cdot)$ を標準正規分布の確率密度関数としたときに，Step 3 の採択確率 (C) を $\phi(\cdot)$ を用いて表せ。 $\boxed{\text{記述 8}}$

〔2〕次の図の（ア）〜（ウ）は，Step 1 で初期値を $x^{(0)} = 6$，a を $0.1, 1, 6$ のいずれかに設定したときに得られた 10000 個の乱数のヒストグラムと時系列プロットの組合せである。（ア）〜（ウ）に対応する a の値はそれぞれいくつになるか。理由も含めて述べよ。 $\boxed{\text{記述 9}}$

(ア)　　　　　　　　(イ)　　　　　　　　(ウ)

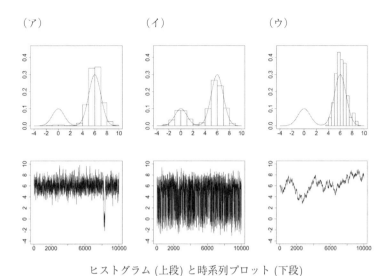

ヒストグラム (上段) と時系列プロット (下段)

〔3〕Step 5 にあるように，$x^{(1)}, \ldots, x^{(1000)}$ を出力に加えない理由を簡潔に説明せよ。　記述 10

　選択問題及び部分記述問題の正解一覧です。次ページ以降に解説を掲載しています。問題の趣旨やその考え方を理解するために活用してください。

　論述問題の問題文，解答例は134ページに掲載しています。

問		解答番号	正解
問1	〔1〕	記述 1	50%
	〔2〕	記述 2	95%
問2	〔1〕	記述 3	$\frac{1}{2}$
	〔2〕	記述 4	$\frac{2}{9}$
	〔3〕	記述 5	$\frac{1}{36}$
問3	〔1〕	記述 6	※
	〔2〕	記述 7	※
問4	〔1〕	1	①
	〔2〕	2	①
問5	〔1〕	3	③
	〔2〕	4	②
	〔3〕	5	②
問6	〔1〕	6	③
	〔2〕	7	②
	〔3〕	8	④
問7	〔1〕	9	④
	〔2〕	10	⑤
	〔3〕	11	④

問		解答番号	正解
問8	〔1〕	12	②
	〔2〕	13	②
	〔3〕	14	③
問9	〔1〕	15	④
	〔2〕	16	①
	〔3〕	17	③
問10	〔1〕	18	⑤
	〔2〕	19	①
問11	〔1〕	20	①
	〔2〕	21	④
	〔3〕	22	②
問12	〔1〕	23	⑤
	〔2〕	24	⑤
問13	〔1〕	記述 8	※
	〔2〕	記述 9	
	〔3〕	記述 10	

※は次ページ以降を参照。

選択問題及び部分記述問題　解説

問1

〔1〕　**記述1** ……………………………………………………… **正解** 50%

X, Y_1 をそれぞれ

- X：感染している
- Y_1：検査1の結果が陽性

という事象としたとき，ここで求める確率は $P(X \mid Y_1)$ である。問題文の仮定より

$$P(Y_1 \mid X) = 0.999, \ P(Y_1 \mid X^c) = 0.001, \ P(X) = 0.001, \ P(X^c) = 0.999$$

であることと，全確率の公式から

$$P(Y_1) = P(Y_1 \mid X)P(X) + P(Y_1 \mid X^c)P(X^c)$$

となることを用いると，ベイズの定理より

$$\begin{aligned}
P(X \mid Y_1) &= \frac{P(Y_1 \mid X)P(X)}{P(Y_1)} \\
&= \frac{0.999 \times 0.001}{0.999 \times 0.001 + 0.001 \times 0.999} \\
&= 0.5(= 50\%)
\end{aligned}$$

となる。

〔2〕　**記述2** ……………………………………………………… **正解** 95%

Y_2 を検査2の結果が陽性であったという事象とすると，ここで求める確率は $P(X \mid Y_1, Y_2)$ である。問題文の仮定と〔1〕の結果より

$$\begin{aligned}
P(Y_2 \mid Y_1, X) &= 0.95 \\
P(Y_2 \mid Y_1, X^c) &= 0.05 \\
P(X \mid Y_1) &= 0.5 \\
P(X^c \mid Y_1) &= 0.5
\end{aligned}$$

であることと，全確率の公式から

$$P(Y_2|Y_1) = P(Y_2 \mid Y_1, X)P(X \mid Y_1) + P(Y_2 \mid Y_1, X^c)P(X^c \mid Y_1)$$

となることを用いると，ベイズの定理より

$$P(X \mid Y_1, Y_2) = \frac{P(Y_2 \mid X, Y_1)P(X \mid Y_1)}{P(Y_2 \mid Y_1)}$$
$$= \frac{0.95 \times 0.5}{0.95 \times 0.5 + 0.05 \times 0.5}$$
$$= 0.95 (= 95\%)$$

となる。

問2

〔1〕 記述 3 ··· 正解 ▶ $\frac{1}{2}$

$E[X_i^2]$ は次のように求められる。

$$E[X_i^2] = 1^2 \times \frac{5}{10} + 0^2 \times \frac{5}{10} = \frac{1}{2}$$

〔2〕 記述 4 ··· 正解 ▶ $\frac{2}{9}$

$E[X_i X_j] \ (i \neq j)$ は次のように求められる。

$$E[X_i X_j] = 1 \times 1 \times \frac{5}{10} \times \frac{4}{9} + 1 \times 0 \times \frac{5}{10} \times \frac{5}{9}$$
$$+ 0 \times 1 \times \frac{5}{10} \times \frac{5}{9} + 0 \times 0 \times \frac{5}{10} \times \frac{4}{9} = \frac{2}{9}$$

〔3〕 記述 5 ··· 正解 ▶ $\frac{1}{36}$

$E[X_i]$ も $E[X_i^2]$ と同様に

$$E[X_i] = 1 \times \frac{5}{10} + 0 \times \frac{5}{10} = \frac{1}{2}$$

したがって，$\mathrm{Var}[X_i]$ は

$$\mathrm{Var}[X_i] = \frac{1}{2} - \left(\frac{1}{2}\right)^2 = \frac{1}{4}$$

また，$\mathrm{Cov}[X_i, X_j](i \neq j)$ は

$$\mathrm{Cov}[X_i, X_j] = E[X_i X_j] - E[X_i]E[X_j]$$
$$= \frac{2}{9} - \left(\frac{1}{2}\right)^2 = -\frac{1}{36}$$

以上より，

$$\mathrm{Var}[\bar{X}] = \frac{1}{25}\sum_{i=1}^{5}\mathrm{Var}[X_i] + \frac{2}{25}\sum_{i<j}\mathrm{Cov}[X_i, X_j] = \frac{1}{36}$$

となる。

問3

〔1〕 記述6 ……………………………………………………… 正解 下記参照

このデータは判別関数 $r(\boldsymbol{x}) = \mathrm{sign}\{(x-3)(x-1)(x+1)(x+3)\} = \mathrm{sign}(x^4 - 10x^2 + 9)$ によって，完全に判別が可能である。従って，適当な a_i $(i = 1, \ldots, n)$ を用いて，$r(\boldsymbol{x}) := \mathrm{sign}\left(\sum_{i=1}^{n} a_i k(\boldsymbol{x}, \boldsymbol{x}_i)\right)$ と表すことができれば，ハードマージン SVM で判別可能である。

図より y 軸の値が 0 に十分近く，x 軸の値がそれぞれ $-4, -2, 0, 2, 4$ に十分近いデータ点が存在するので，一般性を失わずこれらを $\boldsymbol{x}_1, \ldots, \boldsymbol{x}_5$ とする。このとき，4 次の多項式カーネルは近似的に，

$$\sum_{i=1}^{5} a_i k(\boldsymbol{x}, \boldsymbol{x}_i) = a_1(1-4x)^4 + a_2(1-2x)^4 + a_3 + a_4(1+2x)^4 + a_5(1+4x)^4$$

という形の関数で表現できる。各項の線形独立性から，$a_1, \ldots, a_5$ をうまく選べば，$r(\boldsymbol{x}) = \mathrm{sign}\{(x-3)(x-1)(x+1)(x+3)\}$ を構成できる。よって，データは 4 次のハードマージン SVM で完全に判別可能である。

一方，3 次以下の多項式カーネルでは判別関数が 3 次以下の多項式になり，$y = 0$ を代入すると x のみの 3 次以下の式になる。x 軸周辺のデータを判別できるためには符号が 5 回以上変わる必要があり，4 次式以上でなくてはならない。

よって，判別に必要な最小の次数 p は 4 である。

〔2〕 記述7 ……………………………………………………… 正解 下記参照

SVM はサポートベクトルのみ保持していればよいので，それ以外の観測は除去しても結果は変わらない。一方，線形判別分析の判別直線は与えられた観測すべてを用いて推測するため，除去された観測の影響がある。

問4

〔1〕 ☐ 1 ⋯⋯⋯⋯⋯⋯⋯⋯⋯⋯⋯⋯⋯⋯⋯⋯⋯⋯⋯⋯⋯⋯⋯⋯ 正解 ①

男女別の利用率は次のようになる。

	利用している	利用していない
20 代男	0.3423	0.6577
20 代女	0.5660	0.4340

これに矛盾しないモザイクプロットを探せばよい。利用率が女性の方が高いものを探し，次いで女性の値を見ることにすると次のようになる。

①：正しい。上の表を反映している。

②：誤り。利用率が男性の方が高い。

③：誤り。利用率は女性の方が高いが，女性の利用率が 50% 以下である。

④：誤り。利用率が男性の方が高い。

⑤：誤り。利用率は女性の方が高いが，女性の利用率が 56.6% より明らかに大きい。

よって，正解は①である。

〔2〕 ☐ 2 ⋯⋯⋯⋯⋯⋯⋯⋯⋯⋯⋯⋯⋯⋯⋯⋯⋯⋯⋯⋯⋯⋯⋯ 正解 ①

n_M を 20 代男の標本サイズ，p_M をその真の利用率とすれば，$n_M \to \infty$ のとき中心極限定理によりデータにおける利用率 $\hat{p}_M$ は近似的に $N(p_M, p_M(1-p_M)/n_M)$ に従う。20 代女の標本サイズ，真の利用率，データにおける利用率を $n_F, p_F, \hat{p}_F$ としたときも同様である。いま帰無仮説を

$$H_0 : p_M = p_F(= p \text{ とおく})$$

とすれば，$\hat{p}_M$ と $\hat{p}_F$ は独立であるから，正規分布の再生性より H_0 の下で $\hat{p}_M - \hat{p}_F$ は近似的に $N(0, \left(\frac{1}{n_M} + \frac{1}{n_F}\right)(p(1-p)))$ の正規分布に従う。p は未知なので全体の利用率 $\hat{p}$(本問題では 98/217) を代入すれば検定統計量

$$Z = \frac{\hat{p}_M - \hat{p}_F}{\sqrt{\left(\frac{1}{n_M} + \frac{1}{n_F}\right)\hat{p}(1-\hat{p})}}$$

は近似的に標準正規分布に従う。

①：正しい。

124

②：誤り。①に似ているが，標準誤差が異なる。

③：誤り。ピアソンのカイ二乗統計量で，帰無分布の漸近分布は $\chi^2(1)$ となるので，標準正規分布に基づいた検定ではない。

④：誤り。オッズ比に基づいた検定統計量に似ているが，分子で対数オッズ比から 1 を引いているので，漸近分布が $N(-1, 1)$ となり，標準正規分布に基づいた検定にはならない。

⑤：誤り。これは ① の 2 乗なので，帰無分布の漸近分布は $\chi^2(1)$ となり，標準正規分布に基づいた検定ではない。

よって，正解は①である。

問5

〔1〕　**3** ·· 正解 ③

値の低い順に番号を付けた順位と順位和は次のようになる。

治療薬	順位			順位和
A	4	1	2	7
B	3	6	5	14

よって，正解は③である。

〔2〕　**4** ·· 正解 ②

1 から 6 までの値のうち，3 つが選ばれる組合せは $_6C_3$ である。順位和が 7 以下になるのは，6 と 7 の場合のみである。6 のときの順位の組は $(1,2,3)$，7 のときの順位の組は $(1,2,4)$ のときのみなので，順位和が 7 以下になる確率は

$$\frac{2}{_6C_3} = 0.1$$

となる。

よって，正解は②である。

〔3〕　**5** ·· 正解 ②

患者が 4 人 (A 群 2 人，B 群 2 人) のとき，患者が 5 人 (A 群 2 人，B 群 3 人) のときは，順位和が最小の 3 のときでも，P-値はそれぞれ

$$\frac{1}{_4C_2} = \frac{1}{6} > 0.03, \quad \frac{1}{_5C_2} = \frac{1}{10} > 0.03$$

にしかならない。また，患者が 6 人 (A 群 3 人，B 群 3 人) のときは，順位和が最小の 6 のときでも，P-値は

$$\frac{1}{_6C_3} = 0.05 > 0.03$$

にしかならない。一方，患者が 7 人 (A 群 3 人，B 群 4 人) のときは，A 群の順位和が最小の 6 のときの P-値が

$$\frac{1}{_7C_3} = \frac{1}{35} \approx 0.0286 < 0.03$$

となる。

　よって，正解は②である。

問6

〔1〕　**6**　‥‥‥‥‥‥‥‥‥‥‥‥‥‥‥‥‥‥‥‥‥‥‥‥‥‥‥　正解　③

　A さんの文系での偏差値は，

$$50 + 10 \times \frac{64 - 65}{5} = 48$$

　B さんの理系での偏差値は，

$$50 + 10 \times \frac{86 - 80}{3} = 70$$

　よって，正解は③である。

〔2〕　**7**　‥‥‥‥‥‥‥‥‥‥‥‥‥‥‥‥‥‥‥‥‥‥‥‥‥‥‥　正解　②

　与えられた密度関数のグラフの中で，文系（左側の山）の平均が 65 にあり，分散が右側の山より大きいことが満たされるかを考察する。

①：誤り。右側の山の方が分散が大きい。

②：正しい。前文の内容を反映している。これに加えて，左側の山は分散が大きいにも関わらず山が高いことが，文系：理系 = 2：1 の混合ウェイトを反映している。

③：誤り。左右の分散が等しい。

④：　誤り。右側の山の方が分散が大きい。

⑤：　誤り。左右の分散が等しい。

よって，正解は②である。

〔3〕　**8**　・・・　正解▶④

60点の文系，理系における標準化得点は，それぞれ

$$\frac{60-65}{5}=-1, \quad \frac{60-80}{3}=-\frac{20}{3}=-6.67$$

であることから，

$$P(X \geq 60) \approx \frac{2}{3} \cdot (1-\Phi(-1)) + \frac{1}{3} \cdot (1-\Phi(-6.67)) = 0.8942$$

となる。

よって，正解は④である。

2018年6月

問7

〔1〕　**9**　・・・　正解▶④

④がウォード法の定義である。その他の距離は，次のような手法の説明である。

①：　重心法

②：　最短距離法

③：　最遠距離法

⑤：　群平均法

よって，正解は④である。

〔2〕　**10**　・・・　正解▶⑤

（ア），（イ），（ウ）間の距離行列は

	（ア）	（イ）	（ウ）
（ア）	0		
（イ）	$\sqrt{19}$	0	
（ウ）	$\sqrt{15}$	$\sqrt{4}$	0

となる。これより，(イ) と (ウ) の間の距離は (ア) と (イ)，(ア) と (ウ) の間に比べて近いので，デンドログラム内でも近い。従って，A：(イ)，B：(ウ)，または，A：(ウ)，B：(イ) である。このいずれかを満たすのは ⑤ しかない。

よって，正解は⑤である。

〔3〕 **11** ⋯⋯⋯⋯⋯⋯⋯⋯⋯⋯⋯⋯⋯⋯⋯⋯⋯⋯⋯⋯⋯ 正解 ④

第1主成分ベクトルから，「まぐろ」，「貝類」，「白身」の要素が正で，「サーモン」，「うに・いくら」の要素が負であることがわかる。第2主成分ベクトルの要素はすべて正である。この条件を満たすのは ④ のみである。また，「サーモン」と「うに・いくら」が左上の象限にあるのは ④ のみであることからもわかる。

よって，正解は④である。

問8

〔1〕 **12** ⋯⋯⋯⋯⋯⋯⋯⋯⋯⋯⋯⋯⋯⋯⋯⋯⋯⋯⋯⋯⋯⋯ 正解 ②

AR(1) モデルの偏自己相関係数は，ラグ1のみ正で，残りは0である。$T = 1000$ と標本サイズが大きいことから，標本から求めた偏自己相関係数も同じようなパターンを示すはずである。① ～ ⑤ の中で，ラグ1の偏自己相関係数のみ有意であるのは ② だけである。残りの図もラグ1は有意であるが，ラグ1以外でも有意なものがある。

よって，正解は②である。

〔2〕 **13** ⋯⋯⋯⋯⋯⋯⋯⋯⋯⋯⋯⋯⋯⋯⋯⋯⋯⋯⋯⋯⋯⋯ 正解 ②

定常性を仮定すると，

$$\text{Var}(u_{t+1}) = 0.1^2 \cdot \text{Var}(u_t) + \text{Var}(\epsilon_{t+1})$$
$$\Leftrightarrow \sigma_u^2 = 0.01\sigma_u^2 + \sigma^2$$
$$\Leftrightarrow \sigma_u^2 = \sigma^2/0.99$$

よって，正解は②である。

〔3〕 **14** ⋯⋯⋯⋯⋯⋯⋯⋯⋯⋯⋯⋯⋯⋯⋯⋯⋯⋯⋯⋯⋯⋯ 正解 ③

① ：誤り。u_t に正の系列相関がある場合には $\bar{x}$ と $\bar{y}_{10}$ の分散が等しくない。

② ：誤り。① と同様に $\bar{x}$ と $\bar{y}_{10}$ の分散が等しくない。加えて，$\bar{y}_{10}$ は不偏推定量なので偏りはない。

③：正しい。$\bar{x}$ と $\bar{y}_{10}$ の不偏性は自明である。$\mathrm{Cov}(y_i, y_j) = \sigma_u^2 \alpha^{|i-j|}$ である。したがって，$\alpha > 0$ のとき

$$\mathrm{Var}(\bar{y}) = \frac{1}{T^2} \sum_{h=-T+1}^{T-1} (T - |h|)\sigma_u^2 \alpha^{|h|} > \frac{1}{T}\sigma_u^2 = \mathrm{Var}(\bar{x})$$

である。従って，$\bar{x}$ よりも優れた精度を得るためには，$T > 10$ の標本が必要である。

④：誤り。$\alpha > 0$ のとき，α の値によらず $\bar{y}_{10}$ の分散は $\bar{x}$ の分散より大きくなる。

⑤：誤り。② と同様に，$\bar{y}_{10}$ は不偏推定量なので偏りはない。また，④でも述べたように，$\alpha > 0$ のとき，$\bar{y}_{10}$ の分散は $\bar{x}$ の分散より大きい。

よって，正解は③である。

問9

〔1〕　**15**　……………………………………………………………… 正解 ④

定義より，a を大きくしていくと，

- カイ二乗統計量の値は a に比例して増大する。カイ二乗統計量の値が大きくなれば，P-値は小さくなる。
- クラメールの連関係数の値は一定である。
- 表のサイズが変化しなければ，カイ二乗統計量の漸近分布は変化しない。

以上をまとめると，a を大きくしていくと，カイ二乗統計量の値は大きく，P-値は小さくなるが，クラメールの連関係数の値は変わらない。

よって，正解は④である。

〔2〕　**16**　……………………………………………………………… 正解 ①

カイ二乗統計量は帰無仮説の下で近似的に自由度30のカイ二乗分布に従う。カイ二乗分布表から，ピアソンのカイ二乗適合度検定の P-値は 0.01 未満であることがわかる。一方，クラメールの連関係数を計算すると

$$\sqrt{\frac{116.52}{1500 \times 5}} \approx 0.125$$

となり，0.1 程度で小さい。

①：正しい。クラメールの連関係数が 0.1 程度のときは，年代とメディアの間に有意な関係があるとは言いきれない。また，P-値が 0.01 未満なのは，標本サイズが大きいからであると考えられる。

②：誤り。クラメールの連関係数が 0.1 程度のときは，年代とメディアの間に有意な関係があるとは言いきれない。

③：誤り。クラメールの連関係数は 0.1 程度で，0.5 程度ではない。

④：誤り。P-値は 0.01 未満であるが，クラメールの連関係数が 0.1 程度の小さい値のときは，年代とメディアの間に強い関係があるとは言いきれない。

⑤：誤り。P-値は 0.01 未満であり，ピアソンのカイ二乗適合度検定は 5%有意である。

よって，正解は①である。

〔3〕 **17** ……………………………………………………………………………………… 正解 ③

対応分析によるバイプロットは，互いの関係性を示す図である。距離の近さを見ることで解釈する。

①：適切である。バイプロット上での 10 代は，20 代，30 代よりテレビとの距離が近い。

②：適切である。バイプロット上で，20 代，30 代は他の世代に比べてインターネットのプロットに近い。

③：適切でない。「40 代」と「新聞」は距離は近いが，メディアの中で「新聞」が最も多く選択されているかまではわからない。

④：適切である。50 代のプロットは書籍よりもラジオとの距離が近い。

⑤：適切である。バイプロットの横軸の負のエリアに着目すると，60 代のプロットは，40 代以下の世代に比べて，テレビ，ラジオ，新聞のプロットとの距離が近い。

よって，正解は③である。

問10

〔1〕 **18** ……………………………………………………………………………………… 正解 ⑤

（ア）と（ウ）の推定法に見られるような，多くのパラメータが 0 と推定される性質をスパース性と言う。本問での 4 つの推定法のうち，スパース性を持つ推定法は L_1 正則化法と OLS 法 +AIC である。L_1 正則化法や L_2 正則化法 (リッジ回帰) のような正則化法は，OLS 法と比べてパラメータの推定値の絶対値が小さくなる。以上より，（ウ）が L_1 正則化法，（ア）が OLS 法 +AIC であることがわかる。

また，スパース性がない推定法は OLS 法と L_2 正則化法 (リッジ回帰) で，これらが（イ），（エ）のいずれかである。前述の正則化法の性質より，推定値の絶対値が小

さい（イ）がリッジ回帰，（エ）が OLS 法とわかる。

以上から，（ア）OLS 法＋AIC，（イ）リッジ回帰，（ウ）L_1 正則化法，（エ）OLS 法である。

よって，正解は⑤である。

〔2〕　**19**　……………………………………………………………… 正解 ①

Elastic Net 回帰法とは，定義からもわかるように，L_1 正則化法と L_2 正則化法の中間的な性質を持つ推定法であり，α が 1 に近づくにつれて L_1 正則化法に近づき推定値はよりスパースになる。$\alpha = 0.5$ の解パスとしては，2 番目にスパースでないものを選べばよい。図の上部の非ゼロの回帰係数の数から，正解は（ア）となる。

よって，正解は①である。

問11

〔1〕　**20**　……………………………………………………………… 正解 ①

バリマックス回転のような直交回転を用いた推定法の場合，共通性は因子負荷量の2 乗和なので，（ア），（イ）はそれぞれ

$$（ア） = \sqrt{0.94 - 0.96^2} = \pm 0.135, \quad （イ） = \sqrt{0.88 - (-0.71)^2} = \pm 0.613$$

となる。符号まではわからないが，この絶対値を持つ選択肢は ① のみである。

よって，正解は①である。

〔2〕　**21**　……………………………………………………………… 正解 ④

バリマックス回転は，因子負荷行列（表 1 の第 1 因子と第 2 因子）の各要素の 2 乗の分散の和を最大にするような回転である。このようにすると，各因子でいくつかの因子負荷量の絶対値は 1 に近づき，それ以外の因子の因子負荷量は 0 に近づく傾向にある。

よって，正解は④である。

〔3〕　**22**　……………………………………………………………… 正解 ②

第 1 因子を「洗練度」，第 2 因子を「普及度」と名付けたことから，因子得点のプロットにおいて正の高い値をとったなら，それらの内容が高いことになる。

① : 適切である。A は第 1，第 2 因子の因子負荷量がともに最も大きいことから適切である。

②： 適切でない。Cは第1因子が正で，洗練度は高いブランドであるので，「相対的に洗練度は高くない」というのは適切でない。

③： 適切である。FはB，C，D，Eに比べると第1因子の因子負荷量が小さく，第2因子の因子負荷量が大きいことから適切である。

④： 適切である。Hは第2因子の因子負荷量は最も小さいが，I，Jと比べて第1因子の因子負荷量は大きいことから適切である。

⑤： 適切である。Jは第1因子の因子負荷量が最も小さく，第2因子の因子負荷量が最も大きいことから適切である。

　　よって，正解は②である。

<h2>問12</h2>

〔1〕 **23** ‥‥‥‥‥‥‥‥‥‥‥‥‥‥‥‥‥‥‥‥‥‥‥‥‥‥‥‥‥ 正解 ⑤

　　給与の系列は1年ごとの周期が強いと考えられる。また，時系列プロットから，ボーナスの影響による半年 (Lag 6) の周期も観察される。Lag が6の倍数のみで自己相関係数が正で有意な値を示すコレログラムが正解である。

　　よって，正解は⑤である。

〔2〕 **24** ‥‥‥‥‥‥‥‥‥‥‥‥‥‥‥‥‥‥‥‥‥‥‥‥‥‥‥‥‥ 正解 ⑤

　　図2の上から，原系列，季節成分，トレンド成分，不規則成分を示している。これらの動きと値（単位：千円）から読み取る。

①： 読み取れる。トレンド成分の動きからわかる。

②： 読み取れる。トレンド成分の値を読むと，約280から約292になっているので1万円程度の上昇がわかる。

③： 読み取れる。季節成分の動きから年に2回のピークが見られ，年2回のボーナスの影響であることがわかる。

④： 読み取れる。季節成分の値を読むと，約 −50 から 150 を超える差があるので20万円以上の差があることがわかる。

⑤： 読み取れない。不規則成分と季節成分を比較すると，不規則成分の分散にはまだ季節性が残っていることがわかるので，ホワイトノイズとみなすことはできない。

　　よって，正解は⑤である。

問13

〔1〕 記述 8 .... 正解 ▶ 下記参照

採択率は,

$$(C) = \min\left(1, \frac{(1/4)\phi(y) + (3/4)\phi(y-6)}{(1/4)\phi(x^{(t)}) + (3/4)\phi(x^{(t)}-6)}\right)$$

〔2〕 記述 9 .... 正解 ▶ 下記参照

（ア）が $a=1$,（イ）が $a=6$,（ウ）が $a=0.1$ である。

（根拠）ステップ幅が小さいほど, 左の山に推移しにくくなる。今回の例の場合, 標準偏差が 1 の正規分布の混合で, 期待値の差が 6 であることからも, $a=0.1, 1, 6$ と大きくなるにつれ安定度が増すと考えられる。

〔3〕 記述 10 .... 正解 ▶ 下記参照

繰り返し回数が少ない段階では, 初期値の影響を受けるためである。

問1

ある大学の数理系の学科では，一年次に微積分・線形代数，二年次に数理統計学，三年次に機械学習の講義をそれぞれ開講している。いずれの科目も期末試験の得点で成績が評価される。この3科目の得点の間に図1のような因果メカニズムを想定する。

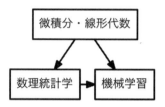

図1：3科目間の因果メカニズム

X_1 を微積分・線形代数の得点，X_2 を数理統計学の得点，X_3 を機械学習の得点とし，X_1，X_2，X_3 は平均0，分散1に標準化されているものとする。図1の因果メカニズムを線形構造方程式で表現すれば，

$$\text{モデル1：} \quad X_2 = \beta_{12}X_1 + \epsilon_2$$
$$X_3 = \beta_{13}X_1 + \beta_{23}X_2 + \epsilon_3$$

となる。ここで，ϵ_2 と ϵ_3 は期待値が0で互いに独立な誤差項とする。また，ϵ_2 は X_1 と，ϵ_3 は X_1，X_2 と無相関であると仮定できるものとする。

〔1〕 X_1，X_2，X_3 の母相関行列が

$$\begin{pmatrix} 1.00 & & \\ 0.8 & 1.00 & \\ 0.6 & 0.7 & 1.00 \end{pmatrix}$$

であったとする。

(1) β_{12}，β_{13}，β_{23} の推定値を小数点以下第3位まで求めよ。

(2) 微積分・線形代数の得点の影響を除いた後の数理統計学と機械学習の得点の間の偏相関係数を小数点以下第3位まで求めよ。

〔2〕ある学年では微積分・線形代数の得点のデータが入手不能であった。そこで，数理統計学と機械学習の得点だけを用いて，

$$\text{モデル 2：}\quad X_3 = \gamma_{23}X_2 + \epsilon'_3$$

というモデルを最小二乗法で推定した。ϵ'_3 は誤差項である。モデル1が正しいと想定できるとき，γ_{23} の最小二乗推定値は β_{23} の推定値として適切であるか。その理由とともに述べよ。

〔3〕〔2〕の学年では，プログラミングの履修の有無に関するデータ Z が別途入手可能であった。すなわち，Z は

$$Z = \begin{cases} 1, & \text{プログラミングを履修した} \\ 0, & \text{履修していない} \end{cases}$$

である。プログラミングも含めた因果メカニズムは図2のようであったとする。

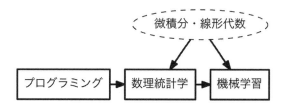

図2：4科目間の因果メカニズム

この場合，微積分・線形代数は潜在変数となる。また，Z は X_1 とも ϵ_3 とも無相関であると仮定する。

　数理統計学では，プログラミング受講生の平均点が0.4，未受講生の平均点が -0.8，機械学習では，プログラミング受講生の平均点が0.2，未受講生の平均点が -0.4 であった。これらを用いて，β_{23} の一致推定値を求めよ。

〔1〕

(1) 構造方程式より,

$$X_1 X_2 = \beta_{12} X_1^2 + X_1 \epsilon_2$$
$$X_1 X_3 = \beta_{13} X_1^2 + \beta_{23} X_1 X_2 + X_1 \epsilon_2$$
$$X_2 X_3 = \beta_{13} X_1 X_2 + \beta_{23} X_2^2 + X_2 \epsilon_3$$

である。両辺の期待値をとることによって,

$$0.8 = \beta_{12}$$
$$0.6 = \beta_{13} + 0.8\beta_{23}$$
$$0.7 = 0.8\beta_{13} + \beta_{23}$$

この連立方程式を解くことによって,

$$\beta_{12} = 0.8, \quad \beta_{13} = \frac{1}{9} \approx 0.111, \quad \beta_{23} = \frac{11}{18} \approx 0.611$$

(2) 偏相関係数 $r_{23|1}$ を求めればよい。

$$
\begin{aligned}
r_{23|1} &= \frac{r_{23} - r_{12}r_{13}}{\sqrt{1 - r_{12}^2}\sqrt{1 - r_{13}^2}} \\
&= \frac{0.7 - 0.8 \times 0.6}{\sqrt{1 - 0.8^2}\sqrt{1 - 0.6^2}} \\
&= 0.4583 \approx 0.458
\end{aligned}
$$

〔2〕 このモデルの OLSE は

$$E[X_2 X_3] = \beta_{23} + 0.8\beta_{13}$$

の一致推定量になるので, β_{23} の推定量としては $0.8\beta_{13}$ だけバイアス (欠落変数バイアス) を含むので不適切。

〔3〕 Z が 2 値変数である場合,

$$
\begin{aligned}
\mathrm{Cov}[Z, X] &= E[ZX] - E[Z]E[X] \\
&= E\big[ZE[X \mid Z]\big] - E\big[E[Z]E[X \mid Z]\big] \\
&= pE[X \mid Z = 1] - p\big(pE[X \mid Z = 1] + (1-p)E[X \mid Z = 0]\big) \\
&= p(1-p)\big(E[X \mid Z = 1] - E[X \mid Z = 0]\big)
\end{aligned}
$$

従って，X と Z が独立でなくても無相関 $\mathrm{Cov}[Z, X] = 0$ ならば，

$$E[X \mid Z = 1] = E[X \mid Z = 0] = E[X]$$

が成り立つ。

$$X_3 = \beta_{13} X_1 + \beta_{23} X_2 + \epsilon_3$$

の両辺について，Z で条件付けたときの期待値を求めると，

$$E[X_3 \mid Z] = \beta_{13} E[X_1 \mid Z] + \beta_{23} E[X_2 \mid Z] + E[\epsilon_3 \mid Z]$$

であり，2 値変数 Z と，X_1，ϵ_3 との相関は 0 であることから，

$$E[X_3 \mid Z] = \beta_{13} E[X_1] + \beta_{23} E[X_2 \mid Z] + E[\epsilon_3]$$
$$= \beta_{23} E[X_2 \mid Z]$$

この式に

$$E[X_3 \mid Z = 1] = 0.2, \quad E[X_2 \mid Z = 1] = 0.4$$

および，

$$E[X_3 \mid Z = 0] = -0.4, \quad E[X_2 \mid Z = 0] = -0.8$$

を代入することで，β_{23} の一致推定量を求めると 0.5 である。

問2

次の図は，平成 29 年 12 月，平成 30 年 1 月の 62 日間における，新潟県越後湯沢地域の積雪量 (cm) と平均気温 (℃)，日照時間 (h) の関係をプロットしたものである。

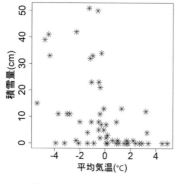

積雪量 (cm) と平均気温 (℃)   積雪量 (cm) と日照時間 (h)

〔1〕平均気温 (X_1)，日照時間 (X_2) と積雪の有無 (Y)

$$Y = \begin{cases} 1, & \text{積雪あり} \\ 0, & \text{積雪なし} \end{cases}$$

の関係を，プロビットモデル

$$P(Y = 1) = \Phi\left(\alpha_0 + \alpha_1 X_1 + \alpha_2 X_2\right)$$

を用いて分析を行った。ここで，$\Phi(\cdot)$ は標準正規分布の累積分布関数である。推定結果は次の表のようになった。

	推定値	標準誤差
$\hat{\alpha}_0$	-0.958	0.282
$\hat{\alpha}_1$	-0.265	0.094
$\hat{\alpha}_2$	-0.246	0.079

$\phi(\cdot)$ を標準正規分布の確率密度関数としたとき，$\phi(\hat{\alpha}_0) = 0.252$ であった。

(1) 上の推定結果を用いると，平均気温が 1 ℃，日照時間が 1h のときに積雪がある確率

$$P(Y = 1 \mid X_1 = 1, X_2 = 1)$$

はおよそいくらと推定できるか。小数点以下第 3 位まで求めよ。

(2) 平均気温が 0℃ のときに積雪がある確率の日照時間に対する限界効果と，日照時間が 0h のときに積雪がある確率の平均気温に対する限界効果

$$\left.\frac{\partial P(Y=1\mid X_1, X_2=0)}{\partial X_1}\right|_{X_1=0}, \quad \left.\frac{\partial P(Y=1\mid X_1=0, X_2)}{\partial X_2}\right|_{X_2=0}$$

の推定値を，それぞれ小数点以下第 3 位まで求めよ。

〔2〕積雪量 (Z) と平均気温 (X_1)，日照時間 (X_2) の関係を調べるために，次のトービットモデル

$$Z^* = \beta_0 + \beta_1 X_1 + \beta_2 X_2 + \epsilon$$

$$Z = \begin{cases} Z^*, & Z^* \geq 0 \\ 0, & Z^* < 0 \end{cases}$$

を用いて分析することを考える。ここで，ϵ は独立に同一の正規分布 $N(0, \sigma^2)$ に従う誤差項であるとする。

(1) t 日目 ($t = 1, 2, \ldots, 62$) における積雪量，平均気温，日照時間の観測値をそれぞれ z_t, x_{t1}, x_{t2} と書くことにする。このとき，このトービットモデルの尤度関数を $\Phi(\cdot)$, $\phi(\cdot)$ を用いて書け。

(2) 上のトービットモデルと，最低気温，最高気温も説明変数に用いた他のいくつかのトービットモデルを推定したところ，最大対数尤度は次の表のようになった。

説明変数	最大対数尤度
日照時間 + 平均気温	-168.496
日照時間 + 平均気温 + 最高気温	-168.304
日照時間 + 平均気温 + 最低気温	-166.565
日照時間 + 平均気温 + 最低気温 + 最高気温	-166.161

この結果から，AIC の意味でどの変数を説明変数に用いたモデルが最もよいモデルと言えるかを答えよ。

解答例　問題文中の「積雪量」は「降雪量」の誤りである。

〔1〕

(1) プロビットモデルの定義より，

$$P(Y=1\mid X_1=1,\ X_2=1) = \Phi(\hat{\alpha_0} + \hat{\alpha_1} + \hat{\alpha_2})$$
$$= \Phi(-1.469)$$
$$\approx \Phi(-1.47)$$
$$= 0.0708 \approx 0.071$$

(2) X_1, X_2 に対する限界効果はそれぞれ,

$$\frac{\partial P(Y=1 \mid X_1, \, X_2)}{\partial X_1} = \phi(\alpha_0 + \alpha_1 X_1 + \alpha_2 X_2)\alpha_1,$$

$$\frac{\partial P(Y=1 \mid X_1, \, X_2)}{\partial X_2} = \phi(\alpha_0 + \alpha_1 X_1 + \alpha_2 X_2)\alpha_2$$

である．これより，求める限界効果の推定値は,

$$\left.\frac{\partial P(Y=1 \mid X_1, \, X_2=0)}{\partial X_1}\right|_{X_1=0} = \phi(\hat{\alpha}_0)\hat{\alpha}_1$$
$$= 0.252 \times (-0.265)$$
$$= -0.0667 \approx -0.067,$$

$$\left.\frac{\partial P(Y=1 \mid X_1=0, \, X_2)}{\partial X_2}\right|_{X_2=0} = \phi(\hat{\alpha}_0)\hat{\alpha}_2$$
$$= 0.252 \times (-0.246)$$
$$= -0.0619 \approx -0.062.$$

〔2〕

(1) t 日目の潜在変数を Z_t^* と書くことにする．$z_t=0$ のときは，$Z_t^* < 0$ のときなので

$$P(z_t=0) = P(Z_t^* < 0)$$
$$= \Phi\left(-\frac{\beta_0 + \beta_1 x_{t1} + \beta_2 x_{t2}}{\sigma}\right)$$

一方，$Z_t^* = z_t \geq 0$ のときは，そのまま観測されるので，密度関数は

$$f(z_t) = \frac{1}{\sigma}\phi\left(\frac{z_t - (\beta_0 + \beta_1 x_{t1} + \beta_2 x_{t2})}{\sigma}\right)$$

となる．従って，尤度関数は,

$$L(\boldsymbol{\beta}, \sigma^2) = \prod_{t:z_t \geq 0} \frac{1}{\sigma}\phi\left(\frac{z_t - (\beta_0 + \beta_1 x_{t1} + \beta_2 x_{t2})}{\sigma}\right) \times \prod_{t:z_t < 0} \Phi\left(-\frac{\beta_0 + \beta_1 x_{t1} + \beta_2 x_{t2}}{\sigma}\right)$$

(2) AIC は

$$\text{AIC} = -2 \times 最大対数尤度 + 2 \times 自由パラメータの数$$

である．今の場合，自由パラメータは回帰係数と分散 σ^2 であることから，下表を得る．

説明変数	パラメータ数	AIC
日照時間 + 平均気温	4	344.992
日照時間 + 平均気温 + 最高気温	5	346.608
日照時間 + 平均気温 + 最低気温	5	343.130
日照時間 + 平均気温 + 最低気温 + 最高気温	6	344.322

従って，AIC の意味では「日照時間 + 平均気温 + 最低気温」のモデルが最適である。

問3

ある農業試験場では，品種改良により開発中の 2 種類のイネ A_1, A_2 と 3 種類の肥料 B_1, B_2, B_3 について，単位面積あたりの収穫量が最も多くなる組合せを調べることにした。ある若手の研究員 S 氏は，利用できる土地を 18 区画に分け，イネと肥料の 6 通りの組合せのそれぞれを図 1 のようにランダムに 3 区画ずつ割り当てる，繰返しのある二元配置法により実験をしようと考えた。

A_2B_1	A_2B_2	A_1B_1	A_1B_2	A_1B_3	A_2B_3
A_1B_3	A_2B_3	A_2B_1	A_1B_1	A_2B_2	A_1B_3
A_2B_1	A_1B_1	A_1B_2	A_2B_2	A_2B_3	A_1B_2

図 1： 試験場の割当て（繰返しのある二元配置法）

A_iB_j 水準の k 番目の繰返しで得られるイネの収穫量を Y_{ijk} とすると，S 氏が考えた構造式は

$$\begin{gathered} Y_{ijk} = \mu + \alpha_i + \beta_j + (\alpha\beta)_{ij} + \varepsilon_{ijk}, \quad \varepsilon_{ijk} \sim N(0, \sigma^2) \\ \sum_{i=1}^{2} \alpha_i = 0,\ \sum_{j=1}^{3} \beta_j = 0,\ \sum_{i=1}^{2} (\alpha\beta)_{ij} = \sum_{j=1}^{3} (\alpha\beta)_{ij} = 0 \end{gathered} \tag{2}$$

である $(i = 1, 2;\ j = 1, 2, 3;\ k = 1, 2, 3)$。

この計画をチェックしたベテラン研究員 H 氏は，この土地の日当たりが均一ではないことを指摘し，日当たりの影響をブロック因子とする乱塊法実験を行うことを提案した。S 氏はこの提案に従い，18 区画を日当たりで 3 つのブロック C_1, C_2, C_3 に分け，それぞれのブロックで，イネと肥料の 6 通りの組合せを図 2 のようにランダムに 1 区画ずつ割当てた。

C_1		C_2		C_3	
A_1B_1	A_2B_2	A_1B_1	A_1B_3	A_1B_1	A_2B_3
A_2B_1	A_1B_3	A_2B_3	A_2B_1	A_2B_2	A_1B_3
A_2B_3	A_1B_2	A_1B_2	A_2B_2	A_2B_1	A_1B_2

図 2： 試験場の割当て（乱塊法）

〔1〕 A_iB_j 水準のブロック C_k でのイネの収穫量を Y_{ijk} とする。ブロック因子に関する項を適切に定義し，式 (2) を修正して，Y_{ijk} に対する構造式を書け。

〔2〕S氏が最初に計画した，繰返しのある二元配置法に比べ，乱塊法にはどのような利点があるか，説明せよ。

この乱塊法により実験を行ったところ，1年後，イネの収穫量は以下のようであった（単位：グラム）。

		B_1	B_2	B_3
C_1	A_1	926	1040	1068
	A_2	1009	1054	1071
C_2	A_1	970	1052	1057
	A_2	1033	1061	1073
C_3	A_1	1035	1076	1082
	A_2	1039	1089	1093

〔3〕空欄を埋めて分散分析表を作成せよ。以下は，各因子の水準ごとの収穫量の平均値と，因子 A と因子 B の組合せごとの収穫量の平均値である。

A_1	A_2
1034.0	1058.0

B_1	B_2	B_3
1002.0	1062.0	1074.0

C_1	C_2	C_3
1028.0	1041.0	1069.0

	B_1	B_2	B_3
A_1	977.0	1056.0	1069.0
A_2	1027.0	1068.0	1079.0

また，収穫量 y_{ijk} についての以下の値を利用してもよい。

$$\sum_{i=1}^{2}\sum_{j=1}^{3}\sum_{k=1}^{3} y_{ijk} = 18828, \qquad \sum_{i=1}^{2}\sum_{j=1}^{3}\sum_{k=1}^{3} y_{ijk}^2 = 19724546$$

因子	平方和	自由度	分散	F 値
A				
B				
$A \times B$				
C				
残差				
合計				

〔4〕分散分析表をもとに，〔1〕で得た Y_{ijk} の構造式の右辺に現れる各項について，その有意性を論ぜよ。

〔5〕この結果から得られる，最適な水準の組合せを求めよ。また，その水準でのイネの収
穫量の点推定値を求めよ。

解答例

〔1〕ブロック因子の効果を γ_k とする。制御因子 A, B とブロック因子の交互作用は，誤
差として扱う。構造式は

$$Y_{ijk} = \mu + \alpha_i + \beta_j + (\alpha\beta)_{ij} + \gamma_k + \varepsilon_{ijk}, \quad \varepsilon_{ijk} \sim N(0, \sigma^2)$$

$$\sum_{i=1}^{2} \alpha_i = 0, \ \sum_{j=1}^{3} \beta_j = 0, \ \sum_{i=1}^{2} (\alpha\beta)_{ij} = \sum_{j=1}^{3} (\alpha\beta)_{ij} = 0,$$

$$\sum_{k=1}^{3} \gamma_k = 0$$

となる。

〔2〕乱塊法では，繰返しのある二元配置法では検証することができなかった，日当たりの
違いによる変動を考慮することができる。つまり，誤差から，日当たりの違いによる変
動を分離することができる。

〔3〕分散分析表は以下のようになる。

因子	平方和	自由度	分散	F 値
A	2592.0	1	2592.0	8.0547
B	17856.0	2	8928.0	27.7439
$A \times B$	1524.0	2	762.0	2.3679
C	5268.0	2	2634.0	8.1852
残差	3218.0	10	321.8	
合計	30458.0	17		

計算式は以下のとおり。

$$\bar{y} = 18828/18 = 1046$$

$$S_A = \sum_{i=1}^{2}\sum_{j=1}^{3}\sum_{k=1}^{3}(\bar{y}_{i\cdot\cdot} - \bar{y})^2 = 9((1034-1046)^2 + (1058-1046)^2) = 2592$$

$$S_B = \sum_{i=1}^{2}\sum_{j=1}^{3}\sum_{k=1}^{3}(\bar{y}_{\cdot j\cdot} - \bar{y})^2$$
$$= 6((1002-1046)^2 + (1062-1046)^2 + (1074-1046)^2) = 17856$$

$$S_C = \sum_{i=1}^{2}\sum_{j=1}^{3}\sum_{k=1}^{3}(\bar{y}_{\cdot\cdot k} - \bar{y})^2$$
$$= 6((1028-1046)^2 + (1041-1046)^2 + (1069-1046)^2) = 5268$$

$\bar{y}_{ij\cdot} - \bar{y}_{i\cdot\cdot} - \bar{y}_{\cdot j\cdot} + \bar{y}$ の値は

	B_1	B_2	B_3
A_1	-13	6	7
A_2	13	-6	-7

となるから，これより

$$S_{A \times B} = \sum_{i=1}^{2}\sum_{j=1}^{3}\sum_{k=1}^{3}(\bar{y}_{ij\cdot} - \bar{y}_{i\cdot\cdot} - \bar{y}_{\cdot j\cdot} + \bar{y})^2 = 3 \times 2(13^2 + 6^2 + 7^2) = 1524$$

$$S_T = \sum_{i=1}^{2}\sum_{j=1}^{3}\sum_{k=1}^{3}(y_{ijk} - \bar{y})^2 = \sum_{i=1}^{2}\sum_{j=1}^{3}\sum_{k=1}^{3}y_{ijk}^2 - 18(\bar{y})^2$$
$$= 19724546 - 18 \times 1046^2 = 30458$$

$$S_E = S_T - S_A - S_B - S_C - S_{A \times B} = 3218$$

〔4〕付表4から，以下がわかる。因子 A と因子 B の二因子交互作用 $A \times B$ の F 値 2.3679 は，自由度 $(2,10)$ の F 分布の上側5％の値 $F_{0.05}(2,10) = 4.103$ よりも小さい。従って，因子 A と因子 B の二因子交互作用は無視してもよいと考えられる。因子 A の主効果の F 値 8.0547 は，自由度 $(1,10)$ の F 分布の上側2.5％の値 $F_{0.025}(1,10) = 6.937$ よりも大きいので，有意と考えられる。因子 B の主効果の F 値 27.7439 は，自由度 $(2,10)$ の F 分布の上側2.5％の値 $F_{0.025}(2,10) = 5.456$ よりもはるかに大きいので，高度に有意である。同様に，ブロック因子 C の主効果も有意である。

〔5〕因子 A と因子 B に交互作用が存在しないとすると，最適な水準は，各因子の水準ごとの平均値より (A_2, B_3) となる。ブロック因子 C の水準設定には再現性がないので，因子 C について最適水準を選ぶことには意味がない。最適水準 (A_2, B_3) での収穫量の

点推定値は

$$\bar{y}_{2\cdot\cdot} + \bar{y}_{\cdot 3\cdot} - \bar{y} = 1058 + 1074 - 1046 = 1086$$

となる。

PART 5

準1級
2017年6月
問題／解説

2017年6月に実施された準1級の問題です。
「選択問題及び部分記述問題」と「論述問題」からなります。
部分記述問題は 記述4 のように記載されているので、
解答用紙の指定されたスペースに解答を記入します。
論述問題は3問中1問を選択解答します。

※統計数値表は本書巻末に「付表」として掲載しています。

問1　次の各問における平均について，加重平均 (加重算術平均)，幾何平均，調和平均の中から最も適切な平均を選び，その値を求めよ。解答用紙には，値のみを記述せよ。

〔1〕片道 100km の道のりを，行きは時速 10km で，帰りは時速 15km で往復した。このとき，往復の平均時速を求めよ。 記述 1

〔2〕ある大学の食堂には定食が 3 種類あり，A 定食は 550 円，B 定食は 500 円，C 定食は 450 円である。1 週間の売上げ数を調べたところ，A 定食は 450 食，B 定食は 700 食，C 定食は 850 食の売上げがあった。定食 1 食に使われた平均金額を求めよ。 記述 2

〔3〕消費者物価指数の 4 年間の伸び率が，$1.044, 0.982, 1.025, 0.991$ であった。この 4 年間の 1 年あたりの平均伸び率を小数点以下第 2 位まで求めよ。 記述 3

問2　ある研究機関では，ウイルスに関する研究を行っている。多くのウイルスを検査し，滅多に現れないウイルス A を発見し，その性質を研究するのがこの機関の仕事である。検査するウイルスの全株数を n とする。n 株のウイルスの検査は独立に行われ，いずれの検査においても，ウイルス A の発見率は一定値 p であるとする。

〔1〕n 株のウイルスの中にウイルス A が少なくとも 1 株は見つかる確率 β を求める式を，p と n を用いて示せ。 記述 4

〔2〕p の値が 0 に十分近いとき，$\log(1-p) \approx -p$ の近似が成り立つ。これを用いて，$p = 1/10000, \beta = 0.99$ のときの n の値を求めよ。ただし，$\log(0.01) \approx -4.6$ であり，$\log$ は自然対数である。 記述 5

問3　227 次元の説明変数 $(x_{i,1}, \ldots, x_{i,227})$ と，2 値の応答変数 $y_i \in \{-1, +1\}$ からなるジヒドロ葉酸還元酵素のデータ $(i = 1, \ldots, 325)$ に対し，L_1 正則化ロジスティック回帰分析と L_2 正則化ロジスティック回帰分析を行った。ただし，L_q 正則化ロジスティック回帰分析 $(q = 1, 2)$ とは，正則化項を加味し，対数尤度を最大化するように回帰パラメータ $(\beta_0, \beta_1, \ldots, \beta_{227})$ を決定するものであり，最適化問題

$$\sum_{i=1}^{325} \log\left(1 + \exp\left(-y_i\left(\beta_0 + \sum_{j=1}^{227} \beta_j x_{i,j}\right)\right)\right) + \lambda \sum_{j=1}^{227} |\beta_j|^q \longrightarrow 最小化$$

で表される。上式の第1項は，対数尤度の -1 倍に

$$\log \frac{p_i}{1-p_i} = \beta_0 + \sum_{j=1}^{227} \beta_j x_{i,j}, \quad i = 1, \ldots, 325$$

を代入して整理したものであり，$0 < p_i < 1$ は第 i 番目の応答変数 y_i に対応する確率変数が値1をとる確率である。$\lambda > 0$ を正則化パラメータとよぶ。

〔1〕正則化パラメータ λ の値を定めるために，データの一部を用いて回帰パラメータの推定を行い，推定されたモデルで残りのデータに対する予測誤差を評価する，という計算を，λ の各値に対して行い，以下の図を得た。ここで，λ の候補値は，L_1 正則化と L_2 正則化で同じものを使用した。

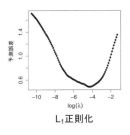
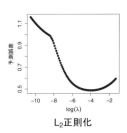

この図から，いずれの手法に対しても，λ は $e^{-4} = 0.018$ 付近が最適であると判断できる。このように λ を求める方法の名称を答えよ。　記述 6

〔2〕ふたつの手法のそれぞれについて，λ の各値に対して $(\beta_0, \beta_1, \ldots, \beta_{227})$ の推定を行い，特に，パラメータの中でゼロと推定されなかったものの個数をプロットしたところ，以下の図のようになった。

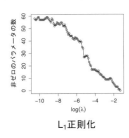
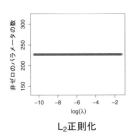

この図が示す，L_1 正則化と L_2 正則化の性質の違いを簡潔に説明せよ。　記述 7

注：記述8，9，10は問14にあります。

149

問4 あるサンドイッチの生産工程では，2枚のパンと1枚のハムからなるサンドイッチを生産している。サンドイッチの大きさは100(mm) × 50(mm) である。原料となるパンとハムは，前工程から次のサイズで送られてくる。

	大きさ (mm×mm)	厚さ (mm)
パン	100×100	X
ハム	100×50	Y

ただし，X, Y はそれぞれ期待値と分散が

$$E(X) = 10, \quad V(X) = 1.0^2$$
$$E(Y) = 3, \qquad V(Y) = 0.5^2$$

の確率変数である。同一のパン内，ハム内での厚さのばらつきは無視してよい。

このサンドイッチの生産工程について，次の2つの方法を考える。

- **方法1**: 前工程から送られてくるパンを半分に切断して 100×50 の大きさで貯めておく。次に，大量に貯めてあるパンの中から2枚をランダムに抜き出し，ランダムに選んだハムを1枚はさんでサンドイッチを作成する。

- **方法2**: 前工程から送られてくるパンからランダムに1枚を選び，それを 100×50 の大きさに切断し，その間にランダムに選んだハムを1枚はさんでサンドイッチを作成する。

方法1 で生産するサンドイッチの厚さを Z_1，**方法2** で生産するサンドイッチの厚さを Z_2 とする。Z_1 と Z_2 の分散 $V(Z_1), V(Z_2)$ の組合せとして，次の ① ~ ⑤ のうちから最も適切なものを一つ選べ。 $\boxed{1}$

① $V(Z_1) = 2.25, \ V(Z_2) = 2.25$ ② $V(Z_1) = 2.25, \ V(Z_2) = 4.25$

③ $V(Z_1) = 4.00, \ V(Z_2) = 2.25$ ④ $V(Z_1) = 4.25, \ V(Z_2) = 2.25$

⑤ $V(Z_1) = 4.25, \ V(Z_2) = 4.25$

問 5 ある地域の小学校に通う男児の 2 人兄弟について，兄の身長を X，弟の身長を Y とする。(X, Y) は 2 変量正規分布に従い，X と Y の期待値がそれぞれ 140 と 130（単位: cm），分散はいずれも 15^2，相関係数が 0.6 であるとする。

〔1〕兄の身長が 150cm のとき，弟の身長の期待値はいくらか。次の ① ～ ⑤ のうちから最も適切なものを一つ選べ。 | **2** |

　① 136cm　　② 138cm　　③ 140cm　　④ 142cm　　⑤ 144cm

〔2〕ランダムに選ばれたある兄弟の弟の身長が 115cm 以上である確率はいくらか。次の ① ～ ⑤ のうちから最も適切なものを一つ選べ。 | **3** |

　① 0.68　　② 0.72　　③ 0.76　　④ 0.80　　⑤ 0.84

〔3〕ランダムに選ばれたある兄弟の身長について，兄の身長が弟の身長よりも 20cm 以上高い確率はいくらか。次の ① ～ ⑤ のうちから最も適切なものを一つ選べ。 | **4** |

　① 0.23　　② 0.25　　③ 0.27　　④ 0.29　　⑤ 0.31

問 6　次の記事は,「人気スポーツ」調査における「最も好きなスポーツ選手」の調査結果 (2016 年 8 月) の抜粋 (一部改変・要約) である。以下の問題においては, この調査で使われた抽出方法を単純無作為抽出とみなして答えよ。

7 月 8 日から 18 日にかけて,「人気スポーツ」に関する全国意識調査を実施しました。調査は, 無作為に選んだ全国の 20 歳以上の男女個人を対象に個別面接聴取法で行いました (回答者数 1,201 人。有効回答数 857 人)。

1.　最も好きなスポーツ選手
　　質問:「プロ・アマ, 現役・引退, 国内・国外を問わず, あなたが好きなスポーツ選手を 1 人だけ, 何の選手かもあわせてあげてください。」

今年 6 月に日米通算安打記録を更新し, 史上 30 人目のメジャー通算 3000 安打の期待がかかる「イチロー」が 3 年ぶりに 1 位となった。昨年 1 位だったプロテニス選手「錦織圭」が 2 位となった。

1 位	イチロー	野球	192 人	22.4 %
2 位	錦織圭	テニス	145 人	16.9 %
3 位	浅田真央	フィギュアスケート	44 人	5.1 %
4 位	大谷翔平	野球	30 人	3.5 %
5 位	長嶋茂雄	野球	28 人	3.3 %

資料:　一般社団法人中央調査社「第 24 回「人気スポーツ」調査」

〔1〕イチロー選手が好きだと回答した割合の 95 ％信頼区間として, 次の ① ～ ⑤ のうちから最も適切なものを一つ選べ。 　**5**

① $(0.191, 0.257)$　　② $(0.196, 0.252)$　　③ $(0.201, 0.247)$
④ $(0.206, 0.241)$　　⑤ $(0.212, 0.236)$

〔2〕イチロー選手が好きだと回答した割合 0.224 と錦織圭選手が好きだと回答した割合 0.169 の差は 0.055 である。この差の標準偏差の推定値はいくらか。次の ① ～ ⑤ のうちから最も適切なものを一つ選べ。 　**6**

① 0.0128　　② 0.0142　　③ 0.0167
④ 0.0191　　⑤ 0.0213

152

問7　ある溶鉱炉での実験条件 A について，4 水準 A_1, A_2, A_3, A_4 の中で生産量が最も高くなる水準を求めたい。生産量は実験日の気温や湿度等の影響を受けるため，実験日をブロック因子 R と考える。また，溶鉱炉の実験条件と実験日の影響との間の交互作用は無視できるものとする。実験は 3 日間，いずれの日も 4 水準に対してランダムな順序で測定を行う乱塊法実験を実施する。

3 日間で合計 12 個の観測値からなる実験データに対する分散分析の方法について，次の ① ～ ⑤ のうちから最も適切なものを一つ選べ。　7

① 実験条件 A のみを取り上げ繰返し数を 3 として 1 元配置分散分析をする場合と，実験日 R と実験条件 A の 2 因子により 2 元配置分散分析をする場合では，残差分散の大きさは等しくなり，実験条件 A の F 値は変わらないので，どちらの解析法でもよい。

② 実験条件 A のみを取り上げ繰返し数を 3 として 1 元配置分散分析をする場合と，実験日 R と実験条件 A の 2 因子により 2 元配置分散分析をする場合では，残差分散の大きさは異なるものの，実験条件 A の F 値は変わらないので，どちらの解析法でもよい。

③ 実験条件 A のみを取り上げ繰返し数を 3 として 1 元配置分散分析をする場合と，実験日 R と実験条件 A の 2 因子により 2 元配置分散分析をする場合では，後者による実験条件 A の平方和が常に大きくなり，実験条件 A の効果の検出がしやすくなる。

④ 実験条件 A のみを取り上げ繰返し数を 3 として 1 元配置分散分析をすると，実験日の影響が大きくても，残差分散の自由度が大きくなり実験条件 A の効果の検出力が高くなる。

⑤ 実験日 R と実験条件 A の 2 因子により 2 元配置分散分析をすると，実験日の影響を含まない残差分散により F 値を求めるので，実験条件 A の効果の検出がしやすくなる。

問 8　ある国における 49 年間の民間消費 Y_t(単位：100 万ドル) に対し，国民可処分所
得 X_t(単位：100 万ドル) を説明変数とした単回帰モデルを最小二乗法により推定
して以下の回帰式を得た。

$$Y_t = \begin{array}{cc} 87.509 & + \end{array} \begin{array}{c} 0.548X_t \end{array}$$
$$\begin{array}{cc}(18.892) & (0.004)\end{array}$$
$$R^2 = 0.995, \quad t = 1, \ldots, 49.$$

ここで，( ) 内の数値は標準誤差，R^2 は決定係数である。また，この回帰式の残
差系列 e_t $(t = 1, \ldots, 49)$ の標本分散は 14497.5，1 次の標本自己共分散は 10299.8
であった。下図はこの残差系列に対する偏自己相関のプロットである。これを見る
と，AR モデルでモデリングするならば AR(1) が適切であると分かる。

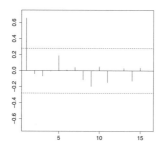

〔1〕次の 3 つの図（ア），（イ），（ウ）は，ある 3 つの回帰式に対する残差系列のコ
レログラムで，この中のひとつが上の回帰式に対するものである。

（ア）

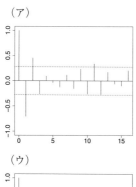

（イ）

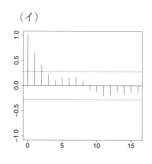

（ウ）

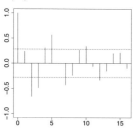

154

上の回帰式の残差系列のダービン・ワトソン統計量 (DW) とコレログラムの組合せとして，次の①〜⑤のうちから最も適切なものを一つ選べ。　 **8**

① $DW = 3.40$，（ア）　　② $DW = 0.61$，（イ）　　③ $DW = 1.44$，（ウ）

④ $DW = 3.40$，（イ）　　⑤ $DW = 0.61$，（ア）

〔2〕残差系列の 1 次の標本自己相関係数 $\hat{\rho}$ を用いて，Y_t, X_t を

$$Y_t^* = Y_t - \hat{\rho}Y_{t-1}, \quad X_t^* = X_t - \hat{\rho}X_{t-1}, \quad t = 2, \ldots, 49$$

と変換した後に，単回帰モデル

$$Y_t^* = \beta_0 + \beta_1 X_t^* + v_t$$

を最小二乗法により推定した。β_0, β_1 の推定結果を示す表として，次の①〜⑤のうちから最も適切なものを一つ選べ。　 **9**

①
	推定値	標準誤差
β_0	87.509	18.892
β_1	0.548	0.004

②
	推定値	標準誤差
β_0	29.005	22.013
β_1	0.871	0.002

③
	推定値	標準誤差
β_0	89.274	22.013
β_1	0.551	0.013

④
	推定値	標準誤差
β_0	29.005	22.013
β_1	0.551	0.013

⑤
	推定値	標準誤差
β_0	68.223	20.591
β_1	0.871	0.002

問9 母集団の大きさを N, 変量 x の母平均と母分散をそれぞれ μ, σ^2 とする。大きさ n $(n \leq N)$ の非復元単純無作為標本による変量 x の標本平均 $\bar{X}$ を μ の推定量とするとき, この推定量の分散は

$$V(\bar{X}) = \frac{N-n}{N-1} \cdot \frac{1}{n} \sigma^2$$

となる。

〔1〕上の標本平均の分散や, 他の抽出法による標本平均の分散などに関して, 次の記述（ア）〜（ウ）がある。

（ア）有限母集団から母集団の半分の大きさの標本を非復元単純無作為抽出すると, 母集団の大きさによらず標本平均の分散はほぼ等しくなる。

（イ）有限母集団から非復元単純無作為抽出された標本平均の分散は, 母集団を無限母集団とみなした場合よりも大きくなることはない。

（ウ）有限母集団から復元単純無作為抽出された標本平均の分散は, 母集団を無限母集団とみなした場合と等しくなる。

これらの記述について, 次の ① 〜 ⑤ のうちから最も適切なものを一つ選べ。

10

① （ア）のみ正しい。　　　　② （ア）と（イ）のみ正しい。
③ （ア）と（ウ）のみ正しい。　④ （イ）と（ウ）のみ正しい。
⑤ （ア）,（イ）,（ウ）はすべて正しい。

〔2〕ある会社では, 就業者 7270 人の通勤時間（単位: 分）の分散が 500 である。この母集団から 800 人を非復元単純無作為抽出した場合の標本平均の分散を V_1, 同じ抽出をするものの母集団を無限母集団とみなした場合の標本平均の分散を V_2 とする。このとき, V_1, V_2 の組合せとして, 次の ① 〜 ⑤ のうちから最も適切なものを一つ選べ。 11

① $V_1 = 0.5563, V_2 = 0.6250$　　② $V_1 = 0.5563, V_2 = 0.6258$
③ $V_1 = 0.6250, V_2 = 0.5563$　　④ $V_1 = 0.6250, V_2 = 0.6258$
⑤ $V_1 = 0.7022, V_2 = 0.6250$

問10　A町に住む40歳代前半の男女から80人を無作為に選び，就業者と非就業者の数を集計したところ，次のようになった。

就業者と非就業者（単位: 人）

	就業者	非就業者	計
男性	38	3	41
女性	30	9	39
計	68	12	80

〔1〕この表について，「性別と就業状態は無関係である」という帰無仮説を立て，分割表における独立性の検定を行う。

(1) 表の周辺度数である「計」の数値を固定し，かつ，男性における就業率と女性における就業率が等しくなるように，期待度数を設定する。女性の就業者の期待度数はいくらか。次の ① 〜 ⑤ のうちから最も適切なものを一つ選べ。　**12**

① 19.50　　　　　② 20.00　　　　　③ 33.15

④ 34.00　　　　　⑤ 34.85

(2) この検定を行うため，イエーツの補正をした χ^2 統計量を計算すると，約2.76となる。いくつかの有意水準で検定を行った場合の結論として，次の ① 〜 ⑤ のうちから最も適切なものを一つ選べ。　**13**

① 有意水準1％で帰無仮説は棄却される。

② 有意水準1％で帰無仮説は棄却されないが5％では棄却される。

③ 有意水準5％で帰無仮説は棄却されないが10％では棄却される。

④ 有意水準5％で帰無仮説は棄却されるが10％では棄却されない。

⑤ 有意水準10％で帰無仮説は棄却されない。

〔2〕表の80人から30人を無作為に選ぶとき，その30人のうち，男性で就業者の人数 X は超幾何分布に従う。X の確率関数 $P(X = x)$ はどれか。次の ① 〜 ⑤ のうちから適切なものを一つ選べ。　**14**

① $_{38}C_x \times _{42}C_{30-x}/_{80}C_{30}$　② $_{38}C_x \times _3C_{30-x}/_{41}C_{30}$　③ $_{38}C_x \times _3C_{38-x}/_{41}C_{38}$

④ $_{41}C_x \times _{39}C_{41-x}/_{80}C_{41}$　⑤ $_{68}C_x \times _{12}C_{30-x}/_{80}C_{30}$

問 11 N氏は，家と職場の往復で雨が降っていないときに傘を持ち歩くのが面倒だったので，家と職場の両方に傘を置くことにした。家を出るとき，または職場から帰るとき，雨が降っていてそこに傘があれば傘を持っていき，なければ仕方なく濡れて行くことにする。以下，n 回目の移動の出発時にその場所にある傘の本数を X_n とする。また，降雨は移動ごとに独立であり，その確率は一定値 $\theta \in (0,1)$ であるとする。N氏は，はじめに家と職場に1本ずつ傘を置き，この生活をスタートすることにした。従って，$P(X_1 = 1) = 1$ である。

〔1〕X_n は $0,1,2$ のいずれかの値をとるマルコフ連鎖であることに注意して，

$$p_{ij} = P(X_{n+1} = j-1 \mid X_n = i-1), \quad i,j = 1,2,3$$

とおき，推移確率行列 $Q = (p_{ij})$ を作る。例えば，傘のない場所から移動した先には必ず傘があるので $p_{11} = P(X_{n+1} = 0 \mid X_n = 0)$ の値は 0 である。Q として，次の ① 〜 ⑤ のうちから適切なものを一つ選べ。　**15**

① $\begin{pmatrix} 0 & 0 & 1 \\ 0 & 1-\theta & \theta \\ 1-\theta & \theta & 0 \end{pmatrix}$ 　② $\begin{pmatrix} 0 & \theta & 1-\theta \\ \theta & 1-\theta & 0 \\ 1-\theta & 0 & \theta \end{pmatrix}$

③ $\begin{pmatrix} 0 & 0 & 1 \\ 0 & 1-\theta & \theta \\ \theta & 0 & 1-\theta \end{pmatrix}$ 　④ $\begin{pmatrix} 0 & 1-\theta & \theta \\ 1-\theta & \theta & 0 \\ \theta & 0 & 1-\theta \end{pmatrix}$

⑤ $\begin{pmatrix} 0 & 0 & 1 \\ 0 & \theta & 1-\theta \\ \theta & 1-\theta & 0 \end{pmatrix}$

〔2〕$X_n \ (n = 1, \ldots, 8)$ の同時確率関数は

$$P(X_1 = x_1, \ldots, X_8 = x_8) = P(X_1 = x_1) \prod_{k=1}^{7} P(X_{k+1} = x_{k+1} \mid X_k = x_k)$$

となる。実際に記録した結果が

$$X_1 = 1, \ X_2 = 1, \ X_3 = 2, \ X_4 = 0, \ X_5 = 2, \ X_6 = 1, \ X_7 = 1, \ X_8 = 1$$

であったとき，これをもとに計算した θ の最尤推定値はいくらか。次の ① 〜 ⑤ のうちから最も適切なものを一つ選べ。　**16**

① 0.14　　② 0.21　　③ 0.33　　④ 0.42　　⑤ 0.56

〔3〕〔2〕の答を θ の真値とする。このとき，十分長い年月が経過した後，N氏が移動の出発時に手元に傘がない確率はいくらか。次の ① 〜 ⑤ のうちから最も適切なものを一つ選べ。　**17**

① 0.10　　② 0.15　　③ 0.20　　④ 0.25　　⑤ 0.30

158

問 12 サイズ 10 の標本データ $(X_1, \ldots, X_{10}) = (3, 1, 4, 9, 11, 13, 2, 6, 8, 5)$ に対して，リサンプリング（復元抽出）によりブートストラップ標本を作成し，母平均 μ を推定したい。

〔1〕 まず 10 回の繰返しにより，以下のような 10 個のブートストラップ標本を得た。表の各行がブートストラップ標本に対応し，$\overline{X^*}$ はそれらの平均値である。

X_1^*	X_2^*	X_3^*	X_4^*	X_5^*	X_6^*	X_7^*	X_8^*	X_9^*	X_{10}^*	$\overline{X^*}$
1	9	6	1	6	6	6	6	5	5	5.1
8	2	6	6	1	11	11	13	4	3	6.5
11	9	1	8	6	11	4	8	6	4	6.8
5	4	4	5	2	2	8	11	3	8	5.2
9	3	13	9	4	8	6	8	13	9	8.2
5	8	13	8	11	1	8	9	1	11	7.5
13	13	11	8	8	13	8	4	8	13	9.9
9	8	4	11	2	5	1	13	8	5	6.6
1	9	8	11	13	4	6	3	4	1	6.0
4	8	6	2	4	1	11	5	3	9	5.3

この表から，標本平均 $\overline{X} = 6.2$ よりも小さい確率 $P(\overline{X^*} < \overline{X})$ のブートストラップ推定値として，次の ① 〜 ⑤ のうちから最も適切なものを一つ選べ。　**18**

① 0.20　　② 0.40　　③ 0.60　　④ 0.75　　⑤ 0.80

〔2〕 同様に 10^3 回の繰返しにより得られたブートストラップ標本について，$\overline{X^*}$ の累積度数は下図のようになった。これより例えば，$\overline{X^*}$ が 6.0 以下となった度数が 425 であることが分かる。

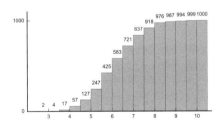

図: 10^3 回のブートストラップ標本に基づく $\overline{X^*}$ の累積度数

この図から，母平均 μ のおおよその 90 % 信頼区間として，次の ① 〜 ⑤ のうちから最も適切なものを一つ選べ。　**19**

① (4.00, 7.75)　　② (4.00, 9.00)　　③ (4.25, 8.00)

④ (4.25, 8.25)　　⑤ (4.75, 8.25)

問 13 表 1 は，5 人の生徒の数学 (Math) と英語 (Eng) のテスト結果である。これらの点数に対して，横軸を数学，縦軸を英語とし，それぞれの点数の組を観測点として散布図に描いた。また，表 2 は，観測点間のユークリッド距離である。

表 1. 5 人の生徒の成績

番号	1	2	3	4	5
Math	10	10	9	7	6
Eng	10	8	6	8	7

表 2. 観測点間のユークリッド距離

	1	2	3	4	5
1	0	2	$\sqrt{17}$	$\sqrt{13}$	5
2	2	0	$\sqrt{5}$	3	$\sqrt{17}$
3	$\sqrt{17}$	$\sqrt{5}$	0	$\sqrt{8}$	$\sqrt{10}$
4	$\sqrt{13}$	3	$\sqrt{8}$	0	$\sqrt{2}$
5	5	$\sqrt{17}$	$\sqrt{10}$	$\sqrt{2}$	0

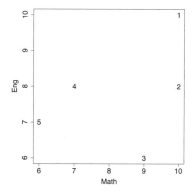

〔1〕 このデータに対し，最近隣法（最短距離法）および最遠隣法（最長距離法）のそれぞれにより階層的クラスター分析を行い，作成したデンドログラムが以下である。A～E は 5 人の生徒の番号のいずれかに対応する。

（ア）

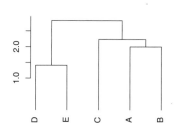

（イ）

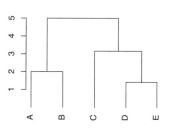

これらのデンドログラムに対し，分析手法と生徒の組合せとして，次の ① ～ ⑤ のうちから適切なものを一つ選べ。 **20**

① （ア）：最近隣法，（イ）：最遠隣法，A: 1, B: 2, C: 3, D: 4, E: 5

② （ア）：最近隣法，（イ）：最遠隣法，A: 4, B: 5, C: 3, D: 1, E: 2

③ （ア）：最遠隣法，（イ）：最近隣法，A: 1, B: 2, C: 3, D: 4, E: 5

④ （ア）：最遠隣法，（イ）：最近隣法，A: 2, B: 3, C: 1, D: 4, E: 5

⑤ （ア）：最遠隣法，（イ）：最近隣法，A: 4, B: 5, C: 3, D: 1, E: 2

〔2〕このデータに対し，2個のクラスターに分けるため，以下のようなアルゴリズムを用いた 2-平均法 (2-means 法) クラスター分析を行う．

1. 2個のクラスター中心の初期点を選ぶ．
2. 以下の 3, 4 を，クラスター中心の変化が起きなくなるまで繰り返す．
3. 各観測点を，クラスター中心からの距離の近い方のクラスターに割当てる．
4. 各クラスターに割当てられた観測点の重心を計算し，クラスター中心とする．
5. 各クラスターに割当てられた観測点を出力する．

(1) クラスター中心の初期点を (生徒 1, 生徒 2) とし，2-平均法クラスター分析を行ったところ，クラスター中心は初期点から 2 回変化して，出力が得られた．クラスター中心の初期点に対して割当てられてできたクラスターと，出力されたクラスターの組合せとして，次の ① ～ ⑤ のうちから最も適切なものを一つ選べ． | 21 |

① 初期: $\{1\}, \{2,3,4,5\}$, 出力: $\{1,2\}, \{3,4,5\}$
② 初期: $\{1\}, \{2,3,4,5\}$, 出力: $\{1,2,3\}, \{4,5\}$
③ 初期: $\{1\}, \{2,3,4,5\}$, 出力: $\{1,4,5\}, \{2,3\}$
④ 初期: $\{1,2\}, \{3,4,5\}$, 出力: $\{1,2,3\}, \{4,5\}$
⑤ 初期: $\{1,2\}, \{3,4,5\}$, 出力: $\{1,4,5\}, \{2,3\}$

(2) クラスター中心の 2 通りの初期点

初期点 (a) : (生徒 2, 生徒 4)
初期点 (b) : (生徒 3, 生徒 4)

について，2-平均法によりクラスター分析を行った．いずれの場合も，初期点に対して割当てられてできたクラスターが，そのまま出力となった．初期点と 2-平均法の出力の組合せとして，次の ① ～ ⑤ のうちから最も適切なものを一つ選べ． | 22 |

① (a): $\{1,2\}, \{3,4,5\}$, (b): $\{1,2,3\}, \{4,5\}$
② (a): $\{1,2\}, \{3,4,5\}$, (b): $\{1,4,5\}, \{2,3\}$
③ (a): $\{1,2,3\}, \{4,5\}$, (b): $\{1,2\}, \{3,4,5\}$
④ (a): $\{1,2,3\}, \{4,5\}$, (b): $\{1,4,5\}, \{2,3\}$
⑤ (a): $\{1,4,5\}, \{2,3\}$, (b): $\{1,2,3\}, \{4,5\}$

問 14 次の表は，OECD 加盟国のうちカナダを除く 34ヶ国の 1 人当たり医療費支出（2014 年）と平均寿命（2013 年）である。

（単位: ドル，歳）

国名	AUS	AUT	BEL	CZE	DNK	FIN	FRA	DEU	GRC
医療費	4207	4896	4522	2386	4857	3871	4367	5119	2220
平均寿命	82.2	81.2	80.7	78.3	80.4	81.1	82.3	80.9	81.4

国名	HUN	ISL	IRL	ITA	**JPN**	KOR	LUX	MEX	NLD
医療費	1797	3897	5001	3207	4152	2361	4479	1053	5277
平均寿命	75.7	82.1	81.1	82.8	83.4	81.8	81.9	74.6	81.4

国名	NZL	NOR	POL	PRT	SVK	**ESP**	SWE	CHE	TUR
医療費	3537	6081	1625	2584	1971	3053	5065	6787	990
平均寿命	81.4	81.8	77.1	80.8	76.5	83.2	82.0	82.9	78.0

国名	GBR	**USA**	CHL	EST	ISR	SVN	LVA
医療費	3971	9024	1689	1725	2547	2599	1295
平均寿命	81.1	78.8	78.8	77.3	82.1	80.4	74.1

資料： OECD「Health spending, Life expectancy at birth(Accessed on 29 August 2016)」

〔1〕平均寿命 y を 1 人当たりの医療費支出 x によって予測するため，次の線形回帰モデル 1 を仮定した。

$$\text{モデル 1: } y = \beta_0 + \beta_1 x + \varepsilon$$

ここで，ε は誤差項であり正規分布 $N(0, \sigma^2)$ に従うとする。

モデルの仮定が成り立っているかを診断するために，次の 4 つの図を用いた回帰診断を行う。

（ア）予測値に対する残差のプロット
（イ）残差の正規 Q–Q プロット
（ウ）予測値に対する標準化した残差の絶対値の平方根のプロット
（エ）梃子値（leverage）に対する標準化した残差のプロット

モデル 1 に対する回帰診断図を図 1 に示す。

(1) 図 1 の中の 29 は USA（アメリカ合衆国）を表す。モデル 1 における USA の平均寿命の予測値と残差はいくらか。次の ① ～ ⑤ のうちから最も適切なものを一つ選べ。　**23**

① 予測値: 78.8，残差: −5.4　　　② 予測値: 78.8，残差: 5.4

③ 予測値: 84.2，残差: −5.4　　　④ 予測値: 84.2，残差: −3.0

⑤ 予測値: 84.2，残差: 1.8

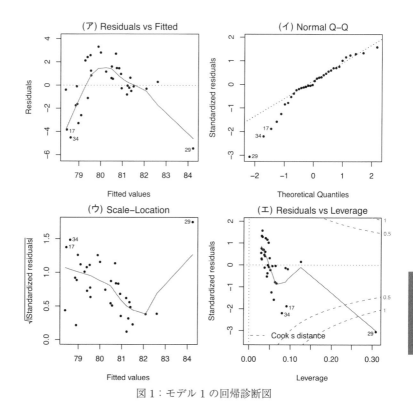

図1：モデル1の回帰診断図

(2) これらの図に対する説明として，適切でないものを次の ① ～ ⑤ のうちから一つ選べ。　[　24　]

① （ア）は残差の全体像を観察し，説明変数と目的変数の線形性を判断することができる。

② （ア）は残差の中で非常に大きな値や小さな値をとる観測値を観察し，外れ値の有無を判断することができる。

③ （イ）は直線上に並ぶか否かを観察し，残差の正規性を判断することができる。

④ （ウ）は予測値に対して何らかの傾向がないかを観察し，残差の等分散性を判断することができる。

⑤ （エ）は個々の観測値のモデルへの影響力の大きさを観察し，梃子値の小さい観測値ほど，モデルへの影響力が大きいと判断することができる。

〔2〕 〔1〕の回帰診断図をもとに，次の線形回帰モデル 2 を考えた。

$$モデル 2:\ y = \beta_0 + \beta_1 \log(x) + \varepsilon$$

ここで，ε は誤差項であり，正規分布 $N(0, \sigma^2)$ に従うと仮定する。モデル 2 に対する回帰診断図を図 2 に示す。

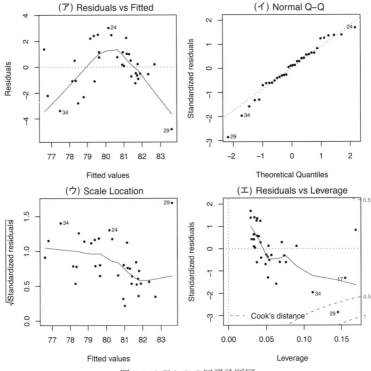

図 2：モデル 2 の回帰診断図

(1) モデル 1 とモデル 2 では，決定係数の値はどちらが大きいと考えられるか。その理由を，回帰診断図の中のいずれかを比較することによって述べよ。ただし，どの図を比較したかが分かるようにせよ。 記述 8

(2) 解答用紙にあるモデル 2 の回帰診断図の残差プロットにおいて，JPN（日本）を示している点を丸で囲め。ただし，図にある 24 は ESP（スペイン）である。 記述 9

(3) モデル 1 とモデル 2 に対する残差の 5 数要約が次のように出力された。これらの違いが分かるように箱ひげ図を描け。ただし，箱ひげ図は，データの最大値と最小値までひげの部分を伸ばすものでよい。 記述 10

モデル 1 の残差の 5 数要約

最小値	第 1 四分位数	中央値	第 3 四分位数	最大値
−5.4331	−0.7237	0.1326	1.4049	3.3116

モデル 2 の残差の 5 数要約

最小値	第 1 四分位数	中央値	第 3 四分位数	最大値
−4.8100	−1.0238	0.1919	1.1122	3.0357

統計検定準1級　2017年6月　正解一覧

　選択問題及び部分記述問題の正解一覧です。次ページ以降に解説を掲載しています。問題の趣旨やその考え方を理解するために活用してください。

　論述問題の問題文，解答例は182ページに掲載しています。

問		解答番号	正解
問1	〔1〕	記述1	12(km/時間)
	〔2〕	記述2	490(円)
	〔3〕	記述3	1.01
問2	〔1〕	記述4	※
	〔2〕	記述5	46000
問3	〔1〕	記述6	交差検証法,交差確認法,クロスバリデーション,等
	〔2〕	記述7	※
問4		1	②
問5	〔1〕	2	①
	〔2〕	3	⑤
	〔3〕	4	①
問6	〔1〕	5	②
	〔2〕	6	⑤
問7		7	⑤
問8	〔1〕	8	②
	〔2〕	9	④

問			解答番号	正解
問9	〔1〕		10	④
	〔2〕		11	①
問10	〔1〕	(1)	12	③
		(2)	13	③
	〔2〕		14	①
問11	〔1〕		15	①
	〔2〕		16	③
	〔3〕		17	④
問12	〔1〕		18	②
	〔2〕		19	④
問13	〔1〕		20	①
	〔2〕	(1)	21	①
		(2)	22	④
問14	〔1〕	(1)	23	③
		(2)	24	⑤
	〔2〕	(1)	記述8	※
		(2)	記述9	
		(3)	記述10	

※は次ページ以降を参照。

選択問題及び部分記述問題　解説

問1

〔1〕 記述1 ・・・・・・・・・・・・・・・・・・・・・・・・・・・・ 正解 12km/ 時間

　　調和平均を使う。時速 10km，15km で 100km の道のりを行く場合，かかる時間はそれぞれ 100/10 時間，100/15 時間である。従って，往復では，200km の道のりに (100/10 + 100/15) 時間かかったことになるので，往復の平均時速は 200/(100/10 + 100/15) = 12〔km/ 時間〕となる。この式をまとめると，2/(1/10 + 1/15) = 12 と書け，調和平均の式になる。

〔2〕 記述2 ・・・・・・・・・・・・・・・・・・・・・・・・・・・・・ 正解 490 円

　　加重平均を使う。3 種の定食の平均金額は (550 + 500 + 450)/3 = 500〔円〕であるが，定食 1 食に使われた平均金額を求める場合は，各定食の売上げ食数を考慮する必要があり，(450 · 550 + 700 · 500 + 850 · 450)/(450 + 700 + 850) = 490〔円〕となる。このように，売上げ食数を重みとして平均をとることを加重平均（加重算術平均）という。

〔3〕 記述3 ・・・・・・・・・・・・・・・・・・・・・・・・・・・・・ 正解 1.01

　　幾何平均を使う。4 年間の伸び率が 1.044, 0.982, 1.025, 0.991 であった場合，4 年後の伸び率は 1.044 × 0.982 × 1.025 × 0.991 で計算できる。4 年間の伸び率の平均は，この値の 4 乗根となり，$\sqrt[4]{1.044 \cdot 0.982 \cdot 1.025 \cdot 0.991} = \sqrt[4]{1.041380656} = 1.010 \approx 1.01$ となる。このような平均を幾何平均という。

問2

〔1〕 記述4 ・・・・・・・・・・・・・・・・・・・・・・・ 正解 $\beta = 1 - (1-p)^n$

　　n 株のウイルスの検査は独立に行われるから

$P(少なくとも 1 株は見つかる) = 1 - P(1 株も見つからない) = 1 - (1-p)^n$

となる。

〔2〕 記述5 ・・・・・・・・・・・・・・・・・・・・・・・・・・・・・ 正解 46000

　　$\beta = 1 - (1-p)^n$ を変形すると

$$(1-p)^n = 1 - \beta$$
$$n \log(1-p) = \log(1-\beta)$$

ここで，$p = 1/10000$ は 0 に十分小さいので，$\log(1 - p) \approx -p$ の近似を使うと

$$-np \approx n\log(1 - p) = \log(1 - \beta) = \log(0.01) \approx -4.6$$

が得られる。これを n について解くと，$n \approx 4.6 \times 10000 = 46000$ となる。

問3

〔1〕 記述6 ……… **正解** 交差検証法，交差確認法，クロスバリデーション，等

「データの一部を用いて回帰パラメータの推定を行い，推定されたモデルで残りの
データに対する予測誤差を評価する」ことによって λ を定める方法を，交差検証法
（交差確認法，クロスバリデーション）という。問題にある図から，交差検証法によ
り予測誤差が最小となる λ が $e^{-4} = 0.018$ 付近であることが確認できる。

〔2〕 記述7 …… **正解** L_1 正則化には，回帰係数の多くをゼロと推定する傾向
（スパース性）があるが，L_2 正則化にはスパース性がない。

L_1 正則化（Lasso）は，回帰係数の多くをゼロと推定する傾向（スパース性）が
ある。この性質は，L_1 正則化における正則化項の制約が，母数空間の軸上で尖った
領域となるため，いくつかの成分がゼロとなる軸上で極値をとりやすいことが原因で
ある（左図）。

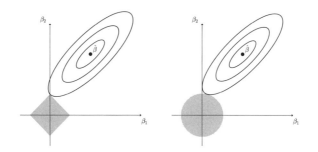

この性質により，L_1 正則化はスパース推定法ともよばれる。本問のような，説明変
数の数が多い高次元小標本データに対しては，このスパース性を利用して，ゼロと推
定されたパラメータに対応する説明変数をモデルから取り除くという説明変数の選択
を行うことができる。一方で，L_2 正則化（リッジ回帰）には，スパース性はない（右
図）ため，L_1 正則化のようにモデル選択と推定を同時に行うことはできない。L_1 正
則化にスパース性があり，L_2 正則化にはないことは，問題にある図において，L_1 正
則化では λ の値に応じて非ゼロの数が変化しているが，L_2 正則化では変化していな
いことから確認できる。

問4

1 .... 正解 ▶ ②

X_a, X_b を X と同じ分布に従う確率変数とすると

$$Z_1 = X_a + X_b + Y, \quad Z_2 = 2X + Y$$

と書ける。ここで，X_a, X_b, Y は独立で，X, Y も独立である。従って，分散の加法性より

$$V(Z_1) = V(X_a) + V(X_b) + V(Y) = 2.25$$
$$V(Z_2) = 4V(X) + V(Y) = 4.25$$

となる。

よって，②が正解である。

問5

〔1〕　**2**　$\cdots\cdots\cdots\cdots\cdots\cdots\cdots\cdots\cdots\cdots\cdots\cdots\cdots\cdots\cdots\cdots\cdots\cdots$　正解　①

$\begin{pmatrix} X \\ Y \end{pmatrix} \sim N\left(\begin{pmatrix} \mu_x \\ \mu_y \end{pmatrix}, \begin{pmatrix} \sigma_x^2 & \rho\sigma_x\sigma_y \\ \rho\sigma_x\sigma_y & \sigma_y^2 \end{pmatrix} \right)$ のとき, $X = x$ を与えたときの Y

の条件付き分布は, 正規分布 $N(\mu_y + \rho\sigma_y(x - \mu_x)/\sigma_x, (1 - \rho^2)\sigma_y^2)$ となる。従っ

て, Y の $X = 150$ を与えたときの条件付き分布の平均は

$$130 + 0.6 \times \frac{15}{15}(150 - 140) = 136$$

となる。$X = x$ を与えたときの Y の平均と分散は, 以下のように導出することがで

きる。X, Y をそれぞれ標準化して

$$X^* = \frac{X - \mu_x}{\sigma_x}, \quad Y^* = \frac{Y - \mu_y}{\sigma_y}$$

とおけば,

$$\begin{pmatrix} X^* \\ Y^* \end{pmatrix} \sim N\left(\begin{pmatrix} 0 \\ 0 \end{pmatrix}, \begin{pmatrix} 1 & \rho \\ \rho & 1 \end{pmatrix} \right)$$

であるので, $Z = Y^* - \rho X^*$ とおけば, $E(Z) = 0$,

$$V(Z) = V(Y^*) - 2\rho\mathrm{Cov}(X^*, Y^*) + \rho^2 V(X^*) = 1 - \rho^2,$$

つまり $Z \sim N(0, 1 - \rho^2)$ となる。従って, $X = x$ を与えたときの Y の平均と分

散は, それぞれ

$$\begin{aligned} E(Y \mid X = x) &= \mu_y + \sigma_y E(Y^* \mid X = x) \\ &= \mu_y + \sigma_y E\left(Z + \rho\frac{x - \mu_x}{\sigma_x} \right) \\ &= \mu_y + \rho\sigma_y \frac{x - \mu_x}{\sigma_x} \\ V(Y \mid X = x) &= \sigma_y^2 V(Y^* \mid X = x) \\ &= \sigma_y^2 V(Z) \\ &= \sigma_y^2 (1 - \rho^2) \end{aligned}$$

となる。

よって, ① が正解である。

〔2〕　**3**　$\cdots\cdots\cdots\cdots\cdots\cdots\cdots\cdots\cdots\cdots\cdots\cdots\cdots\cdots\cdots\cdots\cdots\cdots$　正解　⑤

$Y \sim N(130, 15^2)$ であるので, 求める確率を標準化して $Z \sim N(0, 1)$ を用いて

表すと

$$P(Y \geq 115) = P\left(Z \geq \frac{115 - 130}{15}\right) = P(Z \geq -1) = 0.8413$$

となる。

よって，⑤が正解である。

〔3〕　4　$\cdots\cdots\cdots\cdots\cdots\cdots\cdots\cdots\cdots\cdots\cdots\cdots\cdots\cdots\cdots\cdots\cdots$　正解　①

$X - Y$ も正規分布に従い，その期待値と分散は

$$E(X - Y) = 10$$

$$V(X-Y) = V(X)+V(Y)-2\rho\sqrt{V(X)V(Y)} = 15^2+15^2-2\times0.6\times15^2 = 180$$

となる。従って

$$P(X - Y \geq 20) = P\left(Z \geq \frac{20 - 10}{\sqrt{180}}\right) = P(Z \geq 0.745) = 0.23$$

となる。

よって，①が正解である。

問6

〔1〕　**5** ・・ 正解 ②

　　母比率 p の 2 項母集団からのサイズ n の標本にもとづく標本比率 $\bar{p}$ の分布は，$n \to \infty$ のとき，中心極限定理により近似的に $N(0, p(1-p)/n)$ となる。この分散 $p(1-p)/n$ を $\bar{p}(1-\bar{p})/n$ に置き換えることで，母比率 p の近似的な 95 % 信頼区間

$$\left(\bar{p} - 1.96\sqrt{\frac{\bar{p}(1-\bar{p})}{n}}, \quad \bar{p} + 1.96\sqrt{\frac{\bar{p}(1-\bar{p})}{n}} \right)$$

が得られる。イチロー選手が好きだと回答した割合 22.4 % は，有効回答数の 857 人を分母とする標本比率 $(192/857 = 0.224)$ であるので，サンプルサイズは $n = 857$ となり，母比率の信頼区間は

$$0.224 \pm 1.96\sqrt{\frac{0.224 \times 0.776}{857}} = 0.224 \pm 0.0279 = (0.1961, 0.2519)$$

となる。

　　よって，②が正解である。

〔2〕　**6** ・・ 正解 ⑤

　　イチロー選手を選ぶ母比率を p_1，錦織圭選手を選ぶ母比率を p_2，その他を選ぶ母比率を p_3 とする多項母集団（3 項母集団）で考える。独立に 3 項分布に従う確率変数 $U_1, \ldots, U_{857} \sim M(1, (p_1, p_2, p_3))$ を想定すると，観測値 $(x_1, x_2, x_3) = (192, 145, 520)$ は $X = \sum U_i$ の実現値で，$X = (X_1, X_2, X_3)$ は 3 項分布 $M(n, (p_1, p_2, p_3)), n = 857$ に従う確率変数である。$\hat{p}_1 = X_1/n$, $\hat{p}_2 = X_2/n$ はそれぞれ p_1, p_2 の最尤推定量で，その差の標準偏差は

$$\sqrt{V\left(\frac{X_1}{n} - \frac{X_2}{n}\right)} = \frac{\sqrt{V(X_1) + V(X_2) - 2\mathrm{Cov}(X_1, X_2)}}{n}$$

となる。ここで

$$V(X_1) = np_1(1-p_1), \ V(X_2) = np_2(1-p_2), \ \mathrm{Cov}(X_1, X_2) = -np_1p_2$$

であるから，$\hat{p}_1 = 0.224$, $\hat{p}_2 = 0.169$ を代入すれば，標準偏差の推定値は

$$\frac{\sqrt{\hat{p}_1(1-\hat{p}_1)+\hat{p}_2(1-\hat{p}_2)+2\hat{p}_1\hat{p}_2}}{\sqrt{n}} = \frac{\sqrt{0.224 \cdot 0.776 + 0.169 \cdot 0.831 + 2 \cdot 0.224 \cdot 0.169}}{\sqrt{857}}$$

$$= \frac{\sqrt{0.173824 + 0.140439 + 0.075712}}{\sqrt{857}}$$

$$= \frac{\sqrt{0.389975}}{\sqrt{857}}$$

$$= 0.021331823$$

となる。

　よって，⑤が正解である。

問7

| 7 | ………………………………………………………… | 正解 ⑤ |

①：誤り。実験条件 A のみを取り上げ繰返し数 3 として 1 元配置分散分析する場合，実験日 R と実験条件 A の 2 つの因子により 2 元配置分散分析する場合と比べ，実験日 R の影響の分，残差平方和とその自由度はいずれも大きくなる。残差分散は残差平方和をその自由度で割ったものであり，値は通常は変化する。

②：誤り。実験条件 A のみを取り上げ繰返し数 3 として 1 元配置分散分析する場合，実験日 R と実験条件 A の 2 つの因子により 2 元配置分散分析する場合と比べ，残差分散の大きさとその自由度が変化する。それにより F 値の値も変化する。

③：誤り。実験条件 A のみを取り上げ繰返し数 3 として 1 元配置分散分析する場合と，実験日 R と実験条件 A の 2 つの因子により 2 元配置分散分析する場合とでは，実験条件 A の平方和は変化しない。

④：誤り。実験日 R の影響が大きくなると，これを誤差とみなした 1 元配置分散分析では，残差分散の値が大きくなり，実験条件 A の効果の検出力は下がる。

⑤：正しい。実験日 R と実験条件 A の 2 元配置分散分析では，実験日の影響を取り除いた分，残差の平方和と自由度はいずれも小さくなる。残差の平方和の値が小さくなることは，実験条件の F 値を大きくする方向に寄与し，残差の自由度が小さくなることは，F 値を小さくする方向に寄与し，また，F 分布の分母の自由度が小さくなることも，F 値の有意性を下げる方向に寄与するが，総合的には，実験日の影響を分離することの効果が決定的であり，実験条件の F 検定の検出力は高くなる。

　よって，⑤が正解である。

〔1〕　**8** ・・

残差の標本分散と標本自己共分散から，1 次の標本自己相関は

$$\hat{\rho} = \frac{10299.8}{14497.5} \approx 0.710$$

となることから，コレログラムは（イ）が適切であることが分かる。さらに，ダービン・ワトソン統計量の推定値は

$$DW \approx 2 - 2\hat{\rho} \approx 0.579$$

となることから，最も近い $DW = 0.61$ が適切であることが分かる。

よって，②が正解である。

〔2〕　**9** ・・

問題文で定義されている変換はコクラン・オーカット法で，誤差項に AR(1) を仮定したときの回帰係数の推定方法である。元の Y_t, X_t の単回帰モデルを

$$Y_t = \alpha_0 + \alpha_1 X_t + u_t$$
$$= \alpha_0 + \alpha_1 X_t + \rho u_{t-1} + v_t$$

と書き，Y_t から $\hat{\rho} Y_{t-1} = \hat{\rho}\alpha_0 + \hat{\rho}\alpha_1 X_{t-1} + \hat{\rho} u_{t-1}$ を引くと

$$Y_t - \hat{\rho} Y_{t-1} = \alpha_0(1 - \hat{\rho}) + \alpha_1(X_t - \hat{\rho} X_{t-1}) + v_t$$
$$\Leftrightarrow \qquad Y_t^* = \alpha_0(1 - \hat{\rho}) + \alpha_1 X_t^* + v_t$$

となるので，

$$\beta_0 = \alpha_0(1 - \hat{\rho}) \approx 0.290\alpha_0, \quad \beta_1 = \alpha_1$$

である。また，元の回帰式は $R^2 = 0.995$ と非常に当てはまりがよいので，誤差項に AR(1) の構造を入れても，結果がそう大きくは変わらないことが予想できる。このことから，

$$\hat{\beta}_0 \approx 0.3 \cdot \hat{\alpha}_0, \quad \hat{\beta}_1 \approx \hat{\alpha}_1$$

となる。

よって，④が正解である。

問9

〔1〕　**10** ・・・ 正解 ④

(ア)： 誤り。$n = N/2$ のとき，$V(\bar{X}) = \sigma^2/(N-1)$ となり，N により $V(\bar{X})$ は変化する。

(イ)： 正しい。母集団を無限母集団とみなしたときの標本平均の分散は σ^2/n であり，$n \geq 1$ より $V(\bar{X}) \leq \sigma^2/n$ となる。

(ウ)： 正しい。復元単純無作為抽出の場合の標本の平均の分散も σ^2/n となる。

　　よって，④ が正解である。

〔2〕　**11** ・・ 正解 ①

$V(\bar{X})$ の式に値を代入すると，

$$V_1 = \frac{7270 - 800}{7270 - 1} \times \frac{500}{800} = 0.890 \times 0.6250 = 0.55625$$

となる。また，

$$V_2 = \frac{500}{800} = 0.625$$

である。

　　よって，① が正解である。

〔1〕(1) **12** ·· 正解 ③

2 × 2 の 2 元分割表

X_{11}	X_{12}	m_1
X_{21}	X_{22}	m_2
n_1	n_2	N

において，独立性の仮説の下での期待度数は $E(X_{ij}) = \dfrac{m_i n_j}{N}$ となるので，

$$\frac{39 \times 68}{80} = 33.15$$

となる。

よって，③が正解である。

〔1〕(2) **13** ·· 正解 ③

独立性の仮定の下で，χ^2 統計量は漸近的に自由度 1 のカイ 2 乗分布に従う。数表より，自由度 1 のカイ 2 乗分布の上側 10 %，5 %，1 % 点は順に 2.71, 3.84, 6.63 なので，$\chi^2 = 2.76$ は 5 % 有意ではなく，10 %有意となる。

よって，③が正解である。

〔2〕 **14** ·· 正解 ①

80 人のうち，男性の就業者は 38 人で，残りは $80 - 38 = 42$ 人であるから，無作為に選ぶ 30 人のうち，x 人を男性の就業者 38 人から，残り $30 - x$ 人を，残りの 42 人から選ぶことになる。

	選ぶ	選ばない	計
男性の就業者	x		38
それ以外	$30 - x$		42
計	30	50	80

従って X の確率関数は

$$P(X = x) = \frac{(38 \text{ 人から } x \text{ 人選ぶ組合せ}) \times (42 \text{ 人から } 30 - x \text{ 人選ぶ組合せ})}{(80 \text{ 人から } 30 \text{ 人選ぶ組合せ})}$$

$$= \frac{{}_{38}\mathrm{C}_x \times {}_{42}\mathrm{C}_{30-x}}{{}_{80}\mathrm{C}_{30}}$$

となる。

よって，①が正解である。

問11

〔1〕 **15** ⋯⋯⋯⋯⋯⋯⋯⋯⋯⋯⋯⋯⋯⋯⋯⋯⋯⋯⋯⋯⋯⋯⋯⋯⋯ 正解 ①

　傘のない場所から移動した先には必ず傘が2本あるので，$p_{11} = p_{12} = 0$, $p_{13} = 1$ である。傘が1本ある場所から移動した場合，移動時の天候が雨（確率 θ）ならば移動先の傘は2本になり，移動時の天候が雨でない（確率 $1 - \theta$）ならば移動先の傘は1本のままなので，$p_{22} = 1 - \theta$, $p_{23} = \theta$, $p_{21} = 0$ である。同様に，傘が2本ある場所から移動した場合の移動先の傘の本数は，確率 θ で1本，確率 $1 - \theta$ で0本のままとなる。

　よって，①が正解である。

〔2〕 **16** ⋯⋯⋯⋯⋯⋯⋯⋯⋯⋯⋯⋯⋯⋯⋯⋯⋯⋯⋯⋯⋯⋯⋯⋯⋯ 正解 ③

　推移確率行列より尤度を求めると

$$P(X_1 = x_1) \prod_{k=1}^{7} P(X_{k+1} = x_{k+1} \mid X_k = x_k)$$
$$= 1 \cdot (1-\theta) \cdot \theta \cdot (1-\theta) \cdot 1 \cdot \theta \cdot (1-\theta) \cdot (1-\theta)$$
$$= \theta^2 (1-\theta)^4$$

となる。これを微分してゼロとおけば $\hat{\theta} = 2/6 = 0.333\cdots$ となる。

　よって，③が正解である。

〔3〕 **17** ⋯⋯⋯⋯⋯⋯⋯⋯⋯⋯⋯⋯⋯⋯⋯⋯⋯⋯⋯⋯⋯⋯⋯⋯⋯ 正解 ④

　移動の開始時に傘が i 本の場所にいる確率を $\pi = (\pi_0, \pi_1, \pi_2)$ とおく。定常分布が満たす条件式は

$$\pi = \pi Q, \ \pi_0 + \pi_1 + \pi_2 = 1$$

であるから，連立方程式を解くと $\pi_0 = (1-\theta)/(3-\theta)$ が得られる。これに $\theta = 1/3$ を代入すると $2/8 = 0.25$ となる（〔2〕の選択肢である $\theta = 0.33$ を代入すると $0.67/2.67 = 0.2509\cdots$ となる）。

　よって，④が正解である。

〔1〕 **18** .... 正解 ②

　　10 個のブートストラップ平均値 $\overline{X^*}$ のうち，値が 6.2 より小さいものは 4 個であるので，$4/10 = 0.4$ がブートストラップ推定値となる。

　　よって，②が正解である。

〔2〕 **19** .... 正解 ④

　　累積度数の図より，4.25 以上 8.25 以下がおおよそ 90 ％であることが分かる。(L, U) が $100(1 - \alpha)$ ％信頼区間というとき，L の下側確率と U の上側確率を等しく $100\alpha/2$ ％ずつとするのが一般的であるが，非対称な区間であっても理論上は構わない。しかし，本問の選択肢には，区間に標本のおおよそ 90 ％が含まれるものは $(4.25, 8.25)$ 以外にはない。

　　よって，④が正解である。

問13

〔1〕　**20**　⋯⋯⋯⋯⋯⋯⋯⋯⋯⋯⋯⋯⋯⋯⋯⋯⋯⋯⋯⋯　**正解** ①

　　最近隣法，最遠隣法のいずれも，まず，距離最小の $\{4,5\}$ が合併する。また，2番目に小さい距離は，最初にできたクラスター $\{4,5\}$ に含まれない点 $\{1,2\}$ の間の距離なので，この2点が2番目に合併することも分かる。従って $\{D,E\}$ は $\{4,5\}$ であり，$\{A,B\}$ は $\{1,2\}$ であり，残った C が個体3であることが分かる。また，$\{4,5\}, \{1,2\}$ が合併した段階での，個体，クラスター間の距離行列（コーフェン行列）を計算すると，以下のようになる。

最近隣法

	$\{1,2\}$	3	$\{4,5\}$
$\{1,2\}$	0	$\sqrt{5}$	3
3		0	$\sqrt{8}$
$\{4,5\}$			0

最遠隣法

	$\{1,2\}$	3	$\{4,5\}$
$\{1,2\}$	0	$\sqrt{17}$	5
3		0	$\sqrt{10}$
$\{4,5\}$			0

　　従って，次に合併するのは，最近隣法では $\{1,2\}$ と 3，最遠隣法では $\{4,5\}$ と 3 であり，デンドログラムは（ア）が最近隣法，（イ）が最遠隣法と分かる。

　　よって，①が正解である。

〔2〕(1)　**21**　⋯⋯⋯⋯⋯⋯⋯⋯⋯⋯⋯⋯⋯⋯⋯⋯⋯⋯⋯⋯　**正解** ①

　　クラスター中心の初期点に対して割当てられてできるクラスターは，距離行列より，$\{1\}, \{2,3,4,5\}$ となる。

　　従って，それぞれのクラスター中心は，$(10,10)$ と $(8,7.25)$ と更新される。この2点と各個体との距離は，個体2との距離のみ，$(10,10)$ の方が $(8,7.25)$ よりも近くなり，割当てられたクラスターは $\{1,2\}, \{3,4,5\}$ となる。これが出力となる（散布図で重心を確認すると，分かりやすい）。

　　よって，①が正解である。

〔2〕(2)　**22**　⋯⋯⋯⋯⋯⋯⋯⋯⋯⋯⋯⋯⋯⋯⋯⋯⋯⋯⋯⋯　**正解** ④

　　初期点 (a) に対しては，割当てられてできるクラスターは $\{1,2,3\}, \{4,5\}$ となり，重心 $(9.67,8), (6.5,7.5)$ はそれ以上変化せず，そのまま出力となる。

　　初期点 (b) に対しては，割当てられてできるクラスターは $\{2,3\}, \{1,4,5\}$ となり，重心 $(9.5,7), (7.67,8.33)$ はそれ以上変化せず，そのまま出力になる。

　　以上から，④が正解である。

問14

〔1〕(1) **23** .... 正解▶③

（ア）より 29 の予測値はおおよそ 84.2 と分かる。実際の USA の値は 78.8 なので，残差は $78.8 - 84.2 = -5.4$ となる（この値も（ア）から読み取ることができる）。

よって，③が正解である。

〔1〕(2) **24** .... 正解▶⑤

①： 正しい。（ア）は残差の全体像を観察する。考えているモデル（線形性，等分散性）が正しい場合には，残差は 0 を中心に一様に分布するので，残差の傾向の有無により線形性のチェックができる。図 1 では，残差は一様ではなく全体的には曲線的な傾向となっているため，線形性の仮定の妥当性が疑われる。

②： 正しい。（ア）は残差の全体像を観察し，残差の 0 を中心とする一様性からのずれが，全体的な傾向ではなく，少数の外れ値が原因であると判断できることがある。図 1 の場合，全体的な曲線傾向は，29 などの少数の外れ値の影響が原因になっていると見ることもできる。

③： 正しい。（イ）は標準化された残差を大きさの順に並べたものの分位点と，標準正規分布の累積分布関数の分位点をプロットしたもので，正規 Q-Q プロットとよばれる（縦軸と横軸を反転させることもある）。モデルの正規性に仮定が正しいとき，標準化された残差は標準正規分布に従うから，プロットは傾き 1 の直線上に並ぶ。このことから，モデルの正規性の仮定の妥当性を判断することができる。図 1 では，値の小さい少数の残差が直線から外れている。これらを外れ値と判断して取り除けば，モデルの正規性はおおむね妥当と判断できる。

④： 正しい。（ウ）は標準化された残差の絶対値の全体像を観察する。考えているモデルが正しければ，プロットは一様となり，何らかの傾向があればモデルの妥当性や外れ値の有無を疑う。特に，プロットが予測値に対して増加または減少する傾向がある場合は，等分散性が成り立っていないと判断することができる。不等分散が確認される場合に，説明変数または目的変数に変数変換を施すことで，等分散に近づけることができる。例えば，プロットが予測値の増加に応じて増加する場合は，目的変数 y を $\sqrt{y}$ あるいは $\log y$ などと変換すれば等分散に近づく。図 1 では逆に，外れ値 29 を除けば，予測値に比例して減少する傾向が見られるので，説明変数 x を $\log x$ と変換して，等分散に近づけたのがモデル 2 である。

⑤： 誤り。（エ）は各観測値の回帰係数への影響度を判断する。影響度の大きい観測値（この例では 29）は外れ値の候補となる。梃子値の大きい観測値ほど，モデルへの影響力が大きいと判断する。

よって，⑤が正解である。

〔2〕(1) │記述 8│ ………………………………………………… 正解 下記参照

モデル 1 よりモデル 2 の方が決定係数の値が大きい。

以下のうち 1 つ以上の考察があればよい。

（ア）：モデル 1 では残差に曲線の傾向を見ることができる。これより，1 人当たりの医療費支出と平均寿命は散布図を描くと曲線上に分布することが分かる。モデル 2 でも残差に曲線の影響が残っているが，いくつかの外れ値の推定がよくなっている。このため，決定係数の値が大きくなったと考えられる。

（ウ）：モデル 1 では推定値に対する残差の変動に傾向が見られる。モデル 2 では推定値に対する残差変動の一様性が改善されている。このことから推定が全体的によくなっていることが分かり，モデル 2 の方が決定係数の値が大きいと考えられる。

（エ）：29 の Cook 距離を比較すると，モデル 1 に比べ，モデル 2 での値は小さくなっている。このことから，29 の値の当てはまりはよくなっていることが分かるので，決定係数の値は大きくなったと考えられる。

〔2〕(2) │記述 9│ ………………………………………… 正解 下図

JPN の平均寿命は 83.4 なので，JPN の点は，予測値 + 残差 = 83.4 となる直線上にある。従って，$(83.4, 0)$ を通り，傾き -1 の直線を引けばよい。JPN は，予測値 81.14，残差 2.26 の点である。

〔2〕(3) │記述 10│ ………………………………………… 正解 下図

箱ひげ図は，第 1 四分位数から第 3 四分位数までの長さの箱と，その中に中央値を描く。第 1 四分位数から最小値までと第 3 四分位数から最大値までを線で示す。これを「ひげ」とよぶ。モデル 1 とモデル 2 に対する残差の違いが分かるように，図のように箱とひげを縦または横に並べて描く。

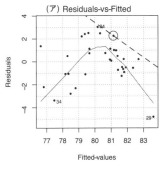

記述 9 解答

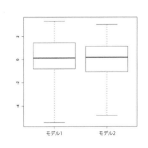

記述 10 解答

2017年6月

問1

　次の表は，8人の生徒の国語 (x_1)，数学 (x_2)，理科 (x_3)，社会 (x_4) のテストの結果である。

	x_1	x_2	x_3	x_4
1	85	50	50	90
2	80	60	70	80
3	60	90	90	50
4	40	40	50	60
5	75	50	50	40
6	30	60	60	45
7	50	80	75	60
8	80	90	90	95

各科目は 100 点満点である。標本分散共分散行列は

$$\begin{pmatrix} 428.6 & 42.9 & 44.6 & 271.4 \\ 42.9 & 371.4 & 317.9 & 64.3 \\ 44.6 & 317.9 & 292.4 & 82.1 \\ 271.4 & 64.3 & 82.1 & 435.7 \end{pmatrix}$$

である。ただし，標本分散および標本共分散はそれぞれ偏差平方和および偏差積和を $8-1=7$ で割ったものを利用している。

　主成分分析のために，標本分散共分散行列の固有値，固有ベクトル（主成分）を求めたところ，次のとおりであった。

固有値	$\ell_1 = 798$	$\ell_2 = 560$	$\ell_3 = 160$	$\ell_4 = 10.5$
固有ベクトル	$\begin{pmatrix} 0.527 \\ 0.459 \\ 0.428 \\ 0.573 \end{pmatrix}$	$\begin{pmatrix} -0.479 \\ 0.594 \\ 0.500 \\ -0.409 \end{pmatrix}$	$\begin{pmatrix} 0.701 \\ 0.089 \\ -0.011 \\ -0.707 \end{pmatrix}$	$\begin{pmatrix} 0.029 \\ -0.655 \\ 0.753 \\ -0.065 \end{pmatrix}$

(1) 国語の分散の値，および，国語と数学の相関係数の値を答えよ。

(2) 第1固有値 ℓ_1 に対する固有ベクトル v_1 を第1主成分，第2固有値 ℓ_2 に対する固有ベクトル v_2 を第2主成分として，これら2つの主成分 v_1, v_2 を軸とする主成分得点を中心化せずにプロットしたものが図1である。v_1, v_2 に対応する第1，第2主成分軸の解釈を述べよ。さらに，テスト結果を図1のように第1，第2主成分により表すことで，失われる情報の大きさについて論ぜよ。

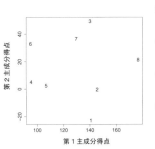

図 1: 主成分得点の散布図　　図 2: 固有値のスクリープロット

(3) 母集団の分布に 4 変量正規分布 $N_4(\boldsymbol{\mu}, \Sigma)$ を仮定した場合に，標本分散共分散行列の第 1 固有値 ℓ_1 について，$7\ell_1/\lambda_1$ が近似的に自由度 7 の χ^2 分布に従うことが知られている。ただし，λ_i は分散共分散行列 Σ の第 i 固有値を表す $(i = 1, \ldots, 4)$。この近似を利用して λ_1 の 95 ％信頼区間を構成せよ。

(4) 分散共分散行列のモデルとして，次の 4 つの構造を考える。

$$M_0: \quad \lambda_1 = \lambda_2 = \lambda_3 = \lambda_4$$
$$M_1: \quad \lambda_1 > \lambda_2 = \lambda_3 = \lambda_4$$
$$M_2: \quad \lambda_1 > \lambda_2 > \lambda_3 = \lambda_4$$
$$M_3: \quad \lambda_1 > \lambda_2 > \lambda_3 > \lambda_4$$

このとき，モデル $M_k (k = 0, 1, 2, 3)$ に対する AIC(赤池情報量規準) は

$$-n \left\{ \sum_{i=k+1}^{p} \log \ell_i - q \log \left(\frac{1}{q} \sum_{i=k+1}^{p} \ell_i \right) \right\} + 2f_k$$

である。ただし，$n = 8 - 1 = 7$, $p = 4$, $q = p - k$, $f_k = pk - k(k+1)/2 + k + 1$ である。固有値に関するスクリープロット（図 2）と，次に示す AIC の値から，どのモデルを採用すべきかを答えよ。

	M_0	M_1	M_2	M_3
AIC の値	25.4	29.1	26.2	20.0

2017年6月

(1) 標本分散共分散行列より，国語の分散の値は 428.6，国語と数学の相関係数の値は

$$\frac{42.9}{\sqrt{428.6 \times 371.4}} = 0.1075$$

である。

(2) v_1 は，符号がすべて同じで値の絶対値もほぼ均一であるので，第 1 主成分は総合的な学力を表す軸であると解釈できる。第 2 主成分は，国語と社会がマイナス，数学と理科がプラスの符号であり，値の絶対値はおおよそ同じであるので，文理のバランスを表す軸と解釈でき，値が大きいほど理系寄り，値が小さいほど文系寄りとなる。従って，例えば図 1 において，8 は総合的に優秀な生徒，3 は理系科目が得意な生徒，1 は文系科目が得意な生徒，等が分かる。第 2 主成分までの累積寄与率は

$$\frac{798 + 560}{798 + 560 + 160 + 10.5} \approx 0.889$$

となるので，第 2 主成分までで，元のデータの情報（分散）のおおよそ 89 ％が説明できており，失われた情報は 11 ％程度である。

(3) 付表 3 より，近似的に

$$P(7\ell_1/\lambda_1 < 1.69) = 0.025, \ P(7\ell_1/\lambda_1 > 16.01) = 0.025$$

であることが分かる。これから，

$$P(1.69 < 7\ell_1/\lambda_1 < 16.01) = 0.95$$

より 95 ％信頼区間は

$$7 \times 798/16.01 < \lambda_1 < 7 \times 798/1.69$$

つまり $348.9 < \lambda_1 < 3305$ となる。

(4) スクリープロットを見ると，4 つの固有値のうち，第 1 固有値から第 3 固有値までの値の差は大きいことが分かる。第 3 固有値と第 4 固有値の値については，明らかな差があるかどうか，スクリープロットからは判断できない。しかし，モデル選択規準の値を見ると，M_3 は最小値であり，M_2 の値とは大きな差があるので，M_3 を採用するのが妥当であると考えられる。

問2

　ある大学教授が辞書を執筆し，その原稿の誤植探しを学生ひとりに依頼した。原稿は全部で 300 ページあり，各ページの文字数は 1000 である。学生が各ページにある誤植の数を調べたところ，発見できた誤植は 1 ページ当たり平均 1.53 であった。しかしながら，教授は学生が一部の誤植を見逃していることに気づき，学生の誤植発見率を推定することにした。ここで，学生の誤植発見率は常に $q \in (0,1]$ で一定であるが，q の値は未知とする。

　以下，ページ数 $t \geq 0$ は実数値をとり，$\lfloor t \rfloor + 1$ ページ目の $\lfloor 1000 \times (t - \lfloor t \rfloor) \rfloor$ 番目の文字を表すとする。ここで，$\lfloor \cdot \rfloor$ はガウス記号であり，$\lfloor x \rfloor$ は x を超えない最大の整数を表す。また，N_t を t ページまでの誤植数を表す確率変数とする。例えば，$t = 1.3425$ のような場合，$N_{1.3425}$ は「2 ページ目の 342 文字目までの誤植数」を表す。それぞれの誤植は互いに独立に発生したと仮定する。

〔1〕何らかの事象の発生回数の分布として，ポアソン分布がよく使われるが，一般に，ポアソン分布の当てはまりがよい事象とはどのようなものか，説明せよ。

〔2〕教授は，原稿の 1 ページ目から慎重に読み進め，最初の 20 個の誤植について，発見されたページ数を記録し，グラフを作成した（下図）。横軸 t_n はページ数を表す実数値で，縦軸 n は誤植の発見数を表す。例えば，20 番目の誤植は 11 ページ目の 72 文字目であったので，$t_{20} = 10.072$ である。図の破線は 2 点 $(0,0)$ と $(t_{20}, 20)$ を結んだ直線のグラフである。

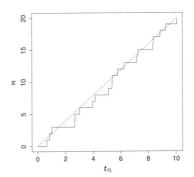

図: ページ数と誤植の発見数

　この結果をもとに，教授は誤植数 N_t が近似的に強度 $\lambda = 2.0$ のポアソン過程に従うと考えた。ここで，$(N_t)_{t \geq 0}$ が強度 λ のポアソン過程であるとは，以下の (a)〜(d) を満たすことである：

(a) 確率 1 で $N_0 = 0$ である

(b) 任意の $0 = t_0 < t_1 < \cdots < t_{n-1} < t_n$ に対して $N_{t_0}, N_{t_1} - N_{t_0}, N_{t_2} - N_{t_1}, \ldots, N_{t_n} - N_{t_{n-1}}$ は互いに独立である

(c) 任意の $0 \leq s \leq t$ に対して $N_t - N_s$ は平均 $\lambda(t-s)$ のポアソン分布に従う

(d) 確率 1 でサンプルパス $t \mapsto N_t$ は非負の整数値をとる階段関数

誤植数 N_t の確率過程は，これらの条件のうち，(a),(b),(d) を満たしているものとする。条件 (c) の是非について論ぜよ。また，条件 (c) も正しいと仮定できるとき，誤植数 N_t の従うポアソン過程の強度が $\lambda = 2.0$ と推定できる理由を説明せよ。ただし，t ページまでの誤植数を特定したときの λ の最尤推定量 $\hat{\lambda}$ が

$$\hat{\lambda} = \frac{N_t}{t}$$

で与えられることは用いてよい。

〔3〕〔2〕の仮定を認めて，誤植数 $(N_t)_{t \geq 0}$ が強度 λ のポアソン過程に従う確率変数であるとする。t ページまでの学生の誤植発見数を表す確率変数を X_t とすると，学生の誤植発見率が q であることから

$$X_t = \sum_{i=1}^{N_t} \varepsilon_i$$

と書ける。ただし，ε_i は，確率 q で 1，確率 $1-q$ で 0 の値をとる，N_t と独立な $i.i.d.$ 確率変数である。このとき，各 $t \geq 0$ に対する X_t の平均を求めよ。

〔4〕学生の誤植探しの後，更に誤植探しを重ね，最終的な誤植数は $N_{300} = 558$（個）であった。このとき，学生の誤植発見率 q の推定値とその根拠を記せ。

解答例

〔1〕事象の発生が，それ以前の事象の発生とは無関係（独立）であり，かつ，稀な場合に，事象の発生回数の分布として広く使われている。

〔2〕もし条件 (c) が正しければ，$E(N_t) = \lambda t$ となって，時間当たりの平均的な誤植の増加率は時間に関して均一になることが期待されるが，実際，グラフを見ると，誤植数がほぼページ数 t に関して直線的に増加している。ポアソン分布は，互いに独立に起こる稀な事象の分布として広く用いられる分布であることも合わせて，各ページの誤植数の分布が，強度が一定のポアソン過程とみなすのは妥当であると考えられる。このとき，λ の最尤推定値は直線の傾きであり

$$\hat{\lambda} = \frac{20}{t_{20}} = \frac{20}{10.072} \approx 1.9857$$

となる。従って，おおよそ $\lambda = 2.0$ のポアソン過程に従うと推察できる。

〔3〕以下のように計算できる。

$$E(X_t) = \sum_{n=0}^{\infty} E(X_t \mid N_t = n)P(N_t = n)$$

$$= \sum_{n=0}^{\infty} E(\varepsilon_1 + \cdots + \varepsilon_n)e^{-\lambda t}\frac{(\lambda t)^n}{n!}$$

$$= \sum_{n=0}^{\infty} nqe^{-\lambda t}\frac{(\lambda t)^n}{n!}$$

$$= q\sum_{n=0}^{\infty} ne^{-\lambda t}\frac{(\lambda t)^n}{n!} = q\lambda t$$

〔4〕λ を最尤法で求めると

$$\hat{\lambda} = \frac{558}{300} = 1.86$$

となる。これを既知として，1ページ当たりの平均誤植発見数 1.53 と〔3〕の結果から，モーメント法により

$$\hat{q}\hat{\lambda}t = 1.53t \quad \Rightarrow \quad \hat{q} = \frac{1.53}{1.86} = 0.8226$$

となって，学生の誤植発見率はおおよそ 82 % と見積もることができる。

　ある化学製品の生産試作段階において，生産量 y(kg/時間) の向上のために，以下に示す4つの因子 A, B, C, D を用いて実験を行う。この実験では，因子 A から D の主効果と，2因子交互作用 $A \times B$ を調べたい。

因子名	第1水準	第2水準
A: 触媒種類	A_1 社製	A_2 社製
B: 副原料濃度	B_1(0.5%)	B_2(0.7%)
C: 加熱炉形状	C_1(円)	C_2(楕円)
D: 上部形状	D_1(球)	D_2(錐)

実験回数を $2^{4-1} = 8$ 回にするため，A, B, C の3因子要因計画をもとに，$D = A \times B \times C$ として1/2実施計画を設計した。この計画は，下表に示す $L_8(2^7)$ 直交表において，第 [1], [2], [4], [7] 列に因子 A, B, C, D をそれぞれ割付けたものに等しい。

表: 4因子の割付けと観測値 y

No	A [1]	B [2]	$A \times B$ [3]	C [4]	[5]	[6]	D [7]	y
1	1	1	1	1	1	1	1	50
2	1	1	1	2	2	2	2	43
3	1	2	2	1	1	2	2	81
4	1	2	2	2	2	1	1	66
5	2	1	2	1	2	1	2	72
6	2	1	2	2	1	2	1	73
7	2	2	1	1	2	2	1	75
8	2	2	1	2	1	1	2	62
成	a		a		a		a	
		b	b			b	b	
分				c	c	c	c	

〔1〕因子 A の主効果と交絡（別名）関係にある2因子交互作用があれば，それらをすべて述べよ。

〔2〕交互作用 $A \times B$ と交絡（別名）関係にある2因子交互作用があれば，それらをすべて述べよ。

〔3〕このデータについて，それぞれの列ごとに求めた平方和

$$4 \sum_{i=1,2} (\bar{y_i} - \bar{y})^2 = 2(\bar{y_1} - \bar{y_2})^2$$

を以下に示す。この式において，$\bar{y}_i$ は水準 i で収集された4つの観測値の平均を，また $\bar{y}$ はすべての観測値の平均を表す。

列番号	[1]	[2]	[3]	[4]	[5]	[6]	[7]	計
平方和	220.50	264.50	480.50	144.50	12.50	60.50	4.50	1187.50

これらの平方和をもとに，下の分散分析表の (a) から (e) の数値を求め，$F = 2.0$ を基準に効果がある要因（主効果，交互作用）を求めよ。

要因	平方和	自由度	平均平方（分散）	F
A				(a)
B				(b)
$A \times B$				(c)
C				(d)
D				(e)
e（残差）				
計	1187.50	7		

〔4〕それぞれの因子における水準ごとの平均値と，因子 A, B を組合せたときの平均値を以下に示す。

A_1	A_2	B_1	B_2	C_1	C_2	D_1	D_2
60.0	70.5	59.5	71.0	69.5	61.0	66.0	64.5

	A_1	A_2
B_1	46.5	72.5
B_2	73.5	68.5

これらの値をもとに，生産量 y を最大化するために，因子 A から因子 D のそれぞれについて，{ 第1水準，第2水準，どちらでもよい } の中から最も適切なものを，その理由とともに示せ。

〔5〕別の化学製品の生産試作段階での実験では，効果を調べたい2水準因子が A, B, C, D, E の5つあるとする。実験回数が8回の実験で，因子 A から因子 E の主効果をすべて調べたいとき，どのような計画に従って実験を行えばよいか説明せよ。また，その計画に従うとき，どのような2因子交互作用を調べることができるか，説明せよ。

解答例

〔1〕因子 A の主効果と交絡（別名）関係にある2因子交互作用はない。

〔2〕交互作用 $A \times B$ と交絡（別名）関係にある2因子交互作用は $C \times D$ である。

〔3〕列ごとの平方和から，次の分散分析表が得られる。

要因	平方和	自由度	平均平方（分散）	F
A	220.50	1	220.50	6.04 (a)
B	264.50	1	264.50	7.25 (b)
$A \times B$	480.50	1	480.50	13.16 (c)
C	144.50	1	144.50	3.96 (d)
D	4.50	1	4.50	0.12 (e)
e（残差）	73.00	2	36.50	
計	1187.50	7		

これから，効果が認められた要因として，因子 A, B, C の主効果と，交互作用 $A \times B$ が挙げられる。

〔4〕交互作用 $A \times B$ の効果があるため，A と B の水準は，これらを組合せた2元表から最も平均値が大きい条件である (A_1, B_2) となる。C の水準は，平均値が最も大きい C_1 となる。つまり，応答を最大化するためには，A_1, B_2, C_1 がよい。D は効果がないと考えられるので，どちらでもよい。

〔5〕例えば，$D = A \times B$，$E = A \times C$ として1/4実施計画を作ることができる。このときの，主効果，2因子交互作用の交絡関係は以下のようになる。

$$
\begin{aligned}
A &= B \times D &= C \times E \\
B &= A \times D \\
C &= A \times E \\
D &= A \times B \\
E &= A \times C \\
B \times C &= D \times E \\
B \times E &= C \times D
\end{aligned}
$$

このとき，調べることのできる2因子交互作用は，最大で2つあり，$B \times C$ または $D \times E$ のいずれか一方と，$B \times E$ または $C \times D$ のいずれか一方を調べることができる。他の2因子交互作用は，いずれも，いずれかの主効果と交絡するので，調べることができない。

PART 6

準1級
2016年6月
問題／解説

2016年6月に実施された準1級の問題です。
「選択問題及び部分記述問題」と「論述問題」からなります。
部分記述問題は 記述4 のように記載されているので、
解答用紙の指定されたスペースに解答を記入します。
論述問題は3問中1問を選択解答します。

※統計数値表は本書巻末に「付表」として掲載しています。

問1　ある同種の動物 50 匹の体重を調べたところ，平均は 55kg，標準偏差は 11kg であった。この 50 匹を 1ヶ月間，餌を替えて飼育したところ，体重の平均は 60kg に増えたが，変動係数に変化はなかった。

〔1〕この 50 匹の餌を替える前の体重の変動係数を求めよ。　| 記述 1 |

〔2〕この 50 匹を 1ヶ月間，餌を替えて飼育した後の体重の標準偏差を求めよ。
　| 記述 2 |

問2　1, 2, 3, 4 いずれかの数字が各面に 1 つずつ書かれた正六面体のサイコロがある。また，1, 2, 3, 4 それぞれの数字は少なくとも 1 つの面に書かれている。サイコロを投げたときに出る目を確率変数 X とすると，確率 $P(X=1) = P(X=3)$，$P(X=2) = P(X=4)$ であり，X の期待値は 8/3 であった。ただし，サイコロを投げたときに各面が出る確率は 1/6 とする。

〔1〕確率変数 X の分散を求めよ。　| 記述 3 |

〔2〕このサイコロを 2 度投げ，異なる目が出た場合は大きい方の数字，同じ目が出た場合はその数字を確率変数 Y とする。確率 $P(Y=3)$ を求めよ。　| 記述 4 |

問3　次の表は，小売店 S への「問い合わせ」の回数について，ある 1 週間の調査結果を示したものである。曜日によって「問い合わせ」の回数に差があるか否かを考える。「曜日によって問い合わせの回数が異ならない」という帰無仮説を立て，一様性の検定を有意水準 5 ％で行う。

曜日	月	火	水	木	金	土	日	合計
回数	6	4	5	3	6	8	10	42

〔1〕この検定を行うための χ^2 統計量の値を求めよ。　| 記述 5 |

〔2〕カイ二乗分布表より棄却限界値を求め，この検定の結論を述べよ。　| 記述 6 |

注：記述 7，8，9 は問 14 にあります。

192

問4　あるメーカーは既製品 A に対して，新製品 B を開発した。開発の目的は，既製品 A より重さの分散を小さくすることである。ここで，既製品 A，新製品 B の重さはそれぞれ独立に正規分布 $N(\mu_A, \sigma_A^2)$, $N(\mu_B, \sigma_B^2)$ に従うとする。

このメーカーが，既製品 A，新製品 B を 16 個ずつ無作為に選んで重さを測定したところ，標本平均からの偏差平方和はそれぞれ，$T_A^2 = 180$, $T_B^2 = 90$ であった。

〔1〕新製品 B の母分散 σ_B^2 の 95 ％信頼区間として，次の①～⑤のうちから最も適切なものを一つ選べ。　$\boxed{1}$

① [3.12, 13.02]　　　② [3.27, 14.38]　　　③ [3.42, 11.31]
④ [3.60, 12.40]　　　⑤ [4.03, 10.53]

〔2〕このメーカーは，既製品 A の重さの分散 σ_A^2 より新製品 B の重さの分散 σ_B^2 の方が小さいと主張している。この主張を有意水準 5 ％で片側検定することにした。次の文章は，この検定に関する説明である。空欄（ア），（イ）の組合せとして，下の①～⑤のうちから最も適切なものを一つ選べ。　$\boxed{2}$

『この片側検定の帰無仮説は $H_0 : \sigma_A^2 = \sigma_B^2$，対立仮説は $H_1 : \sigma_A^2 > \sigma_B^2$ である。検定統計量を $F = T_A^2/T_B^2$ とおくと，帰無仮説が正しい場合，F は自由度（ア，ア）の F 分布に従う。測定の結果より検定統計量の値は $F = 2.0$ となる。自由度（ア，ア）の F 分布の上側 5 ％点と比較すると，帰無仮説は棄却（イ）。』

① ア：15，イ：できない　② ア：15，イ：できる　③ ア：16，イ：できない
④ ア：16，イ：できる　　⑤ ア：30，イ：できる

問5 ある政党に対する支持率調査を行ったところ，先月の支持率は 0.4 であった。この政党の党首は「今月は先月よりも支持率が上がり 0.45 である」という主張をしている。なお，支持率調査において，全国の有権者より無作為に抽出された n 人から有効な回答を得ることができるとする。

〔1〕母集団の支持率 p に関する帰無仮説 $H_0 : p = 0.4$ を検定する。そのため，帰無仮説の下で標本支持率 $\hat{p}$ が c 以上になる確率 $P(\hat{p} \geq c)$ が 0.05 となる値を求める。$n = 600$ のとき，c の値はいくらか。次の ① ～ ⑤ のうちから最も適切なものを一つ選べ。 | 3 |

① 0.413　　② 0.423　　③ 0.433　　④ 0.443　　⑤ 0.453

〔2〕帰無仮説 $H_0 : p = 0.4$ に対する対立仮説 $H_1 : p = 0.45$ の検定の棄却域を，〔1〕で求めた値 c を用いて $\hat{p} \geq c$ と定める。$n = 600$ のとき，この検定の検出力はいくらか。次の ① ～ ⑤ のうちから最も適切なものを一つ選べ。 | 4 |

① 0.40　　② 0.50　　③ 0.60　　④ 0.70　　⑤ 0.80

〔3〕帰無仮説 $H_0 : p = 0.4$ を対立仮説 $H_1 : p = 0.45$ に対して有意水準 5 ％で片側検定するとき，0.95 の検出力を得るために最低限必要な人数 n はいくらか。次の ① ～ ⑤ のうちから最も適切なものを一つ選べ。 | 5 |

① 650　　② 750　　③ 850　　④ 950　　⑤ 1050

問6　ある店舗では 21 期間の売上げ Y_t（単位：千円）について，その店舗の WEB サイトアクセス数 X_t（単位：千件）を説明変数とし（$t = 1, \ldots, 21$），回帰モデルの最小二乗推定により次の回帰式を得た。

$$Y_t = \underset{(41.267)}{1976.2} + \underset{(0.857)}{3.510\,X_t}$$

$$R^2 = 0.0372, \quad DW = 2.98$$

ここで，（　）内の数値は t 値，R^2 は決定係数，DW はダービン・ワトソン統計量である。

〔1〕上の回帰式の自由度調整済み決定係数の値はいくらか。次の ① ～ ⑤ のうちから最も適切なものを一つ選べ。　| 6 |

　① -0.0135　　② -0.0011　　③ 0.0011　　④ 0.0135　　⑤ 0.0372

〔2〕次の 3 つの図（ア），（イ），（ウ）は，ある 3 つの回帰式に対する残差の出力であり，この中の 1 つが上の回帰式に対するものである。

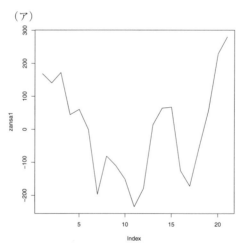

（ア）

（イ）

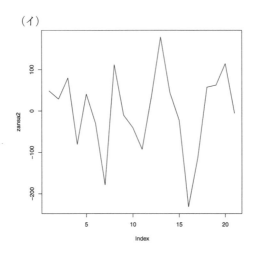

（ウ）

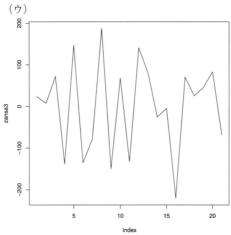

　上の回帰式の残差をもとに算出した 1 次の自己相関係数の推定値 $\hat{\rho}$ と，残差
の出力の図の組合せとして，次の ① ～ ⑤ のうちから最も適切なものを一つ選
べ。 7

① $\hat{\rho} = 0.75$,（ア）

② $\hat{\rho} = 0.75$,（イ）

③ $\hat{\rho} = 0.15$,（イ）

④ $\hat{\rho} = -0.50$,（ア）

⑤ $\hat{\rho} = -0.50$,（ウ）

問7 ある植物の成長が2種（A, B）の肥料によって差があるか否かを考察する実験計画をフィッシャーの3原則を意識して行うこととした。次の ① 〜 ⑤ のうちから最も適切なものを一つ選べ。　8

① 実験を反復させるため，苗に肥料 A を与えたあと，肥料 B を与えた。

② 苗の大きさに対する系統誤差をなくすため，苗を大小の2つのグループに分け，大きい方に肥料 A のみを，小さい方に肥料 B のみを与えた。

③ 苗を植える畑の水はけや日当たりなどを考え，畑を 3×3 の9ヶ所に分ける局所管理の計画を立てた。

④ 畑の水はけの系統誤差を比較するため，畑を水はけのよさで4ヶ所に分け，肥料をランダムに与える計画を立てた。

⑤ 畑の水はけの系統誤差を偶然誤差にするため，水はけのよい場所や悪い場所の差をなくす局所管理をした。

問 8 ある医学研究で，患者が登録された時点から死亡までの時間 $t\,(\geq 0)$ に関する生存関数について，パラメータ λ を持つ関数 $S(t)$ を次のように仮定した。

$$S(t) = P(T > t) = \exp(-\lambda t)$$

[1] 確率変数 T の確率密度関数 $f(t)$ として，次の ① ～ ⑤ のうちから適切なものを一つ選べ。　9

①
$$f(t) = \begin{cases} \exp(-\lambda t) & (t \geq 0) \\ 0 & (t < 0) \end{cases}$$

②
$$f(t) = \begin{cases} 1 - \exp(-\lambda t) & (t \geq 0) \\ 0 & (t < 0) \end{cases}$$

③
$$f(t) = \begin{cases} \lambda \exp(\lambda t) & (t \geq 0) \\ 0 & (t < 0) \end{cases}$$

④
$$f(t) = \begin{cases} \lambda \exp(-\lambda t) & (t \geq 0) \\ 0 & (t < 0) \end{cases}$$

⑤
$$f(t) = \begin{cases} 1 - \lambda \exp(-\lambda t) & (t \geq 0) \\ 0 & (t < 0) \end{cases}$$

[2] 確率密度関数 $f(t)$ を持つ分布の平均と中央値の組合せとして，次の ① ～ ⑤ のうちから適切なものを一つ選べ。ただし，log は自然対数である。　10

① 平均：λ，　中央値：λ

② 平均：λ，　中央値：$(\log 2)\lambda$

③ 平均：$(\log 3)\lambda$，　中央値：$(\log 2)\lambda$

④ 平均：$1/\lambda$，　中央値：$(\log 3)/\lambda$

⑤ 平均：$1/\lambda$，　中央値：$(\log 2)/\lambda$

[3] 5 人の死亡までの時間を調べ，確率変数 T の標本平均を求めたところ 2.0 年となった。[2] の結果に基づき，T の中央値の推定値を求めるといくらになるか。次の ① ～ ⑤ のうちから最も適切なものを一つ選べ。ただし，必要に応じて，$\log 2 \fallingdotseq 0.7$，$\log 3 \fallingdotseq 1.1$ を用いてよい。　11

① 0.35 年　　② 1.4 年　　③ 1.8 年　　④ 2.2 年　　⑤ 2.8 年

問9　有機塩素化合物に含まれる炭素を酸化させるため，直接燃焼させるのではなく，貴金属などの触媒作用を利用して低温で炭素を効率的に酸化させる方法（触媒燃焼法）がある。表1は，ある有機塩素化合物を3種類の触媒（白金，セリウム，コバルト）を用いて，3種類の温度（350℃，400℃，450℃）でそれぞれ2回ずつ燃焼させ，化合物中の炭素の酸化率（%）を計測したものである。表2は，このデータを2元配置分散分析したときの分散分析表である。

表1：実験結果（炭素の酸化率（%））

	350℃	400℃	450℃	平均
白金	83, 87	80, 88	84, 94	86.0
セリウム	70, 78	87, 89	78, 90	82.0
コバルト	70, 80	81, 91	86, 96	84.0
平均	78.0	86.0	88.0	84.0

表2：2元配置分散分析の分散分析表

	平方和	自由度	平均平方	F-値
触媒	48.00	2	24.00	0.624
温度	336.00	2	168.00	4.370
触媒 × 温度	168.00	4	42.00	1.092
残差	346.00	9	38.44	
合計	898.00	17		

〔1〕分散分析の結果から，触媒と温度の交互作用は有意でないと判断して，交互作用を誤差にプール（プーリング）して分散分析表を作り直した。このプーリング後の分散分析表について，次の ① ～ ⑤ のうちから最も適切なものを一つ選べ。

　　　12

① 触媒と温度の F-値が表2から変化するが，これらの和は表2の3つの F-値の和と等しい。

② 触媒と温度の F-値は表2から変化し，残差の自由度も変化するが，触媒と温度の P-値は変化しない。

③ 触媒と温度の F-値は表2から変化しないが，残差の自由度が変化し，触媒と温度の P-値は変化しない。

④ 触媒と温度の平方和の値は表2から変化しないが，残差の平方和の値は変化する。

⑤ 触媒，温度，残差の自由度は表2から変化しないが，合計の自由度が変化する。

〔2〕酸化率ができるだけ大きくなるような触媒と温度の条件を知りたいとする。プーリング後の分散分析の結果をもとに触媒と温度の主効果の有意性を判断するとき，最適水準とそのときの酸化率の点推定値について，次の ① 〜 ⑤ のうちから最も適切なものを一つ選べ。ただし温度は，3 水準以外の値には設定できないものとする。　13

 ① 最適水準は（コバルト，450 ℃）で，点推定値は 91.0 % である。

 ② 最適水準は（白金，450 ℃）で，点推定値は 89.0 % である。

 ③ 最適水準は（白金，450 ℃）で，点推定値は 90.0 % である。

 ④ 触媒の違いに統計的意味はなく，最適温度は 450 ℃で，点推定値は 88.0 % である。

 ⑤ 温度の違いに統計的意味はなく，最適な触媒は白金で，点推定値は 86.0 % である。

問10 新聞の記事が「政治」「経済」「社会」の3種類のトピックに重複なく分類され，それぞれのトピックに分類される確率は 0.2，0.3，0.5 とする。各トピックに分類される記事が「国会」と「株価」というキーワードを含む条件付き確率は次の表で与えられる。たとえば，「経済」に分類される記事のなかで「株価」を含む条件付き確率は 0.4 である。また，各トピックに分類される記事に対して，「国会」と「株価」を含むかどうかは条件付き独立とする。

	政治	経済	社会
国会	0.30	0.10	0.05
株価	0.10	0.40	0.10

〔1〕記事が「株価」というキーワードを含む確率はいくらか。次の ① ～ ⑤ のうちから適切なものを一つ選べ。 14

① 0.14   ② 0.19   ③ 0.24   ④ 0.29   ⑤ 0.34

〔2〕ある記事は「国会」というキーワードを含むが，「株価」は含まないとする。このとき，この記事が「政治」のトピックである確率は，「経済」のトピックである確率の何倍か。次の ① ～ ⑤ のうちから適切なものを一つ選べ。 15

① 1.5 倍   ② 2 倍   ③ 2.5 倍   ④ 3 倍   ⑤ 4 倍

問11 0 と 1 で示された位置があり，サイコロを投げたときに出る目によって，これらの 2 つの位置を移動することを考える。初めは 0 の位置にいる。サイコロを投げ 3 の目が出たらその場に留まり，それ以外の目が出た場合は 1 の位置に移動する。これ以降は，0 の位置にいるとき，3 の目が出たらその場に留まり，それ以外の目が出た場合は 1 の位置に移動する。また，1 の位置にいるとき，偶数の目が出たらその場に留まり，奇数の目が出た場合は 0 の位置に移動する。

時点 $t\,(t=0,1,\ldots)$ の位置を X_t，時点 $t+1$ の位置を X_{t+1} とすると，上のことは次のような条件付き確率で表すことができる。

$$P(X_{t+1}=0 \mid X_t=0)=1/6 \quad (X_t=0\ \text{で，3 の目が出る})$$
$$P(X_{t+1}=1 \mid X_t=0)=5/6 \quad (X_t=0\ \text{で，3 以外の目が出る})$$
$$P(X_{t+1}=1 \mid X_t=1)=1/2 \quad (X_t=1\ \text{で，偶数の目が出る})$$
$$P(X_{t+1}=0 \mid X_t=1)=1/2 \quad (X_t=1\ \text{で，奇数の目が出る})$$

〔1〕サイコロを 5 回投げたところ，3，6，4，3，5 の目が出た。このとき，0 の位置から順に，どのように移動するか。次の ① 〜 ⑤ のうちから適切なものを一つ選べ。 16

① $0 \to 0 \to 1 \to 1 \to 1 \to 0$ ② $0 \to 0 \to 0 \to 0 \to 0 \to 1$

③ $0 \to 0 \to 0 \to 1 \to 0 \to 1$ ④ $0 \to 0 \to 1 \to 1 \to 0 \to 1$

⑤ $0 \to 1 \to 0 \to 1 \to 0 \to 1$

〔2〕確率 $p_t = P(X_t=0)$，$q_t = P(X_t=1)$，$p_{t+1} = P(X_{t+1}=0)$，$q_{t+1} = P(X_{t+1}=1)$ と推移確率行列 $\begin{pmatrix} a & b \\ c & d \end{pmatrix}$ の間に次の関係が成立する。

$$\bigl(p_{t+1}, q_{t+1}\bigr) = \bigl(p_t, q_t\bigr) \begin{pmatrix} a & b \\ c & d \end{pmatrix}$$

推移確率行列として，次の ① 〜 ⑤ のうちから適切なものを一つ選べ。 17

① $\begin{pmatrix} 1/6 & 1/2 \\ 1/2 & 5/6 \end{pmatrix}$ ② $\begin{pmatrix} 1/6 & 1/2 \\ 5/6 & 1/2 \end{pmatrix}$ ③ $\begin{pmatrix} 1/6 & 5/6 \\ 1/2 & 1/2 \end{pmatrix}$

④ $\begin{pmatrix} 1/6 & 1/12 \\ 5/6 & 5/12 \end{pmatrix}$ ⑤ $\begin{pmatrix} 1/2 & 1/2 \\ 1/2 & 1/2 \end{pmatrix}$

〔3〕確率 (p_t, q_t) は t が大きくなるにつれ，ある値に近づく。この値はいくらか。次の ① 〜 ⑤ のうちから適切なものを一つ選べ。 18

① $(3/8,\ 5/8)$ ② $(1/4,\ 3/4)$ ③ $(1/6,\ 5/6)$

④ $(1/2,\ 1/2)$ ⑤ $(1/3,\ 2/3)$

問 **12**〔1〕 次の図は，2 つの正規分布の混合モデルについて確率密度関数を描いたものである。この中で，

(ア) $0.5N(-0.5, 1.0^2)+0.5N(0.5, 1.0^2)$，(イ) $0.3N(-1.0, 1.0^2)+0.7N(2.0, 0.5^2)$

の確率密度関数を描いたものはどれか。図の組合せとして，下の ① 〜 ⑤ のうちから最も適切なものを一つ選べ。　19

(a)
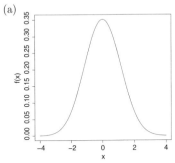

(b)
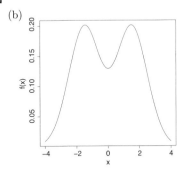

(c)
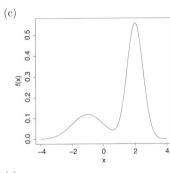

(d)
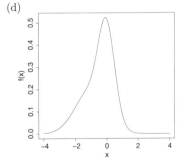

(e)
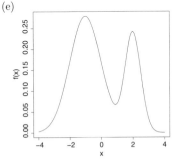

① (ア)：(a)，　(イ)：(c)　　　② (ア)：(b)，　(イ)：(c)

③ (ア)：(d)，　(イ)：(e)　　　④ (ア)：(a)，　(イ)：(e)

⑤ (ア)：(b)，　(イ)：(e)

〔2〕分散が 1.0^2 で平均の異なる 2 つの正規分布の混合モデル

$$\pi\, N(\mu_1, 1.0^2) + (1 - \pi)N(\mu_2, 1.0^2)$$

からの独立な観測値を $y_1, y_2, \ldots, y_n$ とおき，パラメータ π，μ_1，μ_2 を EM 法により推定する。このモデルに対する EM 法は，適当な初期値から始めて次の 2 つのステップを交互に行う。

E-step：パラメータの推定値 $\hat{\pi}$，$\hat{\mu}_1$，$\hat{\mu}_2$ を既知として観測値 y_i $(i = 1, \ldots, n)$ が群 1（$N(\mu_1, 1.0^2)$）からの観測である確率の推定値 $\hat{\gamma}_i$ の更新

M-step：$\hat{\gamma}_i$ $(i = 1, \ldots, n)$ を重みとして $\hat{\pi}$，$\hat{\mu}_1$ の更新。また，$1 - \hat{\gamma}_i$ を重みとして $\hat{\mu}_2$ の更新

E-step における $\hat{\gamma}_i$ の更新式，M-step における $\hat{\pi}$，$\hat{\mu}_1$ の更新式の組合せとして，下の ① ～ ⑤ のうちから最も適切なものを一つ選べ。 20

E-step   E1 : $\hat{\gamma}_i = \dfrac{(y_i - \hat{\mu}_2)^2}{(y_i - \hat{\mu}_1)^2 + (y_i - \hat{\mu}_2)^2}$

E2 : $\hat{\gamma}_i = \dfrac{(1 - \hat{\pi})(y_i - \hat{\mu}_2)^2}{\hat{\pi}(y_i - \hat{\mu}_1)^2 + (1 - \hat{\pi})(y_i - \hat{\mu}_2)^2}$

E3 : $\hat{\gamma}_i = \dfrac{\hat{\pi} \exp(-(y_i - \hat{\mu}_1)^2/2)}{\hat{\pi} \exp(-(y_i - \hat{\mu}_1)^2/2) + (1 - \hat{\pi}) \exp(-(y_i - \hat{\mu}_2)^2/2)}$

M-step   P1 : $\hat{\pi} = \dfrac{1}{n} \sum_{i=1}^{n} \hat{\gamma}_i$,   M1 : $\hat{\mu}_1 = \dfrac{\sum_{i=1}^{n} \hat{\gamma}_i y_i}{\sum_{i=1}^{n} \hat{\gamma}_i}$

P2 : $\hat{\pi} = \dfrac{y_i < (\hat{\mu}_1 + \hat{\mu}_2)/2 \text{ となる } i \text{ の数}}{n}$,   M2 : $\hat{\mu}_1 = \sum_{i=1}^{n} \hat{\gamma}_i y_i$

① E1, P1, M1   ② E1, P2, M2   ③ E2, P2, M2

④ E3, P1, M1   ⑤ E3, P2, M2

問 13　次の図は，平成 25 年の M 県における 35 市町村別の大豆の作付面積（ha）と収穫量（t）を表す。作付面積で市町村を 4 つ（I, II, III, IV）に層別した。図内のローマ数字は 4 つの層を意味している。下の表は，大豆の作付面積の区分，層の大きさ（市町村の数），層内の大豆の収穫量平均および標準偏差を示したものである。

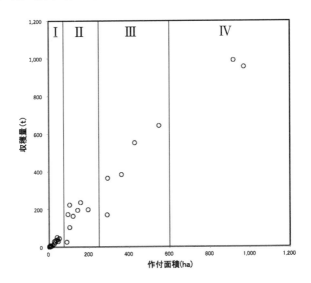

層	作付面積（ha）の区分		層の大きさ	層内平均（t）	層内標準偏差（t）
I		75 未満	20	16	17
II	75 以上	250 未満	8	165	69
III	250 以上	600 未満	5	422	182
IV	600 以上		2	974	24
母集団			35	163	258

資料：農林水産省「作物統計作況調査」平成 25 年

〔1〕平成 28 年は 8 市町村の大豆収穫量を調査して M 県全体のそれを推定することにした。ここで，作付面積と収穫量の関係は平成 25 年とおおよそ同じとする。各層で独立に非復元無作為抽出した標本から，以下の算式で母集団総計 Y を推定する。

$$\hat{Y} = \sum_{h=1}^{4} \frac{N_h}{n_h} \sum_{i=1}^{n_h} y_{hi}$$

ここで，h は層 I，II，III，IV に対して，数値 1，2，3，4 を対応させ，N_h は層 h の大きさ，$n_h\,(\geq 1)$ は層 h における標本の大きさ，$y_{hi}\,(i = 1, \ldots, n_h)$ は層 h において標本に含まれる市町村 i の大豆収穫量を表す。

次の 5 通りの標本の大きさの配分を考える。

配分方法	n_1	n_2	n_3	n_4
A	2	2	2	2
B	1	2	4	1
C	1	4	1	2
D	4	2	1	1
E	4	1	1	2

(1) 平成 25 年のデータに対して配分方法 A を利用した場合，母集団平均の推定値 $\hat{Y}/35$ の期待値はいくらか。次の ① ～ ⑤ のうちから最も適切なものを一つ選べ。

21

① 160　　　② 163　　　③ 166　　　④ 169　　　⑤ 175

(2) 層内標準偏差が平成 25 年と同じであると仮定するとき，5 通りの配分方法の中で推定量 $\hat{Y}$ の分散が最も小さいものはどれか。次の ① ～ ⑤ のうちから適切なものを一つ選べ。　**22**

① A　　　② B　　　③ C　　　④ D　　　⑤ E

〔2〕平成 25 年のデータについて，収穫量（y）を作付面積（x）により予測するため，次の 3 種類の回帰モデルを仮定した。

$$モデル 1: \quad y = \beta_0 + \beta_1 x + \epsilon$$
$$モデル 2: \quad y = \beta_0 + \beta_1 x + \beta_2 z + \epsilon$$
$$モデル 3: \quad y = \beta_0 + \beta_1 x + \beta_2 S_2 + \beta_3 S_3 + \epsilon$$

ここで，

z：層 I，II，III，IV に対して，順番に 1，2，3，4 を与えた変数
S_2：層 II のとき 1，その他のとき 0 となるダミー変数
S_3：層 III または IV のとき 1，その他のとき 0 となるダミー変数
ϵ：正規分布 $N(0, \sigma^2)$ に従う誤差項

である。

最小二乗法によりモデル 1，2，3 を分析した出力結果の一部を次に示す。なお，*** は P-値が $0 \sim 0.001$，** は $0.001 \sim 0.01$，* は $0.01 \sim 0.05$，. は $0.05 \sim 0.1$ を意味している。

モデル 1:
Coefficients:

	Estimate	Std. Error	t value	Pr(>|t|)
(Intercept)	6.21504	9.28988	0.669	0.508
作付面積	1.05798	0.03333	31.740	<2e-16 ***

—

Residual standard error: 46.56 on 33 degrees of freedom
Multiple R-squared: 0.9683, Adjusted R-squared: 0.9673
F-statistic: 1007 on 1 and 33 DF, p-value: < 2.2e-16

モデル 2:
Coefficients:

	Estimate	Std. Error	t value	Pr(>|t|)
(Intercept)	-22.0509	26.3690	-0.836	0.409
作付面積	0.9709	0.0830	11.697	4.29e-13 ***
層	24.4167	21.3318	1.145	0.261

—

Residual standard error: 46.56 on 32 degrees of freedom
Multiple R-squared: 0.9695, Adjusted R-squared: 0.9676
F-statistic: 509.1 on 2 and 32 DF, p-value: < 2.2e-16

モデル 3:
Coefficients:

	Estimate	Std. Error	t value	Pr(>|t|)
(Intercept)	-2.87655	10.22038	-0.281	0.7802
作付面積	1.02862	0.06341	16.223	<2.2e-16 ***
S_2	38.53155	20.17561	1.910	0.0654 .
S_3	23.16200	38.84450	0.596	0.5553

—

Residual standard error: 45.41 on 31 degrees of freedom
Multiple R-squared: 0.9717, Adjusted R-squared: 0.9689
F-statistic: 354.3 on 3 and 31 DF, p-value: < 2.2e-16

(1) 3 種類のモデルを比較した記述として，次の ① ～ ⑤ のうちから適切でないも
のを一つ選べ。 ▢ 23

① モデル 1 の予測式は，$y = 6.21504 + 1.05798x$ となる。

② モデル 2 において，層に対する回帰係数の P-値が大きいので，この変数
をモデルに含める必要のない変数の候補として考えてよい。

③ モデル 2 では回帰直線の傾きは層により異なるが，モデル 3 では回帰直
線の傾きはどの層でも同じである。

④ モデル 3 において，2 つのダミー変数を 0 とおくことにより，層 I に対す
る予測式を求めることができる。

⑤ 自由度調整済み決定係数 $\bar{R}^2$ を用いた判断をするならば，モデル 3 が最も
よいモデルとなるが，さほど差がないので変数が少ないモデルを選択して
もよい。

(2) モデル 3 において，作付面積が 500 (ha) のときの収穫量の予測値はいくら
か。次の ① ～ ⑤ のうちから最も適切なものを一つ選べ。 ▢ 24

① 455 (t) ② 475 (t) ③ 495 (t) ④ 515 (t) ⑤ 535 (t)

問14　判別分析に関する次の各問に答えよ。

〔1〕2 群 A，B があり，群 A は 2 次元正規分布 $N(\mathbf{0}, I)$ に従い，群 B は $N\left(\begin{pmatrix} 1.3 \\ 1.3 \end{pmatrix}, 0.6I\right)$ に従う。ここで，$\mathbf{0}$ は 2×1 の零ベクトルであり，I は 2×2 の単位行列である。図 1 は，群 A から 150（▲），群 B から 20（◇）の観測値を発生させ，それらを布置したものである。

図 1 で示された観測値に対して，2 つの手法（ア），（イ）を用いて判別を行った結果が図 2 である。これらの手法の一方は LDA（各群に属する事前確率が等しいと仮定した線形判別分析）で，他方は SVM（ガウシアンカーネル，ソフトマージンを用いたサポート・ベクター・マシーン）である。ここで，黒は群 A と判断されたこと，白は群 B と判断されたことを意味する。また，表 1 は，2 つの手法（ア），（イ）の判別結果に関する正誤表である。

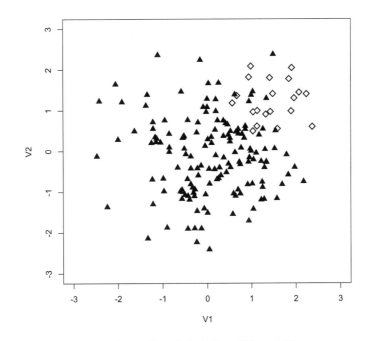

図 1：群 A（▲）と群 B（◇）の布置

（ア）　　　　　　　　　　　　　　　　　（イ）

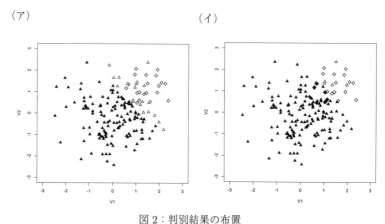

図 2：判別結果の布置

表 1：判別結果の正誤表

（ア）

		判別結果	
		A	B
真の群	A	130	20
	B	0	20

（イ）

		判別結果	
		A	B
真の群	A	146	4
	B	5	15

(1) 図 2 の判別結果と表 1 の正誤表から，手法（ア），（イ）のどちらが LDA で，どちらが SVM であるかを示し，その理由を述べよ。また，群 A と B から発生させた 170 の観測値に対する誤判別率を各分析手法に対して示せ。 記述 7

(2) モデル選択のための一般的な方法である『交差検証法』とはどのようなものであるかを，上の判別分析の例に利用する場合を想定して説明せよ。ただし，説明の中で『誤判別率』，『過学習』について必ず言及すること。 記述 8

〔2〕イタリアのある地方の 3 種類のワイン（Wine1，Wine2，Wine3）の計 178 本
について測定された 13 の化学成分に関するデータがある。次に示す仮定に基づ
き，Wine1，Wine2，Wine3 の各ワインについて重判別分析（正準判別分析）を
行った。

　仮定 1：3 種類のワインに対する事前確率は等しい
　仮定 2：3 種類のワインに対する誤判別による損失は等しい
　仮定 3：3 種類のワインに対する母分散共分散行列は等しい

　次の散布図は，群内分散共分散行列が単位行列になるように標準化したのち，2
つの正準判別得点をそれぞれの正準判別軸についてプロットしたものである。こ
こで，● は各ワインのグループ重心である。この図に，Wine1，Wine2，Wine3
を判別する判別領域を描け。ただし，解答用紙には 3 つのグループの重心だけが
示されているので，これらを利用し描き方がわかるようにせよ。　記述 9

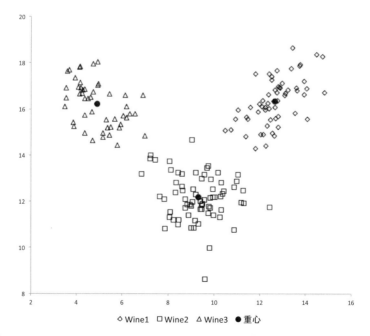

◇ Wine1　□ Wine2　△ Wine3　● 重心

出典：UCI Machine Learning Repository, Wine Data Set （原典は，Forina, M. et al. ; An
Extendible Package for Data Exploration, Classification and Correlation. Institute of Phar-
maceutical and Food Analysis and Technologies, Via Brigata Salerno, 16147 Genoa, Italy）

統計検定準1級　2016年6月　正解一覧

　選択問題及び部分記述問題の正解一覧です。次ページ以降に解説を掲載しています。問題の趣旨やその考え方を理解するために活用してください。

　論述問題の問題文，解答例は228ページに掲載しています。

問		解答番号	正解
問1	〔1〕	記述1	0.2(20%)
	〔2〕	記述2	12(kg)
問2	〔1〕	記述3	11/9
	〔2〕	記述4	7/36
問3	〔1〕	記述5	5.67
	〔2〕	記述6	12.59，帰無仮説は棄却できない
問4	〔1〕	1	②
	〔2〕	2	①
問5	〔1〕	3	③
	〔2〕	4	⑤
	〔3〕	5	⑤
問6	〔1〕	6	①
	〔2〕	7	⑤
問7		8	③
問8	〔1〕	9	④
	〔2〕	10	⑤
	〔3〕	11	②

問			解答番号	正解
問9	〔1〕		12	④
	〔2〕		13	④
問10	〔1〕		14	②
	〔2〕		15	④
問11	〔1〕		16	④
	〔2〕		17	③
	〔3〕		18	①
問12	〔1〕		19	①
	〔2〕		20	④
問13	〔1〕	(1)	21	②
		(2)	22	②
	〔2〕	(1)	23	③
		(2)	24	⑤
問14	〔1〕		記述7	※
	〔2〕		記述8	
	〔3〕		記述9	

※は次ページ以降を参照。

選択問題及び部分記述問題　解説

問1

〔1〕 記述1 ‥‥‥‥‥‥‥‥‥‥‥‥‥‥‥‥‥‥‥‥‥‥‥‥‥‥‥‥ 正解 0.2（20 %）

　　平均が 55kg，標準偏差が 11kg であることより，変動係数（＝標準偏差/平均）は 11/55 = 0.2 となる。20 % と表記してもよい。

〔2〕 記述2 ‥‥‥‥‥‥‥‥‥‥‥‥‥‥‥‥‥‥‥‥‥‥‥‥‥‥‥‥ 正解 12（kg）

　　平均が 60kg に増えたことから，$x/60 = 0.2$ を解けばよい。標準偏差は 12kg となる。

問2

〔1〕 記述3 ‥‥‥‥‥‥‥‥‥‥‥‥‥‥‥‥‥‥‥‥‥‥‥‥‥‥‥‥ 正解 11/9

　　$P(X = 1) = P(X = 3) = x$, $P(X = 2) = P(X = 4) = y$ とおくと，題意より 2 つの方程式

$$2x + 2y = 1, \quad x + 2y + 3x + 4y = 8/3$$

が成り立つ。これを解くと，$x = 1/6$, $y = 2/6$ となり，1 と 3 の数字が 1 つずつ，2 と 4 の数字が 2 つずつ書かれていることがわかる。このサイコロの各目の出る確率は，次のような確率分布表で示すことができる。このときの分散は，$1 \times 1/6 + 4 \times 2/6 + 9 \times 1/6 + 16 \times 2/6 - (8/3)^2 = 11/9$ と計算できる。

X	1	2	3	4	合計
$P(X)$	1/6	2/6	1/6	2/6	1

〔2〕 記述4 ‥‥‥‥‥‥‥‥‥‥‥‥‥‥‥‥‥‥‥‥‥‥‥‥‥‥‥‥ 正解 7/36

　　2 度投げたときに出る目を (1 回目，2 回目) と表すことにする。このとき，$(1, 3)$, $(3, 1)$, $(2, 3)$, $(3, 2)$, $(3, 3)$ が出る確率の和を求めればよい。それぞれは，1/36, 1/36, 2/36, 2/36, 1/36 なので和は 7/36 となる。

〔1〕 記述 5 ・・ 正解 5.67

「曜日によって問い合わせの回数が異ならない」という帰無仮説の下での期待回数
は，$42/7 = 6$〔回〕ずつとなる。χ^2 統計量の値は，

$$\{(6-6)^2 + (4-6)^2 + (5-6)^2 + (3-6)^2 + (6-6)^2 + (8-6)^2 + (10-6)^2)\}/6$$
$$= 34/6 \fallingdotseq 5.67$$

である。

曜日	月	火	水	木	金	土	日	合計
回数	6	4	5	3	6	8	10	42
期待回数	6	6	6	6	6	6	6	42
乖離度	0	4/6	1/6	9/6	0	4/6	16/6	34/6

〔2〕 記述 6 ・・・・・・・・・・・・・・・・・・・・・・・・・・・・ 正解 12.59，帰無仮説は棄却できない

このときの χ^2 統計量は自由度 6 のカイ二乗分布に従う。自由度 6 のカイ二乗分
布の上側 5 ％点は 12.59 である。$5.67 < 12.59$ より，この帰無仮説は棄却できない
ので，曜日によって問い合わせの回数が異なるとはいえない。

〔1〕 1 ・・・ 正解 ②

新製品 B の偏差平方和が 90 であることと，自由度 15 のカイ二乗分布の上側
2.5 ％点が 27.49，下側 2.5 ％点が 6.26 であることより，

$$90/27.49 \leq \sigma_B^2 \leq 90/6.26$$

を解けばよい。これから 95 ％信頼区間は [3.27, 14.38] となる。

よって，正解は②である。

〔2〕 2 ・・・ 正解 ①

文章の空欄を埋めて文章を書きなおすと次のようになる。

『この片側検定の帰無仮説は $H_0 : \sigma_A^2 = \sigma_B^2$，対立仮説は $H_1 : \sigma_A^2 > \sigma_B^2$ である。
検定統計量 $F = T_A^2/T_B^2$ とおくと，帰無仮説が正しい場合，F は自由度 $(15, 15)$
の F 分布に従う。測定の結果より統計量の値は $F = 2.0$ となる。自由度 $(15, 15)$
の F 分布の上側 5 ％点 2.403 と比較すると，帰無仮説は棄却できない。』

以上から，ア：15，イ：できない，の組合せが正しい。よって，正解は①である。

問5

〔1〕 **3** ....

　帰無仮説 $H_0 : p = 0.4$ の下で，n が大きいとき，標本支持率 $\hat{p}$ は近似的に正規分布 $N(0.4, (0.4 \times 0.6)/n)$ に従う。確率 $P(\hat{p} \geq c) = 0.05$ となる値 c は，

$$P\left(\frac{\hat{p} - 0.4}{\sqrt{\dfrac{0.4 \times 0.6}{n}}} \geq 1.645 \right) = P\left(\hat{p} - 0.4 \geq 1.645 \times \sqrt{\frac{0.4 \times 0.6}{n}} \right)$$

より，次の式

$$c - 0.4 = 1.645 \times \sqrt{\frac{0.4 \times 0.6}{n}}$$

で求めることができる。$n = 600$ の場合，$c = 0.4 + 1.645 \times 0.02 = 0.4329 \fallingdotseq 0.433$ となる。

　よって，正解は③である。

〔2〕 **4** ....

　対立仮説 $H_1 : p = 0.45$ の下で，n が大きいとき，標本支持率 $\hat{p}$ は近似的に正規分布 $N(0.45, (0.45 \times 0.55)/n)$ に従う。$n = 600$ の場合，検出力は，

$$P(\hat{p} \geq 0.433) = P\left(\frac{\hat{p} - 0.45}{\sqrt{\dfrac{0.45 \times 0.55}{600}}} \geq \frac{0.433 - 0.45}{\sqrt{\dfrac{0.45 \times 0.55}{600}}} \right)$$

$$\fallingdotseq P\left(\frac{\hat{p} - 0.45}{\sqrt{\dfrac{0.45 \times 0.55}{600}}} \geq -0.84 \right)$$

となり，標準正規分布表より，$1 - 0.2005 = 0.7995 \fallingdotseq 0.8$ となる。

　よって，正解は⑤である。

（コメント）正規近似でなく，二項分布（成功率 $= 0.45$，試行回数 $= 600$）に基づく正確な検出力を求めると，成功回数 $= 260 (\hat{p} \fallingdotseq 0.4333)$ 以上になる確率は 0.8055 となる。

〔3〕 **5** ･･･ 正解 ⑤

帰無仮説 $H_0 : p = 0.4$ の下で，確率 $P(\hat{p} \geq c) = 0.05$ となる値 c_0 の式

$$c_0 - 0.4 = 1.645 \times \sqrt{\frac{0.4 \times 0.6}{n}}$$

と，対立仮説 $H_1 : p = 0.45$ の下で，確率 $P(\hat{p} \geq c) = 0.95$ となる値 c_1 の式

$$c_1 - 0.45 = -1.645 \times \sqrt{\frac{0.45 \times 0.55}{n}}$$

において，$c_0 = c_1$ となる人数 n を求める。これを解くと，$n \fallingdotseq 1055$ となり，最低限必要な人数としては 1050 人が最も適切である。

よって，正解は⑤である。

問6

〔1〕 **6** ･･ 正解 ①

決定係数 $R^2 = 0.0372$ である。これは $R^2 = S_R^2 / S_T^2 = 1 - S_e^2 / S_T^2$ によって計算される。ここで，S_T^2 は総平方和，S_R^2 は回帰の平方和，S_e^2 は残差平方和である。それぞれの自由度は順に，20, 1, 19 となる。これより，自由度調整済み決定係数は $\bar{R}^2 = 1 - (S_e^2/19)/(S_T^2/20)$ と計算でき，$1 - (1 - 0.0372) \times (20/19) \fallingdotseq -0.0135$ となる。

よって，正解は①である。

〔2〕 **7** ･･ 正解 ⑤

ダービン・ワトソン統計量 DW と 1 次の自己相関係数の推定値 $\hat{\rho}$ の間には $DW \fallingdotseq 2 - 2\hat{\rho}$ の関係がある。$DW = 2.98$ より，$\hat{\rho} \fallingdotseq -0.5$ が導かれる。これより，自己相関係数は負の値であり，その残差は上下に激しく動くので（ウ）の図が適切である。他の図（ア）は $DW = 0.506$，（イ）は $DW = 1.72$ である。

よって，正解は⑤である。

問7

8 ･･ 正解 ③

フィッシャーの 3 原則とは「反復」，「無作為化」，「局所管理」である。これらの意味とその効果について理解しているか否かを問うている。

①： 誤り。「反復」とは同じ処理を複数回行うことであるが，苗に肥料 A を与えたあと，肥料 B を与えると，肥料によって差があるか否かはわからないので誤り。

②： 誤り。苗の大きさに対する系統誤差をなくすためには「無作為化」をしなくてはならない。苗を大小の 2 つのグループに分け，苗の大きい方に肥料 A を，小さい方に肥料 B を与えることは系統誤差が含まれたままになるので誤り。

③： 正しい。「局所管理」とは，実験をブロックに分け，そのブロック内では均一の状態になるようにすることである。系統誤差をブロック間誤差として捉えるように設計する。この例では水はけと日当たりを 3 × 3 の 9 ヶ所に分けており，正しい局所管理といえる。

④： 誤り。この実験は 2 種の肥料の差があるか否かを考察することが目的である。畑の水はけの系統誤差を比較することが目的ではないので誤り。

　　なお，水はけの系統誤差を偶然誤差にするためには，肥料 A と肥料 B をランダムに割り付ける「無作為化」が必要である。系統誤差をブロック間誤差として捉えるためには「局所管理」が必要である。

⑤： 誤り。畑の水はけの系統誤差を偶然誤差にするためには，苗を水はけのよい場所や悪い場所にランダムに植える必要がある。「局所管理」は畑の状態の管理をするのではないので誤り。

　　以上から，正解は③である。

問8

〔1〕　**9** ……………………………………………… **正解** ④

生存関数 $S(t)$ より，累積分布関数

$$F(t) = \begin{cases} 1 - \exp(-\lambda t) & (t \geq 0) \\ 0 & (t < 0) \end{cases}$$

を考えるとよい。$F(t)$ を t で微分すると，確率密度関数

$$f(t) = \begin{cases} \lambda \exp(-\lambda t) & (t \geq 0) \\ 0 & (t < 0) \end{cases}$$

が導かれる。これより，想定している分布がパラメータ λ の指数分布であることがわかる。

　　よって，正解は④である。

〔2〕 **10** ··· 正解 ▶ ⑤

パラメータ λ の指数分布の平均は，部分積分により，

$$E[X] = \int_0^\infty x\lambda e^{-\lambda x}dx = \lambda \left\{ -\frac{1}{\lambda}[xe^{-\lambda x}]_0^\infty + \frac{1}{\lambda}\int_0^\infty e^{-\lambda x}dx \right\}$$
$$= \frac{1}{\lambda}\left[-e^{-\lambda x} \right]_0^\infty = \frac{1}{\lambda}$$

と求められる。中央値は $S(t) = \exp(-\lambda t) = 1/2$ を満たす t であるので，これを解くと，$t = (\log 2)/\lambda$ となる。

よって，正解は⑤である。

〔3〕 **11** ··· 正解 ▶ ②

標本平均 $1/\lambda = 2.0$〔年〕なので，中央値は $2.0 \times \log 2 \fallingdotseq 2.0 \times 0.7 = 1.4$〔年〕となる。

よって，正解は②である。

問9

〔1〕 **12** ··· 正解 ▶ ④

次に示す 2 元配置分散分析の分散分析表（問題文の表 2）とプーリング後の分散分析表を比較することによって問題の正誤が分かる。

2 元配置分散分析の分散分析表（問題文の表 2）

	平方和	自由度	平均平方	F-値
触媒	48.00	2	24.00	0.624
温度	336.00	2	168.00	4.370
触媒 × 温度	168.00	4	42.00	1.092
残差	346.00	9	38.44	
合計	898.00	17		

プーリング後の分散分析表

	平方和	自由度	平均平方	F-値
触媒	48.00	2	24.00	0.607
温度	336.00	2	168.00	4.249
残差	514.00	13	39.54	
合計	898.00	17		

①：誤り。触媒の F-値と温度の F-値および触媒 × 温度の F-値は，それぞれの平均平方を残差の平均平方で割った値である。表2の3つの F-値とプーリング後の分散分析表にある触媒と温度の F-値では，割るための分母（残差の平均平方）が異なるので，触媒と温度の F-値が表2から変化することは正しい。しかし，これらの和が表2の3つの F-値の和と等しくなることはないので誤り。

②：誤り。①で説明したように，触媒と温度の F-値は表2から変化する。また，残差の自由度は触媒 × 温度の自由度の数の分だけ足されて変化することも正しい。しかし，触媒と温度の F-値と残差の自由度が変わると，触媒と温度の P-値も変化するので誤り。

③：誤り。①で説明したように，触媒と温度の F-値は表2から変化するので誤り。また，②で説明したように，残差の自由度も触媒と温度の P-値も変化する。

④：正しい。触媒と温度の平方和の値は表2から変化せず，残差の平方和の値は変化するので正しい。

⑤：誤り。触媒と温度の自由度は表2から変化しないことは正しい。しかし，合計の自由度も変化しないので誤り。②で説明したように，残差の自由度は変化するのでこれも誤り。

以上から，正解は④である。

〔2〕　**13**　………………………………………………………………… 正解 ④

次の表は，問題文の表1に対して，各セルの平均，周辺の平均，全ての平均を示したものである。

実験結果（炭素の酸化率（%））

	350 ℃	400 ℃	450 ℃	平均
白金	85.0	84.0	89.0	86.0
セリウム	74.0	88.0	84.0	82.0
コバルト	75.0	86.0	91.0	84.0
平均	78.0	86.0	88.0	84.0

①②③：誤り。〔1〕から，触媒と温度の交互作用は有意でないと判断しているので，（コバルト，450 ℃），（白金，450 ℃）のような組合せの中で最適水準と判断できるものはないので誤り。

④：正しい。プーリング後の分散分析表から触媒の違いは有意ではない。上に示した表の温度に関する周辺の平均より，最適温度は450 ℃であることが分かる。このとき，点推定値は88.0 %である。

⑤ ： 誤り。プーリング後の分散分析表から温度の違いのみが有意であると判断できるので誤り。

以上から，正解は④である。

（コメント）触媒と温度の交互作用は有意でないが，触媒の違いと温度の違いが有意である場合，（白金，450 ℃）に対する点推定値は，行平均＋列平均－全平均で求めることができる。つまり，$86 + 88 - 84 = 90$〔%〕となる。

問10

〔1〕 | 14 | ･･･ 正解 ②

「株価」というキーワードを含む確率は，それぞれのトピックの割合と「株価」の出現確率を掛け合わせた和になる。つまり，

$$0.2 \times 0.1 + 0.3 \times 0.4 + 0.5 \times 0.1 = 0.19$$

よって，正解は②である。

〔2〕 | 15 | ･･･ 正解 ④

「国会」を含む事象を A，「株価」を含まない事象を B とすると，

$$P(\text{「政治」}|A, B) = P(A, B, \text{「政治」})/P(A, B)$$

となる。これをさらに書き直すと，

$$P(\text{「政治」}|A, B) = P(A, B|\text{「政治」}) \times P(\text{「政治」})/P(A, B)$$

となり，条件付き独立の仮定より

$$P(\text{「政治」}|A, B) = P(A|\text{「政治」}) \times P(B|\text{「政治」}) \times P(\text{「政治」})/P(A, B)$$
$$= 0.3 \times 0.9 \times 0.2/P(A, B)$$

と表すことができる。同様に，

$$P(\text{「経済」}|A, B) = P(A|\text{「経済」}) \times P(B|\text{「経済」}) \times P(\text{「経済」})/P(A, B)$$
$$= 0.1 \times 0.6 \times 0.3/P(A, B)$$

となる。これらの比率をとればよいので，

$$P(\text{「政治」}|A, B)/P(\text{「経済」}|A, B) = (0.3 \times 0.9 \times 0.2)/(0.1 \times 0.6 \times 0.3) = 3$$

となる。つまり，3 倍である。

よって，正解は④である。

問11

〔1〕　**16** ……………………………………………………… 正解 ④

サイコロの目は 3, 6, 4, 3, 5 であったので，ルールに従い移動させると $0 \to 0 \to 1 \to 1 \to 0 \to 1$ となる。

よって，正解は④である。

〔2〕　**17** ……………………………………………………… 正解 ③

確率は $p_{t+1} = \frac{1}{6}p_t + \frac{1}{2}q_t$, $q_{t+1} = \frac{5}{6}p_t + \frac{1}{2}q_t$ であるので，これを実現する行列は $\begin{pmatrix} 1/6 & 5/6 \\ 1/2 & 1/2 \end{pmatrix}$ である。

よって，正解は③である。

〔3〕　**18** ……………………………………………………… 正解 ①

t が大きくなるにつれ，ある値に近づく。それを定常分布といい，定常分布の条件は，$(p, q) = (p, q) \begin{pmatrix} 1/6 & 5/6 \\ 1/2 & 1/2 \end{pmatrix}$ が成り立つことである。$q = 1 - p$ より，$p = \frac{1}{6}p + \frac{1}{2}(1 - p)$ を解くと，$p = \frac{3}{8}$ を得る。このとき，$q = \frac{5}{8}$ となる。

よって，正解は①である。

〔1〕 **19** .... 正解 ①

問題の図は，それぞれ次のような2つの正規分布の混合モデルの確率密度関数である。

(a) $0.5N(-0.5, 1.0^2) + 0.5N(0.5, 1.0^2)$

(b) $0.5N(-1.5, 1.0^2) + 0.5N(1.5, 1.0^2)$

(c) $0.3N(-1.0, 1.0^2) + 0.7N(2.0, 0.5^2)$

(d) $0.5N(-1.0, 1.0^2) + 0.5N(0.0, 0.5^2)$

(e) $0.7N(-1.0, 1.0^2) + 0.3N(2.0, 0.5^2)$

（ア）は平均の位置が近いことから，2つの分布の元の山より交わる裾の重なりの部分の和の方が高くなり1つの山になる。分散が同じであることから左右対称の (a) が答えである。（イ）は平均の位置が遠いので，それぞれの平均の場所に山が見え，分散の違いから (c) か (e) のどちらかである。混合割合から右の山が大きくなるので，(c) が答えである。

以上から，（ア）(a)，（イ）(c) の組合せが正しい。よって，正解は①である。

〔2〕 **20** .... 正解 ④

EM アルゴリズムとは，E-step(Expectation Step) と M-step(Maximization Step) を所与の収束条件下で交互に繰り替えし，パラメータを推定する手法である。2つの正規分布の混合モデルは EM アルゴリズムの基本として理解する必要がある。

2つの正規分布を区別するため，$k = 1$ ($N(\mu_1, 1.0)$ を意味する)，$k = 2$ ($N(\mu_2, 1.0)$ を意味する) とおく。この問題では分散が 1.0^2 であるので，推定しなければならないパラメータは π, μ_k ($k = 1, 2$) である。混合モデルの問題では，観測値 y_i ($i = 1, 2, \ldots, n$) が与えられているが，これらが $k = 1$ と $k = 2$ のどちらから観測されたかがわからないという不完全データになっている。各観測値に対して観測された分布がわかっていれば，パラメータを最尤推定により求めれば目的は達成するが，観測された分布がわからないため，E と M のステップを繰り返すことによってパラメータの推定値を収束させることを考える。

具体的には，E-step は直前の M-step で推定されたパラメータを持つ分布に基づいて観測値 y_i が $k = 1$ からの観測である確率を求める。これを負担率 γ_i ($i = 1, 2, \ldots, n$) と呼ぶ。M-step は直前の E-step で求められた各観測値とその負担率を用いてパラメータを最尤推定により求める。

式を用いて説明する。観測値 y_i ($i = 1, 2, \ldots, n$) の分布は，y_i がそれぞれの正規分布からの観測であるという条件の下での条件付分布 $N(\mu_k, 1.0^2)$，$k = 1, 2$ と $k = 1$ の混合係数 π により $\pi N(\mu_1, 1.0^2) + (1 - \pi) N(\mu_2, 1.0^2)$ となる。観測値 y_i が $k = 1$ からの観測である確率（負担率）の推定値 $\hat{\gamma}_i$ はベイズの定理を用いて事後確率の形で求めることができる。y_i が $N(\mu_k, 1.0^2)$ に従うときの確率密度

は $\exp(-(y_i - \mu_k)^2/2)$ に比例する（定数は分母分子でキャンセルされる）ので，E-step の推定値 $\hat{\gamma}_i$ $(i = 1, 2, \ldots, n)$ の更新は次のようになる。

$$\hat{\gamma}_i = \frac{\hat{\pi} \exp(-(y_i - \hat{\mu}_1)^2/2)}{\hat{\pi} \exp(-(y_i - \hat{\mu}_1)^2/2) + (1 - \hat{\pi}) \exp(-(y_i - \hat{\mu}_2)^2/2)}$$

$\hat{\gamma}_i$ が与えられたとき，次の混合係数は $\hat{\pi} = \dfrac{1}{n} \sum_{i=1}^{n} \hat{\gamma}_i$ として更新し，同様に，$k = 1$ に対する平均は加重平均 $\hat{\mu}_1 = \sum_{i=1}^{n} \hat{\gamma}_i y_i / \sum_{i=1}^{n} \hat{\gamma}_i$ として更新する。

以上から，E3，P1，M1 の組合せが正しい。よって，正解は④である。

〔1〕(1) **21** .... 正解 ②

配分方法によらず，推定量 $\hat{Y}$ の期待値は母集団の平均値 $163 \times 35 = 5705$ とほぼ等しくなり，推定値 $\hat{Y}/35$ の期待値は 163 となる。誤差は計算上の丸め誤差である。

よって，正解は②である。

〔1〕(2) **22** .... 正解 ②

5 通りの配分方法の中で推定量 $\hat{Y}$ の分散が最も小さくなるのはネイマン配分である。ネイマン配分とは層内標準偏差が既知であることを前提とし，「層の大きさ × 層内標準偏差の比で分配」する方法で，この比に最も近い配分がよい。「層の大きさ × 層内標準偏差 $(= N_h \times \sigma_h)$」を次の表の 4 列目に示す。この比に一番近いのは，層 Ⅰ，Ⅱ，Ⅲ，Ⅳの順に 1, 2, 4, 1 となる。

よって，正解は②である。

（コメント）配分方法 D は層の大きさの比で配分する方法で，比例配分と呼ぶ。一般に比例配分は層を考慮せず単純無作為で抽出するより効果がある。さらに，比例配分よりも，層内標準偏差の大きい層から相対的に大きい標本を抽出するのがよいとされる。

このデータのように層の大きさの値が小さい場合は，有限修正をする必要がある。つまり，$N_h \times \sigma_h$ に対して，$N_h \times \sigma_h \times \sqrt{N_h/(N_h - 1)}$ を用いる。有限修正を行ったときの理論配分は 1.38, 2.33, 4.02, 0.27 となる。やはり，1, 2, 4, 1 と配分するとよいことがわかる。

$\hat{Y}$ の分散は，各層の大きさ N_h が十分大きいとき $\sum_h^4 N_h^2 \sigma_h^2 / n_h$ と求めることができるが，有限修正をするときは，$\sum_h^4 N_h^2 (N_h - n_h)/(N_h - 1) \times (\sigma_h^2/n_h)$ より求める。示された配分方法 A，B，C，D，E に対して，有限修正を行うと，$\hat{Y}$ の分散はそれぞれ 495883, 300248, 987229, 985328, 1157141 と計算ができ，分割法 B において $\hat{Y}$ の分散が最も小さくなる。

層	層の大きさ	層内標準偏差	大きさ × 標準偏差	理論配分	実際の配分
Ⅰ	20	17	340	1.47	**1**
Ⅱ	8	69	552	2.39	**2**
Ⅲ	5	182	910	3.94	**4**
Ⅳ	2	24	48	0.21	**1**
	35	258	1850	8.00	

〔2〕(1) **23** .... 正解 ③

回帰モデルと分析の出力結果を理解しているか否かを問うている。

① : 正しい。モデル1の出力結果より予測式は，$y = 6.21504 + 1.05798x$ となる。

② : 正しい。モデル2において，層に対する回帰係数の P-値は 0.261 と大きいので，この変数をモデルに含める必要のない変数の候補として考えることができる。実際は，P-値以外の値にも注意して最終的な判断をするのが好ましい。

③ : 誤り。モデル2における変数 z は層によって切片が変化することを意味しているが，傾きは同じである。モデル3におけるダミー変数も層によって切片が変化するが，傾きは同じである。このように，どちらのモデルでも各層の回帰直線の傾きは同じである。

④ : 正しい。2つのダミー変数＝0 とおくことによって，層Ⅰに対する予測式を求めることができる。ダミー変数が2つであるのは，多重共線性を防ぐ意味もある。

⑤ : 正しい。モデル1, 2, 3の自由度調整済み決定係数 $\bar{R}^2$ は，順に 0.9673, 0.9676, 0.9689 である。自由度調整済み決定係数を用いた判断では，最も値の大きなモデル3が最もよいモデルとなるが，さほど大きな差ではないため，変数が少ないモデルを選択してもよいと判断できる。

以上から，正解は ③ である。

〔2〕(2) **24** .... 正解 ⑤

作付面積が 500（ha）であるので，ダミー変数 $S_2 = 0$, $S_3 = 1$ の予測式

$y = -2.87655 + 23.16200 + 1.02862x$

を用いる。x に 500 を代入すると y は 534.6（t）となる。

よって，正解は ⑤ である。

〔1〕(1) 記述 **7** ･･･ **正解** 下記参照

手法	手法の名前	その手法であると考えた理由	誤判別率
(ア)	L D A 線形判別分析	解答例：LDA の特徴は 2 つの判別領域を分ける境界が明確な直線（2 つの群の重心を結ぶ線分の垂直二等分線）になることである。さらに，分散共分散行列および事前確率が等しいと仮定しているため，群 A に属する個体が散らばりの小さい群 B に分類される個数が多くなる。	20/170
(イ)	S VM	解答例：2 つの判別領域を分ける境界が直線ではなく，判別領域に凹凸が見える。SVM はトレーニングデータの分離度を高める（誤判別を少なくする）という意味で構築される。元のデータでは分散共分散行列が異なっているため，LDA と比較して誤判別が少なくなる。	9/170

〔1〕(2) 記述 **8** ･･･ **正解** 下記参照

解答例：

『交差検証法』とは，モデル選択の際に，そのモデルがどの程度適正であるかを検証する方法である。判別分析を例にとると，最も『誤判別率』が小さいモデルが好ましいが，モデルのパラメータ数が多い場合は『過学習』が生じ，誤判別率を小さくすることが知られている。過学習を防ぐために判別分析に対応する次のような交差検証法がある。

・与えられた観測値を学習用と検証用に分け，学習用の観測値で判別手法を構築し，検証用の観測値に対して誤判別率を求め評価する。

・データを K 個のグループに分割し，$(K-1)$ 個のグループから判別手法を構築し，残りの 1 個のグループに対して構築した判別手法を使用し，誤判別率を求める。これを K 回繰り返し，誤判別率の平均を求め評価する。

このことによって，過学習を防ぎ，モデルの適正を比較し，最適なモデルを選択する。

（2 つの交差検証法を示したが，解答には 1 つ示されていればよい。）

〔2〕 記述 **9** .... 正解 下記参照

（図の描き方）互いの重心を結び，それぞれの垂直2等分線を引く。次の図の実線が
それぞれの領域になる。

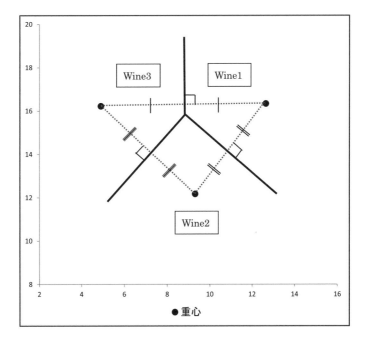

問1

　Aさんとβさんは，台風が来たときの備えのため，1年間にどの程度の数の台風が上陸するかを考えることにした。次の表は，1951年から2014年までの64年間の年ごとの台風の日本本土への上陸数（回）をまとめたものであり，この表から求めた64年間の上陸数の平均は2.84（回），標準偏差は1.67（回）である。

　Aさんは，この表から6回以上上陸した年は64年中3年なので，3/64 ≒ 0.047 から，5％以下であり，1年間に5回の上陸に対して備えれば，95％以上は対応できると考えた。

　βさんは，この表をもとに，1年間の台風の上陸数がポアソン分布に従うかどうかを吟味したうえで，1年間に6回以上上陸する確率を求める方がよいのではないかと提案した。また，平均が2.84（回），標準偏差が1.67（回）であることからもポアソン分布に従うのではないかという意見を述べた。

上陸数（回）	観測度数（年）
0	4
1	7
2	17
3	18
4	10
5	5
6	2
7	0
8	0
9	0
10	1
計	64

資料：気象庁「台風の上陸数」

〔1〕βさんの考えのもと，はじめに，1年間の台風の上陸数がポアソン分布に従うかどうかの適合度検定について考察する。なお，パラメータ λ のポアソン分布の確率関数は次の通りである。

$$p(x) = \frac{\lambda^x}{x!} e^{-\lambda} \quad (x = 0, 1, 2, \ldots)$$

(1) βさんが述べた「平均が2.84（回），標準偏差が1.67（回）であることからもポアソン分布に従うのではないか」という意見の意味することは何かを示せ。

(2) 1年間の台風の上陸数がパラメータ $\lambda = 2.84$ のポアソン分布に従うと仮定したとき，次の表を参考にし，64年間の上陸数の期待度数（年）を求めよ。ここで，表に示された3列目は1年間の台風の上陸数に対する理論的な確率であり，4列目は確率 $\times 64$（年）の値で，64年間の上陸数の期待度数である。また，はじめの4つについてはすでに計算したものを記した。

上陸数（回）	観測度数（年）	確率	期待度数（年）
0	4	0.058	3.74
1	7	0.166	10.62
2	17	0.236	15.08
3	18	0.223	14.28
4			
5			
6			
7			
8			
9			
10 以上			
計	64	1.000	64.00

(3) (2)の表を利用し適合度の χ^2 統計量を求めたところ 24.28 であった。適合度検定を有意水準5％で行ったときの検定の結果について，棄却域の設定に必要となる数値を示し論ぜよ。また，統計量の値を大きくしている要因について考察せよ。

(4) Bさんは，1年間に上陸数6回以上の期待度数が小さいので，これらを「上陸数6回以上」とまとめるのがよいのではないかと考えた。上陸数6回以上をまとめたときの検定の結果と上陸数6回以上をまとめないときの検定の結果を比較し，当てはまりのよさについて論ぜよ。

〔2〕AさんとBさんの考察から，台風が1年間に6回以上上陸する確率をどの程度と考えればよいかを論ぜよ。また，上陸数10回は2004年のものであるが，これを外れ値とみなし，データより除外してよいかどうかについても考察せよ。

解答例

〔1〕

(1) ポアソン分布は期待値と分散が同じという特徴をもつ。64 年間の上陸数の平均は 2.84（回），標準偏差は 1.67（回）であることから，分散は $(1.67)^2 \fallingdotseq 2.79$ で，分散／平均 $\fallingdotseq 2.79/2.84$ はおおよそ 1 となる。このことからポアソン分布に従うのではないかと考えている。

(2) パラメータ $\lambda = 2.84$ のポアソン分布に従うと仮定したとき，64 年間の上陸数の期待度数（年）は表 1 のように示すことができる。ただし，四捨五入による丸め誤差がある。

表 1：ポアソン分布を仮定した場合の表

上陸数（回）	観測度数（年）	確率	期待度数（年）
0	4	0.058	3.74
1	7	0.166	10.62
2	17	0.236	15.08
3	18	0.223	14.28
4	10	0.158	10.14
5	5	0.090	5.76
6	2	0.043	2.72
7	0	0.017	1.11
8	0	0.006	0.39
9	0	0.002	0.12
10 以上	1	0.001	0.05
計	64	1.000	64.00

(3) 観測度数を O_i，期待度数を E_i としたときの適合度のカイ二乗統計量は

$$Y = \sum_i \frac{(O_i - E_i)^2}{E_i}$$

となる。

　表 2 は，表 1 に乖離度（4 列目）を含めた値を示したものである。これより，適合度の χ^2 統計量の値は 24.28 であることがわかる。自由度 9 のカイ二乗分布の上側 5 ％の境界値は 16.92 なので，$16.92 < 24.28$ となり，帰無仮説は有意水準 5 ％で棄却され，ポアソン分布に従うとはいえない。ただし，表 2 より「10 以上」に対する乖離度が他と比較してとても大きく，これについて再考する必要がある。

230

表 2：適合度検定の計算のための表

上陸数	観測度数	期待度数	乖離度	期待度数 （6 回以上をまとめる）	乖離度
0	4	3.74	0.02	3.74	0.02
1	7	10.62	1.23	10.62	1.23
2	17	15.08	0.24	15.08	0.24
3	18	14.28	0.97	14.28	0.97
4	10	10.14	0.00	10.14	0.00
5	5	5.76	0.10	5.76	0.10
6	2	2.72	0.19	4.39	0.44
7	0	1.11	1.11		
8	0	0.39	0.39		
9	0	0.12	0.12		
10 以上	1	0.05	19.90		
計	64	64.00	24.28	64.00	3.01

(4) 表 2 には，さらに，「上陸数 6 回以上をまとめる場合」の期待度数と乖離度（5,6 列目）を示した。ただし，四捨五入による丸め誤差がある。これより，適合度の χ^2 統計量の値は 3.01 であることがわかる。自由度 5 の上側 5 ％の境界値は 11.07 なので，$3.01 < 11.07$ となり，帰無仮説は有意水準 5 ％で棄却されず，ポアソン分布に従わないとはいえない。

　　　「上陸数 6 回以上をまとめない場合」と「上陸数 6 回以上をまとめる場合」の適合度の χ^2 統計量の値により検定の結果が異なり有意性の判定が分かれる。「10 回以上」に対する乖離度のみが大きいことを考慮すると，「上陸数 6 回以上をまとめる場合」の方が妥当であると考えられ，ポアソン分布の当てはまりは悪いとはいえないという結論になる。また，(1) の考察にあったように，分散／平均 ≒ 2.79/2.84 はおおよそ 1 であるので，これからもポアソン性は否定されない。

〔2〕上陸数が 6 回以上の実際の比率は $3/64 \fallingdotseq 0.047$ である。また，パラメータ 2.84 のポアソン分布から 6 回以上となる確率を求めると 0.069 となる。したがって，0.047 から 0.069 程度の確率となることが予想される。台風の上陸数が 10 回以上となる確率は 0.001（実際は 0.00073）である。これはおおよそ 1400 年に 1 度という小さな確率であり，外れ値といえなくもない。しかし，外れ値であっても実際に起こった事象であり除外はできないので，その意味からも「上陸数 6 回以上をまとめる」ことがよいと考えられる。

（コメント）表1で示したポアソン分布を当てはめると図1のようになる。図1からは，ポアソン性は否定されないまでも，分布の当てはめに多少のずれが認められる。

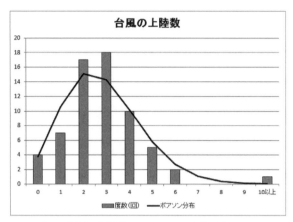

図1：台風の上陸数へのポアソン分布の当てはめ

仮に2004年の値の10を外れ値として除外したとすると，標本平均は2.73となり，パラメータ2.73のポアソン分布から表3のようにそれぞれの値が求められる。このときは，台風の上陸数が10回以上となる確率は0.001（実際は0.00052）となり，2000年に1度となる。また，「上陸数6回以上をまとめない場合」と「上陸数6回以上をまとめる場合」の適合度のχ^2統計量の値はそれぞれ4.41，3.78であり，有意水準5％で棄却されない。

表3：2004年のデータを除いた計算

上陸数（回）	観測度数	確率	期待度数	期待度数 （6回以上をまとめる）
0	4	0.065	4.11	4.11
1	7	0.178	11.22	11.22
2	17	0.243	15.31	15.31
3	18	0.221	13.93	13.93
4	10	0.151	9.51	9.51
5	5	0.082	5.19	5.19
6	2	0.037	2.36	3.73
7	0	0.015	0.92	
8	0	0.005	0.31	
9	0	0.002	0.10	
10以上	0	0.001	0.03	
計	63	1.000	63.00	63.00

問2

次の表は，ある人物の 10 歳から 30 歳までの 5 歳ごとの 50m 走のタイム（単位：秒）の測定結果である。

年齢	50m 走（秒）
10	7.7
15	6.6
20	7.0
25	7.2
30	8.0

〔1〕年齢を説明変数 x，50m 走のタイムを目的変数 y として単回帰分析を行う。

(1) 計算を簡単にするため，$z = 0.2x - 4$ と変換した新たな説明変数を用いて単回帰分析を行うことを考える。このとき，定数項と z に対する説明変数行列は

$$Z = \begin{pmatrix} 1 & -2 \\ 1 & -1 \\ 1 & 0 \\ 1 & 1 \\ 1 & 2 \end{pmatrix}, \text{目的変数ベクトルは } \boldsymbol{y} = \begin{pmatrix} 7.7 \\ 6.6 \\ 7.0 \\ 7.2 \\ 8.0 \end{pmatrix} \text{ と書くことができる。}$$

これらを利用して最小二乗推定により単回帰式 $y = \hat{\alpha} + \hat{\beta}x$ を求めよ。

(2) (1) の単回帰式に対する予測ベクトル $\hat{\boldsymbol{y}}$ および残差平方和を求めよ。

〔2〕年齢 x および年齢の 2 乗 x^2 を説明変数，50m 走のタイムを目的変数 y として重回帰分析を行う。

(1) 計算を簡単にするため，$z = 0.2x - 4$ および $z^2 = (0.2x - 4)^2$ と変換した新たな説明変数を用いて重回帰分析を行うことを考える。このときの定数項と z, z^2 に対する説明変数行列 $\tilde{Z}$ を〔1〕の Z と同様の行列の形で示せ。また，これらを利用して最小二乗推定により重回帰式 $y = \hat{\alpha} + \hat{\beta}_1 x + \hat{\beta}_2 x^2$ を求めよ。

(2) (1) の重回帰式に対する予測ベクトル $\hat{\boldsymbol{y}}$ および残差平方和を求めよ。

〔3〕モデルの誤差項が正規分布に従うと仮定すると，回帰分析における AIC（赤池情報量規準）は

$$\text{AIC} = n\left\{ \log S_e + \log\left(\frac{2\pi}{n}\right) + 1 \right\} + 2(p+2)$$

で表される。ただし，n は標本サイズ，p は説明変数の数，S_e は残差平方和である。また，log は自然対数である。〔1〕で求めた単回帰モデルと〔2〕で求めた重回帰モデルを AIC の観点で比較し，どちらがよりよいモデルかを論ぜよ。

2016年6月

〔1〕

(1) 年齢を説明変数 x, 50m 走のタイムを目的変数 y に対して, $z = 0.2x - 4$ と変換した新たな説明変数を用いて単回帰分析を行うことを考える。このとき, 定数項を含む説明変数行列 $Z = \begin{pmatrix} 1 & -2 \\ 1 & -1 \\ 1 & 0 \\ 1 & 1 \\ 1 & 2 \end{pmatrix}$, 目的変数ベクトル $\boldsymbol{y} = \begin{pmatrix} 7.7 \\ 6.6 \\ 7.0 \\ 7.2 \\ 8.0 \end{pmatrix}$ を用いると, 回帰係数は

$$\hat{\beta} = (Z^{\mathrm{T}} Z)^{-1} Z^{\mathrm{T}} \boldsymbol{y} = \begin{pmatrix} 5 & 0 \\ 0 & 10 \end{pmatrix}^{-1} \begin{pmatrix} 36.5 \\ 1.2 \end{pmatrix} = \begin{pmatrix} 0.2 & 0 \\ 0 & 0.1 \end{pmatrix} \begin{pmatrix} 36.5 \\ 1.2 \end{pmatrix} = \begin{pmatrix} 7.3 \\ 0.12 \end{pmatrix}$$

となり, 得られる単回帰式は $y = 7.3 + 0.12z$ となる。ここで, Z^{T} は Z の転置行列を意味する。これに $z = 0.2x - 4$ を代入すると,

$$y = 7.3 + 0.12 \times (0.2x - 4) = 6.82 + 0.024x$$

が得られる。

(2) (1) を用いると予測値ベクトルは $\hat{\boldsymbol{y}} = \begin{pmatrix} 7.06 \\ 7.18 \\ 7.30 \\ 7.42 \\ 7.54 \end{pmatrix}$ となり, これより, 残差平方和は

$\|\boldsymbol{y} - \hat{\boldsymbol{y}}\|^2 = 1.10$ となる。

〔2〕

(1) z および z^2 を説明変数として重回帰分析を行うことを考える。このとき, 説明変数行列は $\tilde{Z} = \begin{pmatrix} 1 & -2 & 4 \\ 1 & -1 & 1 \\ 1 & 0 & 0 \\ 1 & 1 & 1 \\ 1 & 2 & 4 \end{pmatrix}$ となる。

目的変数ベクトル $\boldsymbol{y} = \begin{pmatrix} 7.7 \\ 6.6 \\ 7.0 \\ 7.2 \\ 8.0 \end{pmatrix}$ であることより,

$$\hat{\beta} = (\tilde{Z}^{\mathrm{T}}\tilde{Z})^{-1}\tilde{Z}^{\mathrm{T}}\boldsymbol{y}$$

$$= \begin{pmatrix} 5 & 0 & 10 \\ 0 & 10 & 0 \\ 10 & 0 & 34 \end{pmatrix}^{-1} \begin{pmatrix} 36.5 \\ 1.2 \\ 76.6 \end{pmatrix} = \begin{pmatrix} \frac{17}{35} & 0 & -\frac{1}{7} \\ 0 & \frac{1}{10} & 0 \\ -\frac{1}{7} & 0 & \frac{1}{14} \end{pmatrix} \begin{pmatrix} 36.5 \\ 1.2 \\ 76.6 \end{pmatrix} = \begin{pmatrix} 6.79 \\ 0.12 \\ 0.26 \end{pmatrix}$$

となり, 得られる重回帰式は $y = 6.79 + 0.12z + 0.26z^2$ となる. これに $z = 0.2x - 4$ を代入すると,

$\quad y = 6.79 + 0.12 \times (0.2x - 4) + 0.26 \times (0.2x - 4)^2 = 10.47 - 0.392x + 0.0104x^2$

が得られる。

(2) (1) を用いると予測値ベクトルは $\hat{\boldsymbol{y}} = \begin{pmatrix} 7.57 \\ 6.92 \\ 6.79 \\ 7.16 \\ 8.05 \end{pmatrix}$ となり, これより, 残差平方和は

$\|\boldsymbol{y} - \hat{\boldsymbol{y}}\|^2 = 0.17$ となる。

〔3〕AIC を用いてモデルを比較する場合, AIC の数値の小さい方がよりよいモデルとされる。回帰分析のモデルの AIC を比較するには, $n\log S_e + 2(p+2)$ の大小のみを考えればよい。

　　〔1〕の単回帰モデルの場合は, $5\log 1.10 + 2 \times (1 + 1) \fallingdotseq 6.46$

　　〔2〕の重回帰モデルの場合は, $5\log 0.17 + 2 \times (2 + 2) \fallingdotseq -0.85$

となり, 重回帰モデルの方が AIC の観点からよりよいモデルとなる。

問3

次の分割表は，冠動脈性心疾患の予後因子を調査したデータから，4つの因子を取り出して作成したものである。4つの因子はそれぞれ2水準からなり，

A 喫煙（A_1：no，A_2：yes）

B 精神的ストレスの高い職業（B_1：no，B_2：yes）

C 身体的ストレスの高い職業（C_1：no，C_2：yes）

D 収縮期血圧（D_1：< 140，D_2：≥ 140）

である。

		C_1：no		C_2：yes	
		D_1：< 140	D_1：≥ 140	D_1：< 140	D_1：≥ 140
A_1：no	B_1：no	79	67	197	179
	B_2：yes	217	177	22	23
A_2：yes	B_1：no	82	40	258	161
	B_2：yes	156	109	43	31

出典：Edwards, D. and Havránek, T. (1985). A fast procedure for model search in multidimensional contingency tables. *Biometrika*, **72**, 339~351.

このデータに対し，対数線形モデルを仮定して，下に示す手順（第1段階 ～ 第3段階）でグラフィカルモデルのモデル選択を行った。

この表に対する飽和モデル（フルモデル）は，下図のような4頂点の完全グラフに対応するグラフィカルモデルである。

つまり，観測値が4つの因子の水準組合せ (A_a, B_b, C_c, D_d)，$a = 1, 2; b = 1, 2; c = 1, 2; d = 1, 2$ に分類される確率（セル (A_a, B_b, C_c, D_d) の生起確率）を p_{abcd} とするとき，このグラフィカルモデルに対応する対数線形モデルのフルモデルは16個のパラメータを持つ次の形で与えられる。

$$\log p_{abcd} = \mu + \alpha_a + \beta_b + \gamma_c + \delta_d + (\alpha\beta)_{ab} + (\alpha\gamma)_{ac} + (\alpha\delta)_{ad} + (\beta\gamma)_{bc} + (\beta\delta)_{bd}$$
$$+ (\gamma\delta)_{cd} + (\alpha\beta\gamma)_{abc} + (\alpha\beta\delta)_{abd} + (\alpha\gamma\delta)_{acd} + (\beta\gamma\delta)_{bcd} + (\alpha\beta\gamma\delta)_{abcd}$$

ただし，

$$\sum_{a=1}^{2} \alpha_a = 0, \sum_{a=1}^{2} (\alpha\beta)_{ab} = \sum_{b=1}^{2} (\alpha\beta)_{ab} = 0,$$

$$\sum_{a=1}^{2} (\alpha\beta\gamma)_{abc} = \sum_{b=1}^{2} (\alpha\beta\gamma)_{abc} = \sum_{c=1}^{2} (\alpha\beta\gamma)_{abc} = 0,$$

$$\sum_{a=1}^{2} (\alpha\beta\gamma\delta)_{abcd} = \sum_{b=1}^{2} (\alpha\beta\gamma\delta)_{abcd} = \sum_{c=1}^{2} (\alpha\beta\gamma\delta)_{abcd} = \sum_{d=1}^{2} (\alpha\beta\gamma\delta)_{abcd} = 0$$

の制約を仮定する。その他の項についても同様の制約を仮定する。

　グラフィカルモデルにおけるモデル選択は，完全グラフの6つの辺のうち，いくつかの辺を取り除いたグラフに対応するモデルを選択候補のモデルとし，選択候補のモデルの当てはまりを逸脱度により測ることとする。ここで，逸脱度は，選択候補のモデルとフルモデルの最大対数尤度の差の2倍と定義され，セル (A_a, B_b, C_c, D_d) の観測度数 n_{abcd} と選択されたモデルの下での期待度数 m_{abcd} から

$$逸脱度 = 2 \sum_{a,b,c,d} n_{abcd} \log \frac{n_{abcd}}{m_{abcd}}$$

となる。選択候補のモデルが真のとき，逸脱度は漸近的にカイ二乗分布に従い，カイ二乗分布の自由度は0にしたパラメータの数である。

　（第1段階）
　完全グラフの6つの辺のそれぞれを取り除いたグラフに対応する6個のモデルのうち，最も当てはまりのよいモデルは，辺 CD を取り除いたモデルであり，逸脱度は 2.062 であった。このモデルを M_1 とよぶ。

〔1〕

(1) モデル M_1 の式を示し，逸脱度の自由度を求めよ。

(2) モデル M_1 の下での期待度数は，このモデルの生成集合に対応する周辺度数 $\{n_{abc+}\}, \{n_{ab+d}\}$ から求めることができる。ただし，+ は対応する添え字について合計することを意味し，

$$n_{abc+} = \sum_{d=1}^{2} n_{abcd}, \quad n_{ab+d} = \sum_{c=1}^{2} n_{abcd}, \quad a,b,c,d = 1,2$$

である。モデル M_1 の下での期待度数の式を示し，例として $(\mathrm{no}, \mathrm{no}, \mathrm{no}, < 140)$ の期待度数を求めよ。

(3) フルモデルに対するモデル M_1 の逸脱度 2.062 の P-値について考察せよ。

（第2段階）

モデル M_1 からさらに1つの辺を取り除いたグラフィカルモデルの当てはまりを調べたところ，辺 BD を取り除いたモデルの当てはまりが最もよく，逸脱度は 3.802 であった。このモデルを M_2 とよぶ。

〔2〕

(1) モデル M_2 の式を示し，フルモデルに対するモデル M_2 の逸脱度の自由度を求めよ。

(2) モデル M_2 の下での期待度数の求め方を説明し，逸脱度の P-値について考察せよ。

（第3段階）

モデル M_2 からさらに辺を取り除くモデルは，いずれも当てはまりが悪いため，モデル M_2 を選択することにした。

〔3〕 モデル M_2 に対応する無向独立グラフを描け。また，この無向独立グラフから読み取れる条件付き独立性について，喫煙者のみ，非喫煙者のみをそれぞれ集めたときに，職業と血圧に関してどのような関連が見られるかに注目し，説明せよ。

解答例

〔1〕

(1) モデル M_1 は，辺 CD を取り除いたグラフに対応するモデルなので，対応する2因子交互作用のパラメータ $(\gamma\delta)_{cd}$ と，それを含む高次の交互作用のパラメータ，$(\alpha\gamma\delta)_{acd}, (\beta\gamma\delta)_{bcd}, (\alpha\beta\gamma\delta)_{abcd}$ が取り除かれる（0 とおかれる）。従ってモデル式は，

$$\log p_{abcd} = \mu + \alpha_a + \beta_b + \gamma_c + \delta_d + (\alpha\beta)_{ab} + (\alpha\gamma)_{ac} + (\alpha\delta)_{ad} + (\beta\gamma)_{bc}$$
$$+ (\beta\delta)_{bd} + (\alpha\beta\gamma)_{abc} + (\alpha\beta\delta)_{abd}$$

となる。また，いずれの因子も2水準であるので，0 とおいたパラメータの自由度はすべて1となり，逸脱度の自由度は4である。

(2) モデル M_1 の生成集合とは，このモデルに含まれるパラメータの，包含関係に関する極大集合 $\{(\alpha\beta\gamma)_{abc}, (\alpha\beta\delta)_{abd}\}$ をいう（モデル M_1 を，「生成集合が ABC/ABD で表されるモデル」とよぶ）。モデル M_1 の下での期待度数は，生成集合に対応する周辺度数により，

$$m_{abcd} = \frac{n_{abc+}n_{ab+d}}{n_{ab++}} \qquad (1)$$

と表される（このように，期待度数が周辺度数の閉じた有理式で表されることは，

238

分解可能モデルについて一般的に成り立つ。グラフィカルモデルが分解可能モデルであるとは，対応するグラフが長さ 4 以上の弦のない閉路を持たないことをいう。モデル M_1 は分解可能モデルである）。周辺度数 $\{n_{abc+}\}, \{n_{ab+d}\}$ を計算すると以下のようになる。

		B_1				B_2		
		D_1	D_2	n_{11c+}		D_1	D_2	n_{12c+}
A_1	C_1			146	C_1			394
	C_2			376	C_2			45
	n_{11+d}	276	246	522	n_{12+d}	239	200	439
		D_1	D_2	n_{21c+}		D_1	D_2	n_{22c+}
A_2	C_1			122	C_1			265
	C_2			419	C_2			74
	n_{21+d}	340	201	541	n_{22+d}	199	140	339

期待度数の式 (1) は，モデル M_1 の下での期待度数が，(A, B) の水準組合せごとに，2×2 周辺表の独立モデルの下での期待度数として得られることを表している。例えば，(A_1, B_1) の部分の期待度数は

		B_1		
		D_1	D_2	n_{11c+}
A_1	C_1	77.195	68.805	146
	C_2	198.805	177.195	376
	n_{11+d}	276	246	522

となる。同様にすべてのセルについて求めた期待度数と観測度数から，

$$\text{逸脱度} = 2 \sum_{a,b,c,d} n_{abcd} \log \frac{n_{abcd}}{m_{abcd}} = 2 \left(79 \log \frac{79}{77.195} + \cdots + 31 \log \frac{31}{30.56} \right)$$
$$= 2.062$$

と計算できる。$(\text{no}, \text{no}, \text{no}, < 140)$ の期待度数は，

$$\frac{(79+67)(79+197)}{(79+67+197+179)} = \frac{146 \times 276}{522} = 77.195$$

である。

(3) 逸脱度の値 2.062 を，モデル M_1 が真のときの漸近分布である，自由度 4 のカイ二乗分布と比較する。付表 3 より，

$$\chi^2_{0.90}(4) = 1.06 < 2.062 < 7.78 = \chi^2_{0.10}(4)$$

であるから，漸近的な P-値は 0.1 と 0.9 の間にあることがわかる。ただし，2.062 は 7.78 より 1.06 により近いので，P-値はそれほど小さくはないと判断できる（実際，正確な P-値は 0.72 程度である）。これらのことから，モデル M_1 の飽和モデルに対する当てはまりを逸脱度で測ったときの P-値は，それほど小さくなく，モデル M_1 の当てはまりは悪くないと判断してよさそうである。

〔2〕

(1) モデル M_2 は，モデル M_1 から，辺 BD に対応するパラメータ $(\beta\delta)_{bd}$ と，それを含む高次のパラメータ $(\alpha\beta\delta)_{abd}$ を取り除いた（0 とおいた）モデルである。従って，モデル M_2 の式は，

$$\log p_{abcd} = \mu + \alpha_a + \beta_b + \gamma_c + \delta_d + (\alpha\beta)_{ab} + (\alpha\gamma)_{ac} + (\alpha\delta)_{ad}$$
$$+ (\beta\gamma)_{bc} + (\alpha\beta\gamma)_{abc}$$

となる（モデル M_2 は，生成集合が ABC/AD で表されるモデルである）。0 とおいたパラメータは，すべて自由度が 1 であるので，逸脱度の自由度は 0 とおいたパラメータの個数となり，M_1 で 0 とおいた 4 つに $(\beta\delta)_{bd}, (\alpha\beta\gamma)_{abd}$ の 2 つを合わせて，逸脱度の自由度＝6 となる。

(2) モデル M_2 も（〔3〕で確認するように対応するグラフは長さ 4 以上の閉路を持たないから）分解可能モデルであり，期待度数は生成集合に対応する周辺度数により

$$m_{abcd} = \frac{n_{abc+}n_{a++d}}{n_{a+++}}$$

となる。この式に従って期待度数を計算すればよい。これは，期待度数が，A の水準ごとに作成した「 (B,C) の水準組合せ vs D」の 4×2 周辺表の独立モデルの下での期待度数として得られることを表している。周辺表

A_1

	D_1	D_2	n_{1bc+}
(B_1, C_1)			146
(B_1, C_2)			376
(B_2, C_1)			394
(B_2, C_2)			45
n_{1++d}	515	446	961

A_2

	D_1	D_2	n_{2bc+}
(B_1, C_1)			122
(B_1, C_2)			419
(B_2, C_1)			265
(B_2, C_2)			74
n_{2++d}	539	341	880

から期待度数を計算すると，

A_1	D_1	D_2	n_{1bc+}		A_2	D_1	D_2	n_{2bc+}
(B_1, C_1)	78.24	67.76	146		(B_1, C_1)	74.73	47.28	122
(B_1, C_2)	201.50	174.50	376		(B_1, C_2)	256.64	162.36	419
(B_2, C_1)	211.14	182.86	394		(B_2, C_1)	162.31	102.69	265
(B_2, C_2)	24.12	20.88	45		(B_2, C_2)	45.33	28.68	74
n_{1++d}	515	446	961		n_{2++d}	539	341	880

となり，この期待度数と観測度数から，

$$\text{逸脱度} = 2 \sum_{a,b,c,d} n_{abcd} \log \frac{n_{abcd}}{m_{abcd}} = 2 \left(79 \log \frac{79}{78.24} + \cdots + 31 \log \frac{31}{28.68} \right)$$
$$= 3.802$$

と計算できる。逸脱度の値 3.802 を，モデル M_2 が真のときの漸近分布である，自由度 6 のカイ二乗分布と比較する。付表 3 より，

$$\chi_{0.90}^2(6) = 2.20 < 3.802 < 10.64 = \chi_{0.10}^2(6)$$

であるから，漸近的な P-値はやはり 0.1 と 0.9 の間にあることがわかる。ただし，3.802 は 10.64 より 2.20 により近いので，P-値はそれほど小さくはないと判断できる（実際，正確な P-値は 0.70 程度である）。これらのことから，モデル M_2 の飽和モデルに対する当てはまりを逸脱度で測ったときの P-値は，それほど小さくなく，モデル M_2 の当てはまりも悪くないと判断してよさそうである。

〔3〕モデル M_2 の式は〔2〕(1) で示したように

$$\log p_{abcd} = \mu + \alpha_a + \beta_b + \gamma_c + \delta_d + (\alpha\beta)_{ab} + (\alpha\gamma)_{ac} + (\alpha\delta)_{ad} + (\beta\gamma)_{bc} + (\alpha\beta\gamma)_{abc}$$

であり，対応する無向独立グラフは

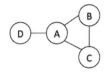

となる。

このグラフから，因子 A を与えたもとで，(因子 B, 因子 C) と因子 D は条件付き独立であることが分かる。つまり，喫煙者のみ，非喫煙者のみのそれぞれの集団の中では，職業と血圧の間には関連が見られない（独立である）。

PART 7

準1級
2015年6月
問題／解説

2015年6月に実施された準1級の問題です。
「選択問題及び部分記述問題」と「論述問題」からなります。
部分記述問題は 記述4 のように記載されているので、
解答用紙の指定されたスペースに解答を記入します。
論述問題は3問中1問を選択解答します。

※統計数値表は本書巻末に「付表」として掲載しています。

問 1　男女共学の A 大学の入学試験では，ある年，受験生に占める女子の比率は 0.6 で，合格率は，女子が 0.4 で男子が 0.3 であった。

〔1〕この大学全体の合格率を求めよ。 記述 1

〔2〕この大学の合格者名簿の中からランダムに選んだ一人が女子である確率を求めよ。 記述 2

問 2　箱の中から 5 個の商品を抜取り，その中の 2 個以上が不良品ならその箱の商品をすべて不合格とする抜取調査について考える。次の表は，不良品率が p のとき，商品を 5 個抜取り，不良品が r 個発見される確率である。たとえば，$r = 1$，$p = 0.2$ に対応するセルの値 0.41 は，不良品率が 0.2 のとき，5 個抜った商品の中で不良品が 1 個発見される確率である。ただしここでは，小数点以下第 3 位を四捨五入している。

	$p = 0.1$	$p = 0.2$	$p = 0.3$	$p = 0.4$	$p = 0.5$
$r = 0$	0.59	0.33	0.17	（ア）	0.03
$r = 1$	0.33	0.41	0.36	（イ）	0.16
$r = 2$	0.07	0.20	0.31	（ウ）	0.31
$r = 3$	0.01	0.05	0.13	0.23	0.31
$r = 4$	0.00	0.01	0.03	0.08	0.16
$r = 5$	0.00	0.00	0.00	0.01	0.03

〔1〕不良品率が 0.4 の列にある空欄（ウ）に入る数値を求めよ。 記述 3

〔2〕ある箱の不良品率が 0.2 以下であればその箱を合格とし，そうでない場合は不合格とする消費者がいる。不良品率が 0.2 以下であるにもかかわらず，抜取った中の不良品が 2 個以上であったため不合格となる確率を「生産者危険」といい，不良品率が 0.2 を超えるにもかかわらず，抜取った中の不良品が 1 個以下であったため合格となる確率を「消費者危険」という。

　　不良品率が 0.2 のときの「生産者危険」と，不良品率が 0.5 のときの「消費者危険」を求めよ。

「生産者危険」 記述 4 　　　　　「消費者危険」 記述 5

問 3　2015 年 2 月の NHK による政治意識月例調査では，全国の 20 歳以上の男女に対し電話法（RDD 追跡法）により調査を行い，調査対象の 1496 人の 65.4 ％にあたる 978 人から回答を得た。その調査での内閣支持率は 54 ％であった。

〔1〕母集団の内閣支持率の信頼係数 95 ％の信頼区間を構成したい。調査への回答者を母集団からの単純無作為抽出であるとみなしたときの 95 ％信頼区間を求めよ。　記述 6

〔2〕内閣支持率は 50 ％前後であると想定できるとき，内閣支持率の 95 ％信頼区間の区間幅が 2 ％となるために必要とされる標本サイズを求めよ。　記述 7

注：記述 8，9 は問 16 にあります。

問4 あるテストの受験者は全部で 500 人であり，受験者全体でのテストの得点の分布は正規分布 $N(60, 20^2)$ で近似できるとする。このテストでA君は 80 点，B君は 50 点であった。なお，標準正規分布 $N(0, 1)$ の確率密度関数は $f(z) = \dfrac{1}{\sqrt{2\pi}} \exp[-z^2/2]$ である。

〔1〕A君およびB君の偏差値の組合せはどれか。次の ① ～ ⑤ のうちから最も適切なものを一つ選べ。 **1**

① A君：80，B君：50　② A君：60，B君：55　③ A君：60，B君：50
④ A君：60，B君：45　⑤ A君：50，B君：50

〔2〕A君の得点とB君の得点の間に入る受験者の人数はおおよそ何人か。次の ① ～ ⑤ のうちから最も適切なものを一つ選べ。 **2**

① 75 人　　② 80 人　　③ 155 人　　④ 265 人　　⑤ 345 人

〔3〕このテストの全受験者の得点の箱ひげ図を描いた場合，四分位範囲（箱の長さ）はおおよそいくらか。次の ① ～ ⑤ のうちから最も適切なものを一つ選べ。 **3**

① 20 点　　② 27 点　　③ 34 点　　④ 40 点　　⑤ 48 点

〔4〕このテストで 60 点以上の受験者のみを集めた場合，彼らの得点の平均値はおおよそいくらか。次の ① ～ ⑤ のうちから最も適切なものを一つ選べ。 **4**

① 64 点　　② 68 点　　③ 72 点　　④ 76 点　　⑤ 80 点

問 5　ある都市で，いくつかの世帯を抽出し，世帯主に調査する計画を立てた。調査に
あたった機関は「集落抽出法（クラスター抽出法）」を用いることとした。「集落抽
出法」を説明している記述はどれか。次の ① 〜 ⑤ のうちから最も適切なものを一
つ選べ。 5

① 市内の世帯に一連番号を付け，コンピュータなどでランダムに数値を発生さ
せ，その数値と同じ番号の世帯を抽出する。

② 市内をいくつかのグループにまとめ，第一段階としてグループを抽出し，選
ばれたグループに含まれる世帯をすべて調査する。

③ 属性（住んでいる地域，家族構成，職業など）により各世帯をグループに分
け，それぞれのグループから世帯を無作為に抽出する。

④ 市内の世帯の中で，役員などを行った経験のある世帯を抽出する。

⑤ 市内をいくつかのグループにまとめ，第一段階としてグループを抽出し，選
ばれたグループの中からさらに世帯を抽出する。

ある大学では，新入生全員に対し，4 月と 12 月の 2 回，英語能力テストを実施している。ある年の新入生は，全員が 1 回目のテストを受験したが，2 回目のテストを受験しない学生がいた。受験しなかった学生を調べたところ，1 回目のテストで点数が低かった学生ほど 2 回目に受験しない率が高かったことが分かった。1500 人の全学生の中で，2 回のテストを両方とも受験した学生は 1400 人であり，彼らのテストの点数を $(x_1, y_1), \ldots, (x_{1400}, y_{1400})$ とする。また，1 回しか受験しなかった 100 人の学生の 1 回目のテストの点数を $x_{1401}, \ldots, x_{1500}$ とする。ここで，全学生が 2 回受験したときの点数の分布は，2 変量正規分布

$$N_2\left(\begin{pmatrix} \mu_X \\ \mu_Y \end{pmatrix}, \begin{pmatrix} \sigma_X^2 & \rho\sigma_X\sigma_Y \\ \rho\sigma_X\sigma_Y & \sigma_Y^2 \end{pmatrix}\right)$$

に従うとする（ここで，$\sigma_X > 0$, $\sigma_Y > 0$, $0 < \rho < 1$ とする）。

〔1〕教員の A さんは，2 回とも受験した 1400 人の点数 $(x_1, y_1), \ldots, (x_{1400}, y_{1400})$ のみを用いて，2 回目のテストの平均値 $\bar{y}_A$ と 2 回のテスト間の相関係数 r_A を求めた。$\bar{y}_A$ と r_A の記述として，次の ①〜⑤ のうちから最も適切なものを一つ選べ。 **6**

① $\bar{y}_A$ は μ_Y を偏りなく推定し，r_A は ρ を概ね偏りなく推定する。

② $\bar{y}_A$ は μ_Y を偏りなく推定するが，r_A は ρ を過大評価する。

③ $\bar{y}_A$ は μ_Y を過大評価するが，r_A は ρ を概ね偏りなく推定する。

④ $\bar{y}_A$ は μ_Y を過大評価し，r_A は ρ を過大評価する。

⑤ $\bar{y}_A$ は μ_Y を過大評価し，r_A は ρ を過小評価する。

〔2〕教員の B さんは，2 回とも受験した 1400 人の点数 $(x_1, y_1), \ldots, (x_{1400}, y_{1400})$ を用いて回帰直線 $y = a + bx$ を求め，2 回目の点数の得られない 100 人の学生の点数の予測値 $y_i^* = a + bx_i$ $(i = 1401, \ldots, 1500)$ を計算した。$(x_1, y_1), \ldots, (x_{1400}, y_{1400})$，$(x_{1401}, y_{1401}^*), \ldots, (x_{1500}, y_{1500}^*)$ の 1500 組の（擬似）データから，2 回目のテストの平均値 $\bar{y}_B$ と 2 回のテスト間の相関係数 r_B を求めた。$\bar{y}_B$ と r_B の記述として，次の ①〜⑤ のうちから最も適切なものを一つ選べ。 **7**

① $\bar{y}_B$ は μ_Y を偏りなく推定し，r_B は ρ を概ね偏りなく推定する。

② $\bar{y}_B$ は μ_Y を偏りなく推定するが，r_B は ρ を過大評価する。

③ $\bar{y}_B$ は μ_Y を過大評価するが，r_B は ρ を概ね偏りなく推定する。

④ $\bar{y}_B$ は μ_Y を過大評価し，r_B は ρ を過大評価する。

⑤ $\bar{y}_B$ は μ_Y を過大評価し，r_B は ρ を過小評価する。

問7　あるハンバーガーショップで販売されているフライドポテトの M サイズは，平均 135g と公表されている。ある店舗で,「購入したフライドポテトを 10 個調べたところ，それらの平均重量は 132.0g だった。この店のポテトの量は公表値より少ないのではないか。」と主張する客がいた。この店で，この客から 10 個の測定値の提供を受け，標準偏差（不偏分散の平方根）を求めたところ 8.0g であった。フライドポテトの重量は正規分布に従うと仮定し，この店で販売されているフライドポテトの重量の平均を μ とする。

〔1〕提出されたデータを用い，帰無仮説 $H_0 : \mu = 135$ に対して対立仮説 $H_1 : \mu < 135$ の片側 t 検定を行う。この結論として，次の ① 〜 ⑤ のうちから最も適切なものを一つ選べ。　8

① 検定は 1 ％有意であり，この店で販売されているフライドポテトの平均重量は 135g よりも少ないといえる。

② 検定は 5 ％有意であり，この店で販売されているフライドポテトの平均重量は 135g よりも少ないといえる。

③ 検定は 5 ％有意ではないが有意水準を 10 ％とすると有意であり，この店で販売されているフライドポテトの平均重量は 135g よりも少ない傾向にあるといえる。

④ 検定は有意水準 5 ％でも 10 ％でも有意ではなく，この店で販売されているフライドポテトの平均重量は 135g であるといえる。

⑤ 検定は有意水準 5 ％でも 10 ％でも有意ではなく，この店で販売されているフライドポテトの平均重量は 135g よりも少ないとはいえない。

〔2〕この店の店長は，フライドポテトの標準偏差が 8g と大きい点を問題視し，店員に対し，標準偏差が 4g 程度になるように指示した。標準偏差が 4g のとき，平均 μ をいくら以上に設定すればフライドポテトの重量が 135g を下回る確率を 0.05 以下にすることができるか。次の ① 〜 ⑤ のうちから最も適切なものを一つ選べ。　9

① 136g　　② 139g　　③ 142g　　④ 145g　　⑤ 148g

問8 全国規模の英語能力試験は Listening と Reading からなり，それらの合計が Total として算出される。ある回の試験では，Listening，Reading および Total の点数の平均値は 310 点，260 点，570 点であり，標準偏差はそれぞれ 85 点，95 点，170 点であった。

〔1〕この回の試験で，Listening の点数と Reading の点数の間の相関係数はいくらか。次の ① 〜 ⑤ のうちから最も適切なものを一つ選べ。 | 10 |

① 0.58　　　② 0.63　　　③ 0.68　　　④ 0.73　　　⑤ 0.78

〔2〕この回の試験で，Listening の点数と Reading の点数の差の標準偏差はいくらか。次の ① 〜 ⑤ のうちから最も適切なものを一つ選べ。 | 11 |

① −10　　　② 10　　　③ 20　　　④ 40　　　⑤ 60

〔3〕Listening と Reading の点数が 2 変量正規分布に従うとき，この回の試験で，Listening の点数が 350 点だった人たちの Reading の点数の条件付き期待値の推定値はいくらか。次の ① 〜 ⑤ のうちから最も適切なもの一つ選べ。 | 12 |

① 255　　　② 265　　　③ 275　　　④ 285　　　⑤ 295

問 9　2 変量データ $(x_1, y_1), \ldots, (x_n, y_n)$, $y_i > 0$, $i = 1, \ldots, n$ に対し，モデル

$$\log Y = \alpha + \beta x + \varepsilon \tag{1}$$

をあてはめる。ここで，α および β は正の定数，ε は正規分布 $N(0, \sigma^2)$ に従う確率変数で，その確率密度関数は $f(\varepsilon) = \dfrac{1}{\sqrt{2\pi}\sigma} \exp[-\varepsilon^2/(2\sigma^2)]$ である。なお，対数は自然対数を表す。

〔1〕次の x を横軸に，y を縦軸にとる $(x_1, y_1), \ldots, (x_n, y_n)$ の散布図のうち (1) のモデルが当てはまるものはどれか。次の ① ～ ⑤ のうちから最も適切なものを一つ選べ。　13

①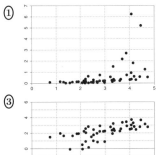
②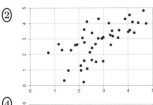
③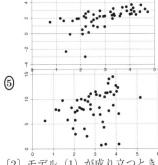
④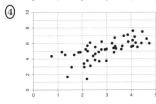

⑤

〔2〕モデル (1) が成り立つとき，Y の条件付き期待値 $E[Y|x]$ を次の ① ～ ⑤ のうちから一つ選べ。　14

① $\exp(\alpha + \beta x)$　　② $\exp(\alpha + \beta x + \sigma^2)$　　③ $\exp(\alpha + \beta x + \sigma^2/2)$
④ $\log(\alpha + \beta x)$　　⑤ $(\log(\alpha + \beta x))/\sigma^2$

問 10 時系列データでは，1 次の自己回帰モデル

$$\xi_{t+1} = \alpha \xi_t + \varepsilon_t \quad (t = 0, 1, \ldots)$$

が想定されることが多い。ここで $\{\varepsilon_t\}$ は $N(0, \sigma^2)$ に従うホワイトノイズである。

〔1〕 次の時系列グラフ（A）〜（D）は，4 種類の自己回帰係数 α $(-1 \le \alpha \le 1)$ の値を用いて作図した。

(A)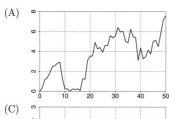

(B)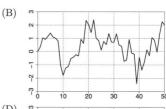

(C)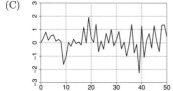

(D)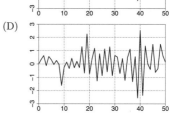

これらのうちで $\alpha = 0.7$ および $\alpha = 0$ を示すグラフはどれとどれか。次の ① 〜 ⑤ のうちから最も適切なものを一つ選べ。　| 15 |

① $\alpha = 0.7：(A)$，　$\alpha = 0：(C)$　　　② $\alpha = 0.7：(A)$，　$\alpha = 0：(D)$

③ $\alpha = 0.7：(B)$，　$\alpha = 0：(C)$　　　④ $\alpha = 0.7：(B)$，　$\alpha = 0：(D)$

⑤ $\alpha = 0.7：(C)$，　$\alpha = 0：(D)$

〔2〕回帰モデル $Y_t = \beta_0 + \beta_1 x_t + \xi_t$ $(t = 0, 1, \ldots)$ の誤差項 ξ_t に〔1〕の 1 次の自己回帰過程が想定されるかどうかは，ダービン・ワトソン (DW) 統計量によって検定される。また，ξ_t に 1 次の自己回帰過程が想定されるとき，回帰係数の推定を通常の最小二乗推定で行ったとする。このときの DW 統計量の値の読み方，および，推定量の偏りに関する記述について，次の ① 〜 ⑤ のうちから最も適切なものを一つ選べ。 | 16 |

① DW 統計量は 0 から 4 の間の値を取り，DW 値が 0 に近いとき 1 次の正の自己回帰が疑われる。そのとき，回帰係数の通常の最小二乗推定量は正の偏りをもつ。

② DW 統計量は 0 から 4 の間の値を取り，DW 値が 0 に近いとき 1 次の正の自己回帰が疑われる。そのとき，回帰係数の通常の最小二乗推定量は負の偏りをもつ。

③ DW 統計量は 0 から 4 の間の値を取り，DW 値が 0 に近いとき 1 次の正の自己回帰が疑われる。そのときであっても，回帰係数の通常の最小二乗推定量は偏りをもたない。

④ DW 統計量は 0 から 4 の間の値を取り，DW 値が 4 に近いとき 1 次の正の自己回帰が疑われる。そのとき，回帰係数の通常の最小二乗推定量は正の偏りをもつ。

⑤ DW 統計量は 0 から 4 の間の値を取り，DW 値が 4 に近いとき 1 次の正の自己回帰が疑われる。そのとき，回帰係数の通常の最小二乗推定量は負の偏りをもつ。

問 11 それぞれ 2 水準ずつを持つ 4 つの因子 A，B，C，D を用いて 8 回の実験を計画している。実験計画としては，直交計画である 2^4 計画の 1/2 実施（2^{4-1} 計画）を予定している。

〔1〕実験計画の表

実験	A	B	C	D
1	1	1	1	1
2	1	1	2	2
3	(ア)			
4	1	2	2	1
5	2	1	1	2
6	2	1	2	1
7	2	2	1	1
8	(イ)			

を 2^{4-1} 計画とするための（ア）と（イ）の組合せとして，次の ① ～ ⑤ のうちから最も適切なものを一つ選べ。 **17**

① （ア）: | 1 | 2 | 1 | 2 | 　（イ）: | 2 | 2 | 2 | 2 |

② （ア）: | 1 | 2 | 1 | 2 | 　（イ）: | 2 | 1 | 2 | 1 |

③ （ア）: | 1 | 1 | 1 | 1 | 　（イ）: | 2 | 2 | 2 | 2 |

④ （ア）: | 1 | 1 | 1 | 1 | 　（イ）: | 2 | 1 | 2 | 1 |

⑤ （ア）: | 1 | 2 | 2 | 2 | 　（イ）: | 2 | 1 | 1 | 1 |

〔2〕次の記述 I 〜 III は，2^{4-1} 計画によって主効果および交互作用を推定する際の注意事項である。

I. 各主効果の推定では，それ以外の主効果の有無が影響することから，それらの P 値をふまえたうえで注意深く解釈する必要がある。

II. 2因子交互作用は交絡することから，2因子交互作用の有無の議論では，交絡相手がどのような作用であるかの検討が必要である。

III. 全平均は4因子交互作用と交絡するが，通常，4因子交互作用はないとされることから，全平均の値はそのまま解釈してよい。

記述 I 〜 III に関して，次の ① 〜 ⑤ のうちから最も適切なものを一つ選べ。

18

① I のみ正しい。　　　　② I と II のみ正しい。

③ II のみ正しい。　　　　④ II と III のみ正しい。

⑤ すべて正しい。

問 12 ある病気の治療薬として新薬 A が開発され，その効果を確かめるため既存薬 B との比較が行なわれた。比較臨床試験では，新薬 A に関する情報を多く集めるため，全部で 60 名の被験者をランダムに 2 : 1 の比で新薬 A と既存薬 B とに割付けた。次の表は，試験の結果である。

	有効	無効	計
A	32	8	40
B	12	8	20
計	44	16	60

この分割表のピアソンのカイ二乗統計量の値は $\chi^2 = \dfrac{60(32 \times 8 - 8 \times 12)^2}{40 \times 20 \times 44 \times 16} \approx 2.73$ であり，薬剤Aの薬剤Bに対するオッズ比 (odds ratio) は $OR = (32 \times 8)/(8 \times 12) \approx 2.67$ である。ここでの検定は，帰無仮説：「両薬剤の有効率は等しい」に関する両側検定とする。

〔1〕上で求めたカイ二乗統計量 χ^2 に基づく検定結果と，OR に基づく母集団オッズ比の信頼係数 95 ％の信頼区間について，次の ① ～ ⑤ のうちから最も適切なものを一つ選べ。　　**19**

① 検定は 5 ％有意であり，OR に基づく信頼区間は 0 を含む。

② 検定は 5 ％有意であり，OR に基づく信頼区間は 1 を含む。

③ 検定は 5 ％有意であり，OR に基づく信頼区間は 1 を含まない。

④ 検定は 5 ％有意でなく，OR に基づく信頼区間は 1 を含む。

⑤ 検定は 5 ％有意でなく，OR に基づく信頼区間は 1 を含まない。

〔2〕表で与えられた数値をすべて 1.5 倍すると，カイ二乗統計量の値とオッズ比は どうなるか。また，そのときのカイ二乗統計量に基づく検定はどのようになるか。 次の ① ～ ⑤ のうちから最も適切なものを一つ選べ。 $\boxed{20}$

- ① カイ二乗統計量の値は 1.5 倍になり，OR の値は変わらない。検定は 5 ％有 意である。
- ② カイ二乗統計量の値は 1.5 倍になり，OR の値は変わらない。検定は 5 ％有 意でない。
- ③ カイ二乗統計量の値は 1.5 倍になり，OR の値も 1.5 倍になる。検定は 5 ％有意である。
- ④ カイ二乗統計量の値は変わらず，OR の値は 1.5 倍になる。検定は 5 ％有 意である。
- ⑤ カイ二乗統計量の値は変わらず，OR の値は 1.5 倍になる。検定は 5 ％有 意でない。

問 13 大学のサークルでバスケットボールをすることになり，サークルのメンバーの A 君のフリースローの成功率 θ が話題となった。同じサークルの B さんは θ に関する情報を全く持ち合わせていなかったが，A 君と付き合いの長い C 君は θ に関する事前情報を持っていた。

B さんが θ に関して何も情報を持たないことを θ の事前分布として区間 $(0,1)$ 上の一様分布で表現し，C 君の θ に関する事前情報を θ の事前分布としてベータ分布 $Beta(5,5)$ で表す。一般に，$Beta(a,b)$ の確率密度関数は，$B(a,b)$ をベータ関数 $\mathrm{B}(a,b) = \int_0^1 \theta^{a-1}(1-\theta)^{b-1}d\theta$ として，$f(\theta) = \dfrac{1}{\mathrm{B}(a,b)}\theta^{a-1}(1-\theta)^{b-1}$ である。また，A 君の n 回のフリースロー中での成功回数 X はパラメータ n,θ の二項分布に従うとする。

実際に A 君がフリースローを 12 回行ったところ 3 回成功した。

〔1〕B さんの θ に関する事後モード（事後分布の最頻値）はいくらか。次の ① ～ ⑤ のうちから最も適切なものを一つ選べ。 **21**

① 0.25　　② 0.3　　③ 0.35　　④ 0.4　　⑤ 0.5

〔2〕C 君の θ に関する事後モードはいくらか。次の ① ～ ⑤ のうちから最も適切なものを一つ選べ。 **22**

① 0.25　　② 0.3　　③ 0.35　　④ 0.4　　⑤ 0.5

問14 半径 1 の円の第 1 象限の面積は $\pi/4$ であることを利用して円周率 π の近似値を次の 2 通りの方法で求める（右図参照）。

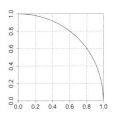

(1) 領域 $(0,1) \times (0,1)$ 上の一様乱数の組を N 組生成して $(U_i, V_i), i = 1, \ldots, N$ とし，それらの中で $U_i^2 + V_i^2 < 1$ となった組の個数を M として，$\hat{\pi} = 4M/N$ とする。

(2) 区間 $(0,1)$ 上の一様分布に従う確率変数 U に対し，$\sqrt{1 - U^2}$ の期待値は

$$E[\sqrt{1 - U^2}] = \int_0^1 \sqrt{1 - u^2} du = \frac{\pi}{4}$$

であるので，区間 $(0,1)$ 上の一様乱数を n 個生成して $U_i, i = 1, \ldots, n$ とし，$\sqrt{1 - U_i^2}$ の標本平均を用いて

$$\tilde{\pi} = 4 \times \frac{1}{n} \sum_{i=1}^n \sqrt{1 - U_i^2}$$

とする。

〔1〕 (1) の $\hat{\pi}$ の標準偏差を 0.01 以下とするためには何組以上の乱数が必要か。次の ① 〜 ⑤ のうちから最も適切なものを一つ選べ。 **23**

① 1000　　② 2700　　③ 8000　　④ 27000　　⑤ 80000

〔2〕 (2) の $\tilde{\pi}$ の標準偏差を 0.01 以下とするためには何個以上の乱数が必要か。次の ① 〜 ⑤ のうちから最も適切なものを一つ選べ。 **24**

① 1000　　② 2700　　③ 8000　　④ 27000　　⑤ 80000

問 15 次の表および時系列を示す図は，ある商店の 6 期から 19 期の売上げである（単位：百万円）。

期	6	7	8	9	10	11	12	13	14	15	16	17	18	19
売上げ	11.5	14.0	16.1	18.2	20.1	21.7	25.1	28.7	30.8	29.5	31.4	32.3	30.6	30.1

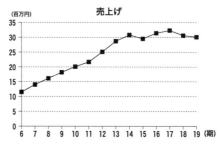

売上げ (y) を期 (x) によって予測するため，下の 4 種類の多項式回帰モデルを仮定した。

$$\text{モデル } 0 \quad : \quad y = \beta_0 + \varepsilon$$
$$\text{モデル } 1 \quad : \quad y = \beta_0 + \beta_1 x + \varepsilon$$
$$\text{モデル } 2 \quad : \quad y = \beta_0 + \beta_1 x + \beta_2 x^2 + \varepsilon$$
$$\text{モデル } 3 \quad : \quad y = \beta_0 + \beta_1 x + \beta_2 x^2 + \beta_3 x^3 + \varepsilon$$

ここで，ε は誤差項であり正規分布 $N(0, \sigma^2)$ に従うと仮定する。次に，モデル 0, 1, 2, 3 に対する出力結果の一部を示す。なお，*** は P 値が $0 \sim 0.001$，** は $0.001 \sim 0.01$，* は $0.01 \sim 0.05$，. は $0.05 \sim 0.1$ を意味している。

モデル 0：
Coefficients：

	Estimate	Std. Error	t value	Pr(> |t|)	
(Intercept)	24.293	1.927	12.61	1.15e-08	***

モデル 1：
Coefficients：

	Estimate	Std. Error	t value	Pr(> |t|)	
(Intercept)	3.9495	2.1512	1.836	0.0913	.
x	1.6275	0.1638	9.936	3.84e-07	***

―

Residual standard error: 2.47 on 12 degrees of freedom
Multiple R-squared: 0.8916, Adjusted R-squared: 0.8826
F-statistic: 98.73 on 1 and 12 DF, p-value: 3.837e-07

モデル 2：
Coefficients：

	Estimate	Std. Error	t value	Pr($>$ |t|)	
(Intercept)	-14.82940	3.76715	-3.937	0.002326	**
x	4.98084	0.64424	7.731	9.03e-06	***
x^2	-0.13413	0.02551	-5.258	0.000269	***

—

Residual standard error: 1.377 on 11 degrees of freedom
Multiple R-squared: 0.9692, Adjusted R-squared: 0.9635
F-statistic: 172.8 on 2 and 11 DF, p-value: 4.903e-09

モデル 3：
Coefficients：

	Estimate	Std. Error	t value	Pr($>$ |t|)	
(Intercept)	15.406875	8.077300	1.907	0.08557	.
x	-3.380727	2.167930	-1.559	0.14996	
x^2	0.578985	0.182106	3.179	0.00983	**
x^3	-0.019017	0.004836	-3.933	0.00281	**

—

Residual standard error: 0.9047 on 10 degrees of freedom
Multiple R-squared: 0.9879, Adjusted R-squared: 0.9843
F-statistic: 271.9 on 3 and 10 DF, p-value: 7.02e-10

〔1〕これらの出力結果から，自由度調整済み決定係数 $\bar{R}^2$ や F 値に対する P 値を比べることでモデルを選択することとした。これらの考え方によって選択されたモデルはどれか。次の ① 〜 ④ のうちから最も適切なものを一つ選べ。　| 25 |

① モデル 0　　② モデル 1　　③ モデル 2　　④ モデル 3

〔2〕上問〔1〕で選んだモデルに基づく第 20 期と第 23 期の予測値はいくらか。次の ① 〜 ⑤ のうちから最も適切なものを一つ選べ。　| 26 |

① 第 20 期：24.3，第 23 期：24.3　　② 第 20 期：27.3，第 23 期：12.6
③ 第 20 期：31.1，第 23 期：28.8　　④ 第 20 期：33.8，第 23 期：35.1
⑤ 第 20 期：36.5，第 23 期：41.4

問 16　ある店舗に関する満足度について 193 人の客にアンケートをした。アンケートの内容は 5 つの項目（「品揃えの良さ」,「商品の見やすさ」,「サービスの良さ」,「味の良さ」,「好みの品がある」）に関する 5 段階評価である（5 が最もよく, 1 が最も悪い）。

表 1 は, 193 人中の 4 人のアンケート結果である。ただし, 5 つの項目を順に,「品揃え」「見やすさ」「サービス」「味」「好み」と示している。表 2 は, 各項目について平均と標準偏差を計算し, 表 1 の数値を標準化した値である。また, 表 3 から表 5 は, 標準化した値を用いた主成分分析の結果（固有値, 寄与率, 累積寄与率, 主成分負荷量, 固有ベクトル）である。ただし, 計算を容易にするため小数点以下第 2 位を四捨五入している。

表 1：アンケート結果

客の ID	品揃え	見やすさ	サービス	味	好み
No.1	1	1	1	1	1
No.2	3	3	3	3	3
No.3	1	3	4	1	1
No.4	5	5	5	5	5

表 2：アンケート結果（標準化）

客の ID	品揃え	見やすさ	サービス	味	好み
No.1	−1.7	−1.9	−2.2	−1.9	−1.6
No.2	0.2	0.3	0.3	0.4	0.3
No.3	−1.7	0.3	1.5	−1.9	−1.6
No.4	2.2	2.5	2.7	2.7	2.1

表 3：固有値, 寄与率, 累積寄与率

	固有値	寄与率 (%)	累積寄与率 (%)
第 1 主成分	2.8	55.5	55.5
第 2 主成分	0.9	17.2	72.7
第 3 主成分	0.6	11.1	83.7
第 4 主成分	0.5	9.3	93.0
第 5 主成分	0.3	7.0	100.0

表 4：主成分負荷量

	品揃え	見やすさ	サービス	味	好み
第 1 主成分	0.8	0.7	0.7	0.7	0.8
第 2 主成分	−0.1	0.5	0.5	−0.5	−0.4
第 3 主成分	−0.6	0.2	0.1	0.4	−0.0
第 4 主成分	0.0	−0.5	0.5	0.1	−0.1
第 5 主成分	0.2	0.1	−0.1	0.3	−0.4

表5：固有ベクトル

	品揃え	見やすさ	サービス	味	好み
第1主成分	0.5	0.4	0.4	0.4	0.5
第2主成分	−0.1	0.5	0.5	−0.5	−0.4
第3主成分	−0.8	0.3	0.1	0.5	−0.1
第4主成分	0.0	−0.7	0.7	0.2	−0.2
第5主成分	0.4	0.2	−0.2	0.5	−0.8

〔1〕表3と表4の結果よりどのようなことが言えるかを考察せよ。その際，固有値，寄与率，累積寄与率，主成分負荷量などの値を適宜含めること。 記述 8

〔2〕解答用紙には，表1の4人の第1主成分得点が示されている。第2主成分得点を計算し，解答用紙の表に示せ。また，横軸に第1主成分得点，縦軸に第2主成分得点をとって図示せよ。なお，主成分得点は固有ベクトルの値と対応する変数の値を掛け算して全部足し合わせたものである。 記述 9

統計検定準1級 2015年6月 正解一覧

　選択問題及び部分記述問題の正解一覧です。次ページ以降に解説を掲載しています。問題の趣旨やその考え方を理解するために活用してください。

　論述問題の問題文，解答例は280ページに掲載しています。

問		解答番号	正解
問1	〔1〕	記述1	0.36
	〔2〕	記述2	2/3
問2	〔1〕	記述3	0.35
	〔2〕	記述4	0.26
	〔3〕	記述5	0.19
問3	〔1〕	記述6	(0.509, 0.571)
	〔2〕	記述7	9604
問4	〔1〕	1	④
	〔2〕	2	④
	〔3〕	3	②
	〔4〕	4	④
問5		5	②
問6	〔1〕	6	⑤
	〔2〕	7	②
問7	〔1〕	8	⑤
	〔2〕	9	③
問8	〔1〕	10	⑤
	〔2〕	11	⑤
	〔3〕	12	⑤

問		解答番号	正解
問9	〔1〕	13	①
	〔2〕	14	③
問10	〔1〕	15	③
	〔2〕	16	③
問11	〔1〕	17	①
	〔2〕	18	④
問12	〔1〕	19	④
	〔2〕	20	①
問13	〔1〕	21	①
	〔2〕	22	③
問14	〔1〕	23	④
	〔2〕	24	③
問15	〔1〕	25	④
	〔2〕	26	②
問16	〔1〕	記述8	※
	〔2〕	記述9	※

※は次ページ以降を参照。

選択問題及び部分記述問題　解説

問 1

〔1〕 記述 1 ·· 正解　0.36

大学全体の合格率は,

（女子の合格率）×（女子の比率）＋（男子の合格率）×（男子の比率）
$$= 0.4 \times 0.6 + 0.3 \times 0.4 = 0.36$$

と求められる。

〔2〕 記述 2 ·· 正解　2/3

ランダムに選んだ受験生が, 女子である事象を W とし, 入試に合格する事象を S とすると, 入試に合格した受験生が女子である条件付き確率は, 上問〔1〕より $P(S) = 0.36$ であるので, ベイズの定理により,

$$P(W|S) = \frac{P(S|W)P(W)}{P(S)} = \frac{0.4 \times 0.6}{0.36} = \frac{2}{3}$$

となる。

本問では箱の中に多くの商品が入っていることを仮定している。箱の中の商品が少ない場合は超幾何分布に基づく確率計算となる。

〔1〕 記述 3 ・・・ 正解 0.35

不良品率が p のとき，不良品の個数を X とすると，$X = r$ となる確率は二項分布 $B(5, p)$ より，
$$P(X = r|p) = {}_5C_r p^r (1-p)^{5-r} \quad (r = 0, 1, \ldots, 5)$$
となる。$p = 0.4$，$r = 2$ のとき，この確率は，
$$P(X = 2|0.4) = {}_5C_2 0.4^2 (0.6)^3 = 0.3456$$
となり，小数点以下第 3 位を四捨五入すると 0.35 となる。

〔2〕 記述 4 ・・・ 正解 0.26

記述 5 ・・・ 正解 0.19

$p = 0.2$ のときの生産者危険は，
$$P(X \geq 2|p = 0.2) = 0.20 + 0.05 + 0.01 + 0.00 = 0.26$$
となり，$p = 0.5$ のときの消費者危険は，
$$P(X \leq 1|p = 0.5) = 0.03 + 0.16 = 0.19$$
となる。

問3

〔1〕 記述 6 ・・・・・・・・・・・・・・・・・・・・・・・・・・・・・・・・・・・・・・ 正解 $(0.509, 0.571)$

二項分布の正規近似により信頼区間を構成する。標準正規分布 $N(0, 1)$ の上側 2.5% の $z(0.025) = 1.96$ および標本比率の標準誤差 $\sqrt{0.54 \times 0.46/978} = 0.016$ を用い，信頼区間は，
$$0.54 \pm 1.96\sqrt{0.54 \times 0.46/978} = 0.54 \pm 0.031 = (0.509, 0.571)$$
となる。

〔2〕 記述 7 ・・ 正解 9604

$p(1-p)$ は $p = 0.5$ で最大になることを考慮し，区間幅に関する等式
$$2 \times 1.96\sqrt{0.5(1-0.5)/n} = 0.02$$
を解くと，$n = (2 \times 1.96 \times 0.5/0.02)^2 = 9604$ となる。

問4

〔1〕　**1**　··· 正解 ④

A君の z 値は $z_A = (80 - 60)/20 = 1.0$

B君の z 値は $z_B = (50 - 60)/20 = -0.5$

である。したがって，両君の偏差値はそれぞれ，

$T_A = 10 \times 1.0 + 50 = 60$

$T_B = 10 \times (-0.5) + 50 = 45$

である。

よって，④が正解である。

〔2〕　**2**　··· 正解 ④

$Z \sim N(0, 1)$ とすると，

$P(Z \leq 1.0) = 0.8413$

$P(Z \leq -0.5) = 0.3085$

であるので，

$P(-0.5 < Z < 1.0) = 0.8413 - 0.3085 = 0.5328$

となる。受験者は 500 人であるので，$500 \times 0.5328 \approx 266.4$〔人〕となる。

よって④が正解である。

〔3〕　**3**　··· 正解 ②

$N(0, 1)$ の下側 25 ％点および上側 25 ％点はそれぞれおおよそ -0.675 と 0.675 であるので，四分位範囲は $0.675 \times 2 = 1.35$ となる。テストの得点の標準偏差は 20 点であるので，四分位範囲は $20 \times 1.35 = 27$〔点〕となる。

よって，②が正解である。

〔4〕　**4**　··· 正解 ④

$Z \sim N(0, 1)$ とすると，

$$E[Z|Z \geq 0] = \frac{2}{\sqrt{2\pi}} \int_0^\infty z e^{-z^2/2} dz = \frac{2}{\sqrt{2\pi}} [-e^{-z^2/2}]_0^\infty = \sqrt{\frac{2}{\pi}} \approx 0.798$$

であるので，平均点は $20 \times 0.798 + 60 = 75.96$〔点〕となる。

よって，④が正解である。

問5

```
  5  ┄┄┄┄┄┄┄┄┄┄┄┄┄┄┄┄┄┄┄┄┄┄┄┄┄┄┄┄┄┄┄┄  正解 ▶ ②
```

問題の調査法はそれぞれ,

①:単純無作為抽出法

②:集落抽出法

③:層化抽出法

④:有意抽出法

⑤:二段抽出法

である。よって,②が正解である。

問6

〔1〕
```
  6  ┄┄┄┄┄┄┄┄┄┄┄┄┄┄┄┄┄┄┄┄┄┄┄┄┄┄┄┄┄┄┄┄  正解 ▶ ⑤
```

2回のテストの間の相関係数は正であるので,2回目にテストを受けなかった学生の点数は平均より低かったことが予想される。したがって,2回目の受験者のみで平均をとると μ_Y を過大評価する。

そのとき,分布の端のほうの観測値が失われることで,相関係数は過小評価となる。

よって,⑤が正解である。

〔2〕
```
  7  ┄┄┄┄┄┄┄┄┄┄┄┄┄┄┄┄┄┄┄┄┄┄┄┄┄┄┄┄┄┄┄┄  正解 ▶ ②
```

全学生が2回受験したときの点数の分布が2変量正規分布に従うので,2回のテストの点数を両方とも受けた学生のみを用いて推定した回帰直線は,全学生が2回とも受験した場合に得られるデータを用いて計算した回帰直線とほぼ一致する。その回帰直線により1回目のテストの点数を使って,1回目しか受けなかった学生の2回目のテストの点数を予測している。そのため,これら予測値を含む疑似データを用いて求めた標本平均は μ_Y を偏りなく推定する。

この計算法は,欠測メカニズムが MAR（Missing At Random）のときの最尤推定法になっている。しかし,回帰による予測値は回帰直線のまわりでのばらつきを伴わないことから,相関係数を過大評価する。

よって,②が正解である。

問7

〔1〕 | **8** | .... 正解 ▶ ⑤

検定統計量の値は,
$$t = \sqrt{10}(132 - 135)/8 \approx -1.186$$
である。この値の絶対値は自由度 9 の t 分布の上側 10 %点の $t_9(0.1) = 1.383$ よりも小さいので,有意水準 10 %でも 5 %でも有意でない。したがって,この店のフライドポテトの平均重量は 135g よりも小さいとはいえない。

よって,⑤が正解である。

〔2〕 | **9** | .... 正解 ▶ ③

フライドポテトの重量を表す確率変数を $X \sim N(\mu, 4^2)$ とすると,
$$Z = (X - \mu)/4 \sim N(0, 1)$$
である。ポテトの重量が 135g を下回る確率を 0.05 以下にするには,
$$P((X - \mu)/4 < -1.645) = 0.05 \text{ より,} \quad \mu - 1.645 \times 4 = 135$$
を解けばよい。つまり,
$$\mu = 135 + 1.645 \times 4 = 141.58$$
であるので,おおよそ 142g とすればよい。

よって,③が正解である。

問8

〔1〕 | **10** | .... 正解 ▶ ⑤

一般に,2 つの確率変数 X と Y に対して,
$$V[X + Y] = V[X] + V[Y] + 2Cov[X, Y]$$
が成立するので,
$$Cov[X, Y] = \{V[X + Y] - (V[X] + V[Y])\}/2$$
である。よって,相関係数は,
$$R[X, Y] = \frac{Cov[X, Y]}{SD[X]SD[Y]} = \frac{\{V[X + Y] - (V[X] + V[Y])\}/2}{SD[X]SD[Y]}$$
となる。この式に問題文の数値を当てはめると,相関係数は,
$$\frac{\{170^2 - (85^2 + 95^2)\}/2}{85 \times 95} = \frac{6325}{8075} \approx 0.783$$
と求められる。

よって,⑤が正解である。

〔2〕 **11** ‥‥‥‥‥‥‥‥‥‥‥‥‥‥‥‥‥‥‥‥‥‥‥‥‥‥‥‥‥ 正解 ⑤

一般に $SD[X-Y] = \sqrt{V[X] + V[Y] - 2Cov[X,Y]}$ が成立する。この式に問題文の数値を対応させると，
$$SD[X-Y] = \sqrt{85^2 + 95^2 - 2 \times 6325} = \sqrt{3600} = 60$$
となる。

よって，⑤が正解である。

〔3〕 **12** ‥‥‥‥‥‥‥‥‥‥‥‥‥‥‥‥‥‥‥‥‥‥‥‥‥‥‥‥‥ 正解 ⑤

2変量正規分布の仮定の下では，
$$E[Y|X = x] = \alpha + \beta x$$
となる。ここで，
$$\alpha = E[Y] - \beta E[X], \quad \beta = Cov[X,Y]/V[X]$$
である。α および β の推定値 a および b については，
$$b = \frac{6325}{85^2} = \frac{253}{17^2} \approx 0.875 \text{ および } a = 260 - 0.875 \times 310 \approx -11.25$$
となるので，$x = 350$ であった人たちの条件付き期待値は，
$$-11.25 + 0.875 \times 350 \approx 295$$
と推定される。

よって，⑤が正解である。

問9

〔1〕 **13** ‥‥‥‥‥‥‥‥‥‥‥‥‥‥‥‥‥‥‥‥‥‥‥‥‥‥‥‥‥ 正解 ①

モデル (1) は，両辺に exp を施すことで，全体に指数関数の様相を示すことがわかる。また，x が大きくなるほど，y の値が存在する幅（分散）が極端に大きくなる。それを示した図は①である。よって，①が正解である。なお，問題の図は，

① $\log Y = \alpha + \beta x + \varepsilon$
② $Y = \alpha + \beta x + \varepsilon$,
③ $e^Y = \alpha + \beta x + \varepsilon$,
④ $Y^2 = \alpha + \beta x + \varepsilon$,
⑤ $Y = \alpha + \beta x + \varepsilon x$

の各モデルを想定したものである。

〔2〕 ▢14 ⋯⋯⋯⋯⋯⋯⋯⋯⋯⋯⋯⋯⋯⋯⋯⋯⋯⋯⋯⋯⋯ 正解 ③

$$\log Y = \alpha + \beta x + \varepsilon$$

であるので,

$$Y = \exp[\alpha + \beta x + \varepsilon]$$

であり,その条件付き期待値は,

$$E[Y|x] = \exp[\alpha + \beta x] \times E[\exp(\varepsilon)]$$

である。正規分布 $N(\mu, \sigma^2)$ のモーメント母関数は,

$$E[\exp(t\varepsilon)] = \exp(\mu t + \sigma^2 t^2/2)$$

であるので,$\mu = 0$,$t = 1$ として,

$$E[\exp(\varepsilon)] = \exp(\sigma^2/2)$$

を得る。したがって,

$$E[Y] = \exp(\alpha + \beta x + \sigma^2/2) \text{ となる。}$$

よって,③が正解である。

問10

〔1〕 ▢15 ⋯⋯⋯⋯⋯⋯⋯⋯⋯⋯⋯⋯⋯⋯⋯⋯⋯⋯⋯⋯⋯ 正解 ③

　自己回帰係数 $\alpha(-1 \leq \alpha \leq 1)$ が正で大きな数値であるほど,一つ前の状態に似た値となり,グラフの変化が穏やかになりやすい。$\alpha = 0$ はホワイトノイズそのままである。自己回帰係数 α が負になると,一つ前の状態の反対の符号を示すことが多いので上下の動きが激しくなる。また,$\alpha = 1$ はランダムウォークを表し,定常ではない。

　(A) は定常性が疑われ,(B) では α は正で比較的 1 に近く,(C) では α は 0 程度と考えられる。(D) では正負の反転が頻繁であるので α は負であると予測される。

　よって,③が正解である。

　なお,各グラフに対する自己回帰係数 α はそれぞれ,

　(A) $\alpha = 1$　　(B) $\alpha = 0.7$　　(C) $\alpha = 0$　　(D) $\alpha = -0.5$

である。

〔2〕 ▢16 ⋯⋯⋯⋯⋯⋯⋯⋯⋯⋯⋯⋯⋯⋯⋯⋯⋯⋯⋯⋯⋯ 正解 ③

　DW 統計量の値が 0 に近いとき,1 次の正の自己回帰が疑われる。

　そのときであっても回帰係数の通常の最小二乗推定量は不偏である。

　よって,③が正解である。

　ただし,通常の最小二乗推定量は一般化最小二乗推定量よりも標本分散が大きくなる。

問11

〔1〕 **17** ·· 正解 ①

　2 水準 4 因子の実験計画は，すべての水準組合せ $2 \times 2 \times 2 \times 2 = 16$〔回〕の実験が必要である。しかし，因子間の交互作用がないと仮定すると，8 回の実験で各因子の主効果を考えることができる。

　直交計画では各列に 2 水準が 4 回ずつ含まれていなければならない。また，どの 2 列にも，$(1,1)$，$(1,2)$，$(2,1)$，$(2,2)$ が同じ回数含まれていないといけない。

　実験計画の表を見ると，B と D の列には 2 が 2 つしかない。したがって，アもイも B と D の列には 2 が入る。

　この条件を満たすのは①であり，これより 2^{4-1} 計画となる。よって，①が正解である。

〔2〕 **18** ·· 正解 ④

Ⅰ：誤り。直交計画であるので，主効果は他の主効果と独立に推定可能であるため誤り。

Ⅱ：正しい。直交計画は，因子間の交互作用がないという仮定を設けているため，実際にあった場合は交絡することから，2 因子交互作用の有無については注意が必要であるため正しい。

Ⅲ：正しい。4 因子が存在する場合，全平均（総平均ともいう）と主効果および 2 因子交互作用，3 因子交互作用，4 因子交互作用によって完全実施要因計画が記述される。2^{4-1} 計画では，全平均が 4 因子交互作用と交絡するが，一般に，4 因子交互作用は存在することはないとされ，また，解釈も難しいので 4 因子交互作用を考えることなく全平均を解釈してよい。

　よって，④が正解である。

問12

〔1〕 **19** .... 正解 ④

　ピアソンのカイ二乗統計量 χ^2 は，帰無仮説の下で自由度 1 のカイ二乗分布に従う。
自由度 1 のカイ二乗分布の上側 5 % 点は $\chi_1^2(0.05) = 3.84$ であり，$y = 2.73$ は
それよりも小さいので，検定は 5 % 有意でない。

　検定が有意でないので，オッズ比の 95 % 信頼区間は 1 を含むことが推測される。実
際，$\log OR$ の標準誤差は $\sqrt{\dfrac{1}{32} + \dfrac{1}{8} + \dfrac{1}{8} + \dfrac{1}{12}} = 0.604$ であり，$\log OR = 0.981$
であるので，対数オッズ比の 95 % 信頼区間は，

$0.981 \pm 1.96 \times 0.604 = (-0.203, 2.165)$

となり，オッズ比の信頼区間は，

$(\exp[-0.203], \exp[2.165]) = (0.816, 8.715)$

となり，確かに 1 を含むことがわかる。

　よって，④が正解である。

〔2〕 **20** .... 正解 ①

　すべての度数を 1.5 倍すると，カイ二乗統計量の値は 1.5 倍の 4.091 になり，
$\chi_1^2(0.05) = 3.84$ よりも大きいので，検定は 5 % 有意になる。オッズ比の値は変わ
らない。ただし，オッズ比の信頼区間の幅は $1/\sqrt{1.5}$ 倍になる。

　よって，①が正解である。

〔1〕 **21** ··· 正解 ①

〔2〕 **22** ··· 正解 ③

一般に，二項確率 θ の事前分布がベータ分布 $f(\theta) = \dfrac{1}{\mathrm{B}(a,b)}\theta^{a-1}(1-\theta)^{b-1}$ であり，n 回の試行で x 回の成功が得られたときの θ の事後分布は，

$$f(\theta|x) \propto {}_nC_x\theta^x(1-\theta)^{n-x} \times \frac{1}{\mathrm{B}(a,b)}\theta^{a-1}(1-\theta)^{b-1}$$
$$= \frac{{}_nC_x}{\mathrm{B}(a,b)}\theta^{x+a-1}(1-\theta)^{n-x+b-1}$$

となる。これはパラメータ $x+a$, $n-x+b$ のベータ分布 $Beta(x+a, n-x+b)$ である。$Beta(x+a, n-x+b)$ のモード（最頻値）は，

$$\frac{d}{d\theta}\theta^{x+a-1}(1-\theta)^{n-x+b-1}$$
$$= \theta^{x+a-2}(1-\theta)^{n-x+b-2}\{(x+a-1)(1-\theta)-(n-x+b-1)\theta\} = 0$$

より，

$$\{(x+a-1)(1-\theta)-(n-x+b-1)\theta\}$$
$$= x+a-1-x\theta-a\theta+\theta-n\theta+x\theta-b\theta+\theta$$
$$= x+a-1-\theta(a+n+b-2) = 0$$

であるので，

$$\theta = \frac{x+a-1}{n+a+b-2}$$

となる。

区間 $(0,1)$ 上の一様分布はベータ分布の $a=b=1$ の場合であるので，$a=b=1$ とすると $\theta = x/n = 3/12 = 0.25$ を得る（〔1〕は①が正解）。

また，$a=b=5$ とすると $\theta = (x+4)/(n+8) = 7/20 = 0.35$ となる（〔2〕は③が正解）。

$a=b=1$ では，事後モードは二項分布 $B(n,\theta)$ の二項確率 θ の最尤推定値 $\hat{\theta} = 3/12 = 0.25$ である。

以上，まとめると次のようになる（図は事前分布，事後分布の確率密度関数である）。$n=12$, $x=3$ の場合，

事前分布	事後分布	事後モード
$Beta(1,1)$	$Beta(4,10)$	$3/12 = 0.25$
$Beta(5,5)$	$Beta(8,14)$	$7/20 = 0.35$

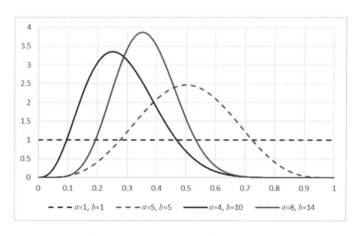

よって，〔1〕は①が正解であり，〔2〕は③が正解である。

〔1〕 **23** .... 正解 ④

N 組の乱数中で $U^2 + V^2 < 1$ となる組の個数 M は二項分布 $B(N, \pi/4)$ に従うので, $V[M] = N(\pi/4)(1 - \pi/4)$ であることより, $4M/N$ の標準偏差は,

$$SD[4M/N] = \frac{4}{\sqrt{N}} \sqrt{\frac{\pi}{4}\left(1 - \frac{\pi}{4}\right)} = \sqrt{\frac{\pi(4-\pi)}{N}}$$

となる。よって, $SD[4M/N] = 0.01$ とすると, $\frac{\pi(4-\pi)}{N} = (0.01)^2$ となることから,

$$N = \frac{\pi(4-\pi)}{(0.01)^2} \approx \frac{2.7}{0.0001} = 27000$$

を得る。よって, ④ が正解である。

〔2〕 **24** .... 正解 ③

U を区間 $(0,1)$ 上の一様分布に従う確率変数としたとき,

$$V\left[\sqrt{1-U^2}\right] = E[1-U^2] - \left(E\left[\sqrt{1-U^2}\right]\right)^2 = \int_0^1 (1-u^2)du - \left(\frac{\pi}{4}\right)^2$$

$$= \left[u - \frac{u^3}{3}\right]_0^1 - \left(\frac{\pi}{4}\right)^2 = \frac{2}{3} - \frac{\pi^2}{16} \approx 0.05$$

であるので, 標準偏差 $SD[\tilde{\pi}] = \frac{4}{\sqrt{n}}\sqrt{0.05} = 0.01$ より $\frac{16}{n} \times 0.05 = (0.01)^2$ となり, $n = 8000$ を得る。よって, ③ が正解である。

方法 (2) のほうが方法 (1) より 約 $27000/8000 \approx 3.38$ 倍効率がよい。

問15

〔1〕　**25**　⋯⋯⋯⋯⋯⋯⋯⋯⋯⋯⋯⋯⋯⋯⋯⋯⋯⋯⋯⋯⋯⋯⋯⋯⋯⋯⋯⋯　**正解**▶④

　モデルの良さを比較するにはいくつかの指標がある。ここでは，自由度調整済み決定係数 $\bar{R}^2$ と F 値に対する P 値によりモデルを選択することが指示されている。出力結果から，モデル3の自由度調整済み決定係数 $\bar{R}^2$（Adjusted R-squared）の値が，他のモデルと比較して最も大きい。また，F 値に対する P 値（F-statistic にある p-value）も，モデル3が最も小さいことから，モデル3が選択される。

　よって，④が正解である。

〔2〕　**26**　⋯⋯⋯⋯⋯⋯⋯⋯⋯⋯⋯⋯⋯⋯⋯⋯⋯⋯⋯⋯⋯⋯⋯⋯⋯⋯⋯⋯　**正解**▶②

　モデル3が上問〔1〕より選ばれたので，出力結果より多項式回帰式を求めると次のようになる。
$$y = 15.406875 - 3.380727x + 0.578985x^2 - 0.019017x^3$$
これを利用し，20 期と 23 期の予測値を求める。$x = 20$ のとき $y \approx 27.3$，$x = 23$ のとき $y \approx 12.6$ となる。よって，②が正解である。

　モデル式を用いた予測は可能であるが，実際の値が得られていない領域を予測する場合は注意が必要である。特に，このような多項式回帰の場合は大きく値が変化するので，高次の多項式による回帰モデルを用いての外挿はあまりよいとはいえない。

〔1〕 記述 8 ・・ 正解 ▶ 下記参照

次のような内容について記述されていることを求める。

・各主成分の固有値，寄与率と累積寄与率に関する考察があるか？

（例）ある主成分の寄与率は，(その主成分に対応する固有値)/(固有値の総和) であり，その主成分の説明力を表すと解釈できる。第 1 主成分の寄与率は 55.5 ％であり，この主成分だけでも 50 ％を超える説明力があるといえる。

・取り上げる主成分数を決めた理由が書かれているか？

（例）累積寄与率は第 2 主成分までで 72.7 ％，第 3 主成分までで 83.7 ％となるので，80 ％を目途として解釈するなら，第 2 または第 3 主成分を利用することが好ましい。

・第 1 主成分に関する考察があるか？

（例）第 1 主成分の主成分負荷量の値はほぼ等しく，合計点の定数倍に近いので，この店舗に対する総合的な満足度を意味していると考えられる。

・第 2 主成分に関する考察があるか？

（例）第 2 主成分の主成分負荷量は，サービス面の満足度を表す（商品の見やすさ，サービスの良さ）と商品への満足度を表す（味の良さ，好みの品がある）にそれぞれ絶対値の大きい正と負の値がある。したがって，第 2 主成分はサービス面の満足度と商品への満足度のいずれに重点を置いて評価されているかを表すと解釈される。

〔2〕 記述 9 ・・ 正解 ▶ 下記参照

主成分得点は固有ベクトルの値と対応する変数の値を掛け算し，全部足し合わせたものである。つまり，No.1 の客の第 1 主成分得点を計算すると，

$$-1.7 \times 0.5 - 1.9 \times 0.4 - 2.2 \times 0.4 - 1.9 \times 0.4 - 1.6 \times 0.5 = -4.05$$

が求まる。また，No.1 の客の第 2 主成分得点を計算すると，

$$-1.7 \times (-0.1) - 1.9 \times 0.5 - 2.2 \times 0.5 - 1.9 \times (-0.5) - 1.6 \times (-0.4) = -0.29$$

が求まる。他の客についても同様に求めると，次の表のようになる。

主成分得点	No.1	No.2	No.3	No.4
第 1 主成分	−4.05	0.65	−1.69	5.31
第 2 主成分	−0.29	−0.04	2.66	0.19

この表を用いて，横軸に第 1 主成分得点，縦軸に第 2 主成分得点をとって図示すると次のようになる。客 No.1 はすべての評価が 1 であり，客 No.4 はすべての評価が 5 である。これより，すべての評価が 3 である客 No.2 は，客 No.1 と客 No.4 の中

点に位置することがわかる。

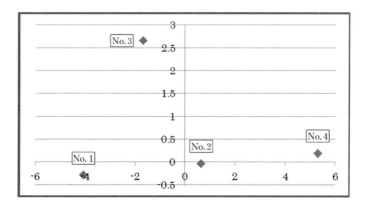

状態空間を $S = \{1, 2, 3, 4\}$ とした次のようなマルコフ連鎖を考える。中身の見えない箱の中に4枚のカードがあり，それぞれには a_1, a_2, a_3, a_4 の数字が1つずつ書かれている。ただし $0 < a_1 < a_2 < a_3 < a_4$ とする。現在，状態 i にいるとし，箱からランダムに1枚カードを取り出す。取り出したカードの数字が a_i のときは状態 i にとどまる。カードの数字が $a_j (j \neq i)$ であったときは，$c_{ij} = \min(a_j/a_i, 1)$ （a_j/a_i と1の小さいほう）の確率で状態 j に推移し，$1 - c_{ij}$ の確率で状態 i にとどまる。カードは元に戻し，この作業を続ける。状態 i から状態 j への推移確率を $p_{ij} = P(\text{状態 } j \mid \text{状態 } i)$ とし，第 t 回目の推移での各状態の存在確率を $\boldsymbol{q}^{(t)} = (q_1^{(t)}, q_2^{(t)}, q_3^{(t)}, q_4^{(t)})$ とする。

〔1〕具体的に $a_1 = 1$, $a_2 = 2$, $a_3 = 3$, $a_4 = 4$ とすると，このマルコフ連鎖の状態推移確率行列は

$$P = (p_{ij}) = \begin{pmatrix} 1/4 & 1/4 & 1/4 & 1/4 \\ 1/8 & 3/8 & 1/4 & 1/4 \\ 1/12 & 2/12 & 6/12 & 1/4 \\ 1/16 & 2/16 & 3/16 & 10/16 \end{pmatrix} \tag{1}$$

であることを示せ。

〔2〕推移確率行列を〔1〕の (1) とし，初めに状態1にいるとする。すなわち第0回目の存在確率は $\boldsymbol{q}^{(0)} = (q_1^{(0)}, q_2^{(0)}, q_3^{(0)}, q_4^{(0)}) = (1, 0, 0, 0)$ である。この初期状態から推移を2回繰り返した時の各状態の存在確率 $\boldsymbol{q}^{(2)} = (q_1^{(2)}, q_2^{(2)}, q_3^{(2)}, q_4^{(2)})$ を求めよ。

〔3〕推移確率行列が〔1〕の (1) のとき，$\boldsymbol{q} = (q_1, q_2, q_3, q_4) = (0.1, 0.2, 0.3, 0.4)$ は，このマルコフ連鎖の定常分布であることを示せ。

〔4〕一般に，カードの数字が a_1, a_2, a_3, a_4 $(0 < a_1 < a_2 < a_3 < a_4)$ であるときの状態推移確率行列 P を求め，$A = a_1 + a_2 + a_3 + a_4$ として，$\boldsymbol{q} = (a_1, a_2, a_3, a_4)/A$ がこのマルコフ連鎖の定常分布になることを示せ。

解答例

〔1〕カードを引く段階で各数字 a_j が取り出される確率は等しく，すべて $1/4$ である。状態1にいるとすると，a_1 のカードを引いて状態1にとどまる確率は $1/4$ である。$a_j (j \neq 1)$

のカードを引いたときに状態 j に推移する条件付き確率は，$a_1 = 1$ が最小であるので $\min(a_j/a_1, 1) = 1$ である。よって，a_j のカードを引くと必ず状態 j に推移するので $p_{1j} = 1/4$ となる $(j \neq 1)$。状態 2 にいるときは，a_1 のカードを引いた場合に状態 1 に推移する条件付き確率は $\min(a_1/a_2, 1) = 1/2$ であるので $p_{21} = (1/4) \times (1/2) = 1/8$ となる。状態 3，4 へは，$\min(a_j/a_2, 1) = 1(j = 3, 4)$ であるので，必ず推移する。よって，$p_{23} = p_{24} = 1/4$ である。状態 2 にとどまる確率は，a_2 のカードを引いた場合と，a_1 のカードを引いたが状態 1 に推移しなかった場合の確率の和であるので，$p_{22} = 1/4 + 1/8 = 3/8$ となる。以上のような考察により推移確率行列が求められる。

〔2〕初期状態は $\boldsymbol{q}^{(0)} = (q_1^{(0)}, q_2^{(0)}, q_3^{(0)}, q_4^{(0)}) = (1, 0, 0, 0)$ であるので，1 回目の推移後の存在確率は

$$\boldsymbol{q}^{(1)} = (1, 0, 0, 0) \begin{pmatrix} 1/4 & 1/4 & 1/4 & 1/4 \\ 1/8 & 3/8 & 1/4 & 1/4 \\ 1/12 & 2/12 & 6/12 & 1/4 \\ 1/16 & 2/16 & 3/16 & 10/16 \end{pmatrix}$$
$$= (1/4, 1/4, 1/4, 1/4)$$
$$= (0.25, 0.25, 0.25, 0.25)$$

であり，2 回の推移後の存在確率は

$$\boldsymbol{q}^{(2)} = (1/4, 1/4, 1/4, 1/4) \begin{pmatrix} 1/4 & 1/4 & 1/4 & 1/4 \\ 1/8 & 3/8 & 1/4 & 1/4 \\ 1/12 & 2/12 & 6/12 & 1/4 \\ 1/16 & 2/16 & 3/16 & 10/16 \end{pmatrix}$$
$$= (25/192, 11/48, 19/64, 11/32)$$
$$\approx (0.130, 0.229, 0.297, 0.344)$$

となる。

なお，$\boldsymbol{q}^{(2)}$ は $\boldsymbol{q}^{(1)}$ より定常分布 $\boldsymbol{q} = (0.1, 0.2, 0.3, 0.4)$（下の問〔3〕参照）に近づいている。

〔3〕定常分布は $\boldsymbol{q}P = \boldsymbol{q}$ を満足する $\boldsymbol{q}$ として求められる（$\boldsymbol{q}$ は推移確率行列 P の固有値 1 に対応する左固有ベクトルでもある）。

$$(1, 2, 3, 4) \begin{pmatrix} 1/4 & 1/4 & 1/4 & 1/4 \\ 1/8 & 3/8 & 1/4 & 1/4 \\ 1/12 & 2/12 & 6/12 & 1/4 \\ 1/16 & 2/16 & 3/16 & 10/16 \end{pmatrix} = (1, 2, 3, 4)$$

となることは，ベクトルと行列のかけ算から容易にわかる。固有ベクトルには定数倍の自由度があるので，成分をすべて加えると 1 となるよう基準化する，すなわち成分の和の 10 で割ることにより，定常分布が $q = (0.1, 0.2, 0.3, 0.4)$ となることが示される。

〔4〕一般の $a_1, a_2, a_3, a_4 \, (0 < a_1 < a_2 < a_3 < a_4)$ では，上問〔1〕のような考察から，推移確率行列は

$$\frac{1}{4} \begin{pmatrix} 1 & 1 & 1 & 1 \\ \dfrac{a_1}{a_2} & 2 - \dfrac{a_1}{a_2} & 1 & 1 \\ \dfrac{a_1}{a_3} & \dfrac{a_2}{a_3} & 3 - \dfrac{a_1 + a_2}{a_3} & 1 \\ \dfrac{a_1}{a_4} & \dfrac{a_2}{a_4} & \dfrac{a_3}{a_4} & 4 - \dfrac{a_1 + a_2 + a_3}{a_4} \end{pmatrix}$$

となる。この推移確率行列の固有値 1 に対応する左固有ベクトルの 1 つが (a_1, a_2, a_3, a_4) であることは，上問〔3〕のようなベクトルと行列のかけ算によって示される。よって定常分布は，$A = a_1 + a_2 + a_3 + a_4$ として，$q = (a_1, a_2, a_3, a_4)/A$ となる。

問2

　以下に示すのは，日本オーケストラ連盟に加入する 23 のオーケストラの 2011 年度のデータを用いて行ったオーケストラの演奏収入に関する回帰分析の例である。

　まず，オーケストラの楽員一人あたり演奏収入について次の 3 つの仮説を立てる。

　　仮説Ⅰ：定期会員（定期公演の通しチケットを購入している者）が多いと楽員一人あたり演奏収入は多い。

　　仮説Ⅱ：公演入場者数が多いと楽員一人あたり演奏収入は多い。

　　仮説Ⅲ：補助金が多いと楽員一人あたり演奏収入は少ない。

これらの仮説を検証するため，最小二乗法により次のような重回帰式を得た。ここで，( ) 内は t 値，$\bar{R}^2$ は自由度調整済み決定係数，AIC は赤池情報量規準である。ここで，回帰式の誤差項は正規分布に従うことを仮定する。なお，対数は自然対数を表す。

　各変数を

　　Y　：楽員一人あたり演奏収入（千円）

　NM　：定期会員数（人）

　NC　：公演入場者数（人）

　SUB　：補助金総額（千円）

とおくと，

(A)　$\log Y = 6.152 + 0.300 \log NM + 0.214 \log NC - 0.165 \log SUB$
　　　　　　(3.938)　(3.227)　　　　　(1.450)　　　　(-2.393)
　　　$\bar{R}^2 = 0.534$　$AIC = 7.214$

であった。また，(A) の回帰式の説明変数から公演入場者数 $(\log NC)$ を除いた式を推定したところ，次のような結果を得た。

(B)　$\log Y = 8.195 + 0.379 \log NM - 0.173 \log SUB$
　　　　　　(11.85)　(4.896)　　　(-2.477)
　　　$\bar{R}^2 = 0.509$　$AIC = 7.627$

〔1〕 (A)，(B) とも変数の対数を取っている。このように対数変換を行うことの意味を述べよ。

〔2〕 (A) と (B) を比較し，どちらが回帰モデルとして望ましいか。また，(A)，(B) を前提にすると，仮説Ⅰ～Ⅲについて言えることを示せ。

次に, (A) において公演入場者数 ($\log NC$) の効果を見るのに, 定期会員数 ($\log NM$) を一定にコントロールするのではなく, 公演入場者数に対する定期会員数の比 ($\log(NM/NC)$) をコントロールすることを考える。そのため, 次のような式を最小二乗法で推定する。

(C) $\log Y = \beta_0 + \beta_1 \log(NM/NC) + \beta_2 \log NC + \beta_3 \log SUB$

〔1〕(C) の β_2 の推定値とその t 値, および $\bar{R}^2$ と AIC の値を求めよ。ただし, (A) における係数推定値の共分散行列 (定数項を除く) は次の通りである。

	$\log NM$	$\log NC$	$\log SUB$
$\log NM$	0.008642	−0.008046	−0.003625
$\log NC$	−0.008046	0.023840	0.000798
$\log SUB$	−0.003625	0.000798	0.004782

〔2〕〔3〕の (C) の推定結果より, 仮説 II について言えることを示せ。

解答例

〔1〕被説明変数, 説明変数とも対数変換した場合, 回帰係数は説明変数の変化率に対する被説明変数の変化率の比 (経済学でいう弾力性) と解釈できる。たとえば, $\log Y = a + b \log X$ において $b = d(\log Y)/d(\log X) = (dY/Y)/(dX/X)$ であり, b は Y の X に対する弾力性 (弾性率) であると解釈できる。弾力性は測定単位に依存しないので, 被説明変数, 説明変数とも対数変換した場合, 回帰係数は単位に依存せず, 係数相互で大きさを比較することができる。回帰モデルとしては, 被説明変数と説明変数の対数変換は, 大域的に弾性率一定であることを意味する。

〔2〕(A) では $\log NC$ の係数が有意水準 5 % で有意ではない。しかし, $\log NC$ を説明変数から除いた (B) では, 自由度調整済み決定係数が (A) より小さくなり AIC は大きくなる。このため, モデルとしては (A) を選択すべきである。(A) を前提にすると, 定期会員数 ($\log NM$) が多いと楽員一人あたり演奏収入は有意に多くなる。また, 補助金 ($\log SUB$) が多いほど楽員一人あたり演奏収入は有意に少なくなっている。このことから, 仮説 I と III は成立していると言える。仮説 II については, 公演入場者数と楽員一人あたり演奏収入の関係が有意ではないことから肯定的な結論は導き難い。

〔3〕(C) の β_2 の最小二乗推定値は $b_2 = 0.514$ であり, b_2 の t 値は 4.015, $\bar{R}^2 = 0.534$, $AIC = 7.214$ である。(C) を変形すると

$$\log Y = \beta_0 + \beta_1 \log(NM/NC) + \beta_2 \log NC + \beta_3 \log SUB$$
$$= \beta_0 + \beta_1 \log NM + (\beta_2 - \beta_1) \log NC + \beta_3 \log SUB$$

である。β_i が (C) の誤差二乗和を最小化する最小二乗推定値 $b_i, i = 0, 1, 2, 3$ であれば，上式の変形の 2 行目において (A) の誤差二乗和を最小にしているはずである（そうでなければ (C) の誤差二乗和の最小化と矛盾する）。したがって，b_2 は最小二乗法により推定された (A) の $\log NM$ と $\log NC$ の係数推定値の和に等しくなければならないので，$b_2 = 0.300 + 0.214 = 0.514$ となり，その分散は，$V[b_2] = 0.008642 + 0.023840 + 2 \times (-0.008046) = 0.01639$，$t$ 値は $0.514 / \sqrt{0.01639} = 4.015$ となる。(A) と (C) の誤差二乗和は等しくパラメータの数も同じであることから，(C) の自由度調整済み決定係数と AIC の値は (A) と変わらない。

〔4〕公演入場者数は，(A) の推定結果から，定期会員数を一定とした場合には楽員一人あたり演奏収入に有意な効果を及ぼさず，(C) の推定結果から，定期会員数の公演入場者数に対する比率が一定の下では，楽員一人あたり演奏収入を有意に多くしている。これを解釈すると，公演入場者数が多いと楽員一人あたり演奏収入は多くなると同時に，定期会員数が一定の場合は定期会員数の公演入場者数に対する比率の低下を通じて楽員一人当たり演奏収入を少なくさせる作用が働き，その両者が相殺されて正負いずれにも明確な効果は認められない，ということになる。その含意として，公演入場者数が多いとともに定期会員数が多い場合は，楽員一人あたりの演奏収入が多いので，演奏収入の増加のためには，定期会員の獲得を通じた公演入場者数の増加を図ることが望ましいと示唆される。

　ただし，(A) において公演入場者数の係数が有意でないことについては，多重共線性の影響である可能性も排除できない。$\log NM$ と $\log NC$ の相関が $\log(NM/NC)$ と $\log NC$ の相関より強いのであれば，その可能性は強まる。したがって，公演入場者数の持つ効果については，より多くのデータによる追試の必要性がある。

E. H. Simpson はその有名な論文 (Simpson, 1951) の中で，ある病気の治療におい
て，処置群と対照群との生存と死亡の男女別の度数，およびそれらを併合した分割表を
与えている（表1）。

表 1. 男女別および併合した分割表

(a) 男性

	生存	死亡	計
処置	8	5	13
対照	4	3	7
計	12	8	20

(b) 女性

	生存	死亡	計
処置	12	15	27
対照	2	3	5
計	14	18	32

(c) 併合

	生存	死亡	計
処置	20	20	40
対照	6	6	12
計	26	26	52

〔1〕 3 つの分割表（表 1 (a)，(b) の男女別，および (c) の併合した分割表）において，生
存をイベントとしたときの，対照に対する処置のオッズ比と，それらの近似的な 95 ％信
頼区間を求めよ。

〔2〕 生存率を p とし，処置を表すダミー変数 z を

$$z = \left\{ \begin{array}{ll} 1 & （処置） \\ 0 & （対照） \end{array} \right.$$

とする。z のみを説明変数としたロジスティック回帰

$$\text{logit}(p) = \log \frac{p}{1-p} = \alpha + \beta z$$

における α と β の推定値を，3 つの分割表（表 1 (a)，(b) の男女の別および (c) の併
合した分割表）からそれぞれ求めよ。また，係数 α，β はそれぞれ何を意味するかを述
べよ。なお，対数は自然対数を表す。

〔3〕 上問〔2〕に性別を表すダミー変数 x を

$$x = \begin{cases} 1 & (\text{男性}) \\ 0 & (\text{女性}) \end{cases}$$

として付け加える。説明変数を z と x および zx としたロジスティック回帰

$$\mathrm{logit}(p) = \log \frac{p}{1-p} = \alpha + \beta z + \gamma x + \xi zx$$

における α, β, γ, ξ の推定値を，表 1 (a) および (b) の男女別の分割表から求めよ。また，係数 α, β, γ, ξ はそれぞれ何を意味するかを述べよ。特に，$\xi = 0$ のときの解釈を与えよ。

〔4〕Simpson は同じ論文の中で，数値は表 1 と全く同じであるが，分割表の行および列の分類を，トランプの絵札と数字札，および赤（ハートとダイヤ），黒（クラブとスペード）とし，トランプを子供が遊んだ結果汚してしまったものときれいであったものに分けた結果として表 2 のように与えた。表 1 と表 2 のそれぞれにつき，結果をどのように解釈すべきかを論ぜよ。

表 2. 子供が遊んだ結果のトランプ

(a) 汚れあり

	赤	黒	計
数字札	8	5	13
絵札	4	3	7
計	12	8	20

(b) 汚れなし

	赤	黒	計
数字札	12	15	27
絵札	2	3	5
計	14	18	32

(c) 併合

	赤	黒	計
数字札	20	20	40
絵札	6	6	12
計	26	26	52

2015年6月

参考文献

Simpson, E. H. (1951) The interpretation of interaction in contingency tables. *Journal of the Royal Statistical Society, Series B*, Vol. 13, No. 2, pp. 238-241.

解答例

〔1〕以下の計算では，信頼区間はすべて近似的なものである。一般に，2 × 2 分割表を

	生存	死亡
処置	a	b
対照	c	d

のように与えると，オッズ比 (odds ratio) は $OR = (a/b)/(c/d) = (ad)/(bc)$ であり，対数オッズ比 $\log OR$ の近似的な標準誤差は

$$SE = \sqrt{\frac{1}{a} + \frac{1}{b} + \frac{1}{c} + \frac{1}{d}}$$

で与えられる。これより，対数オッズ比の 95％信頼区間は

$$\log OR \pm 1.96 \times SE = ((\log OR)_L, (\log OR)_U)$$

となるので，オッズ比の信頼区間は $(OR_L, OR_U) = (\exp[(\log OR)_L], \exp[(\log OR)_U])$ である。表 1 の数値をもとにこれらを計算すると以下のようになる。なお，以下では割り切れない数値は表示されている桁の次の桁で四捨五入している。男性の場合は

$$OR = \frac{8 \times 3}{5 \times 4} = 1.2, \log OR = 0.182$$

であり，

$$SE = \sqrt{\frac{1}{8} + \frac{1}{5} + \frac{1}{4} + \frac{1}{3}} = 0.953$$

となるので，対数オッズ比の 95％信頼区間は

$$0.182 \pm 1.96 \times 0.953 = (-1.686, 2.050)$$

となる。よって，オッズ比の 95％信頼区間は

$$(\exp[-1.686], \exp[2.050]) = (0.185, 7.770)$$

と求められる。女性では $OR = 1.2$ で，オッズ比の 95％信頼区間は $(0.172, 8.381)$ となり，併合した場合は $OR = 1$ で，オッズ比の 95％信頼区間は $(0.275, 3.634)$ となる。

〔2〕ダミー変数 z を説明変数としたロジスティック回帰

$$\log \frac{p}{1-p} = \alpha + \beta z$$

では，$z = 1$ のときの生存率を p_1 とすると $\log\{p_1/(1-p_1)\} = \alpha + \beta$ であり，$z = 0$ のときの生存率を p_0 とすると $\log\{p_0/(1-p_0)\} = \alpha$ である。すなわち，α の値は対照群での対数オッズ，β の値は対数オッズ比となる。それぞれの推定値は以下のように

なる。

男性：$\hat{\alpha} = 0.288, \quad \hat{\beta} = 0.182$

女性：$\hat{\alpha} = -0.405, \quad \hat{\beta} = 0.182$

合併：$\hat{\alpha} = 0, \quad \hat{\beta} = 0$

〔3〕ダミー変数 z と x を説明変数としたロジスティック回帰

$$\log \frac{p}{1-p} = \alpha + \beta z + \gamma x + \xi zx$$

では以下のようになる。なお，$p_{zx} = P(生存 \mid z, x)$ とする。

$$z=1, x=1 : \log\{p_{11}/(1-p_{11})\} = \alpha + \beta + \gamma + \xi$$
$$z=1, x=0 : \log\{p_{10}/(1-p_{10})\} = \alpha + \beta$$
$$z=0, x=1 : \log\{p_{01}/(1-p_{01})\} = \alpha + \gamma$$
$$z=0, x=0 : \log\{p_{00}/(1-p_{00})\} = \alpha$$

これらにより，

$$\alpha = \log \frac{p_{00}}{1-p_{00}}$$
$$\beta = \log \frac{p_{10}}{1-p_{10}} - \log \frac{p_{00}}{1-p_{00}} = \log \frac{p_{10}/(1-p_{10})}{p_{00}/(1-p_{00})}$$
$$\gamma = \log \frac{p_{01}}{1-p_{01}} - \log \frac{p_{00}}{1-p_{00}} = \log \frac{p_{01}/(1-p_{01})}{p_{00}/(1-p_{00})}$$
$$\xi = \left(\log \frac{p_{11}}{1-p_{11}} - \log \frac{p_{01}}{1-p_{01}}\right) - \left(\log \frac{p_{10}}{1-p_{10}} - \log \frac{p_{00}}{1-p_{00}}\right)$$
$$= \log \frac{p_{11}/(1-p_{11})}{p_{01}/(1-p_{01})} - \log \frac{p_{10}/(1-p_{10})}{p_{00}/(1-p_{00})}$$

となる。データから求めたそれぞれの推定値は次のようになる。

$$\hat{\alpha} = -0.405$$
$$\hat{\beta} = -0.223 - (-0.405) = 0.182$$
$$\hat{\gamma} = 0.288 - (-0.405) = 0.693$$
$$\hat{\xi} = 0.182 - 0.182 = 0$$

また，α は女性の対照群での生存をイベントとしたときの対数オッズ，β は女性での

処置の対照に対する対数オッズ比，γ は対照群での男女の対数オッズの差，つまり男性の女性に対する対数オッズ比を表す。ξ は，男女それぞれにおける処置の対数オッズ比の差で，性別と処置との間の交互作用を表す。

特に，$\xi = 0$ のときは，男女で処置のオッズ比は同じであることを意味していて，β は男性での処置の対数オッズ比でもある。また，γ は処置群での男女の対数オッズの差も表している。

〔4〕処置の効果を議論するときは，男性であるか女性であるかが一つの要因となるため，男女別の分割表をもとに，処置効果の男女差の有無や交互作用の有無を議論した上で結果を解釈すべきである。しかし，トランプの場合には，汚れの有無はトランプの札に影響を与えないため，上述のような議論は不要であり，場合によっては弊害さえあるので，併合した分割表をもとに結論を下すべきである。このように，数値が同じであってもそれが何を意味するのかによって個別の分割表をもとに結論を下すべきか，あるいは併合した分割表をもとに結論を下すべきかが異なる。

付　表

付表 1. 標準正規分布の上側確率

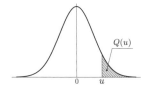

u	.00	.01	.02	.03	.04	.05	.06	.07	.08	.09
0.0	0.5000	0.4960	0.4920	0.4880	0.4840	0.4801	0.4761	0.4721	0.4681	0.4641
0.1	0.4602	0.4562	0.4522	0.4483	0.4443	0.4404	0.4364	0.4325	0.4286	0.4247
0.2	0.4207	0.4168	0.4129	0.4090	0.4052	0.4013	0.3974	0.3936	0.3897	0.3859
0.3	0.3821	0.3783	0.3745	0.3707	0.3669	0.3632	0.3594	0.3557	0.3520	0.3483
0.4	0.3446	0.3409	0.3372	0.3336	0.3300	0.3264	0.3228	0.3192	0.3156	0.3121
0.5	0.3085	0.3050	0.3015	0.2981	0.2946	0.2912	0.2877	0.2843	0.2810	0.2776
0.6	0.2743	0.2709	0.2676	0.2643	0.2611	0.2578	0.2546	0.2514	0.2483	0.2451
0.7	0.2420	0.2389	0.2358	0.2327	0.2296	0.2266	0.2236	0.2206	0.2177	0.2148
0.8	0.2119	0.2090	0.2061	0.2033	0.2005	0.1977	0.1949	0.1922	0.1894	0.1867
0.9	0.1841	0.1814	0.1788	0.1762	0.1736	0.1711	0.1685	0.1660	0.1635	0.1611
1.0	0.1587	0.1562	0.1539	0.1515	0.1492	0.1469	0.1446	0.1423	0.1401	0.1379
1.1	0.1357	0.1335	0.1314	0.1292	0.1271	0.1251	0.1230	0.1210	0.1190	0.1170
1.2	0.1151	0.1131	0.1112	0.1093	0.1075	0.1056	0.1038	0.1020	0.1003	0.0985
1.3	0.0968	0.0951	0.0934	0.0918	0.0901	0.0885	0.0869	0.0853	0.0838	0.0823
1.4	0.0808	0.0793	0.0778	0.0764	0.0749	0.0735	0.0721	0.0708	0.0694	0.0681
1.5	0.0668	0.0655	0.0643	0.0630	0.0618	0.0606	0.0594	0.0582	0.0571	0.0559
1.6	0.0548	0.0537	0.0526	0.0516	0.0505	0.0495	0.0485	0.0475	0.0465	0.0455
1.7	0.0446	0.0436	0.0427	0.0418	0.0409	0.0401	0.0392	0.0384	0.0375	0.0367
1.8	0.0359	0.0351	0.0344	0.0336	0.0329	0.0322	0.0314	0.0307	0.0301	0.0294
1.9	0.0287	0.0281	0.0274	0.0268	0.0262	0.0256	0.0250	0.0244	0.0239	0.0233
2.0	0.0228	0.0222	0.0217	0.0212	0.0207	0.0202	0.0197	0.0192	0.0188	0.0183
2.1	0.0179	0.0174	0.0170	0.0166	0.0162	0.0158	0.0154	0.0150	0.0146	0.0143
2.2	0.0139	0.0136	0.0132	0.0129	0.0125	0.0122	0.0119	0.0116	0.0113	0.0110
2.3	0.0107	0.0104	0.0102	0.0099	0.0096	0.0094	0.0091	0.0089	0.0087	0.0084
2.4	0.0082	0.0080	0.0078	0.0075	0.0073	0.0071	0.0069	0.0068	0.0066	0.0064
2.5	0.0062	0.0060	0.0059	0.0057	0.0055	0.0054	0.0052	0.0051	0.0049	0.0048
2.6	0.0047	0.0045	0.0044	0.0043	0.0041	0.0040	0.0039	0.0038	0.0037	0.0036
2.7	0.0035	0.0034	0.0033	0.0032	0.0031	0.0030	0.0029	0.0028	0.0027	0.0026
2.8	0.0026	0.0025	0.0024	0.0023	0.0023	0.0022	0.0021	0.0021	0.0020	0.0019
2.9	0.0019	0.0018	0.0018	0.0017	0.0016	0.0016	0.0015	0.0015	0.0014	0.0014
3.0	0.0013	0.0013	0.0013	0.0012	0.0012	0.0011	0.0011	0.0011	0.0010	0.0010
3.1	0.0010	0.0009	0.0009	0.0009	0.0008	0.0008	0.0008	0.0008	0.0007	0.0007
3.2	0.0007	0.0007	0.0006	0.0006	0.0006	0.0006	0.0006	0.0005	0.0005	0.0005
3.3	0.0005	0.0005	0.0005	0.0004	0.0004	0.0004	0.0004	0.0004	0.0004	0.0003
3.4	0.0003	0.0003	0.0003	0.0003	0.0003	0.0003	0.0003	0.0003	0.0003	0.0002
3.5	0.0002	0.0002	0.0002	0.0002	0.0002	0.0002	0.0002	0.0002	0.0002	0.0002
3.6	0.0002	0.0002	0.0001	0.0001	0.0001	0.0001	0.0001	0.0001	0.0001	0.0001
3.7	0.0001	0.0001	0.0001	0.0001	0.0001	0.0001	0.0001	0.0001	0.0001	0.0001
3.8	0.0001	0.0001	0.0001	0.0001	0.0001	0.0001	0.0001	0.0001	0.0001	0.0001
3.9	0.0000	0.0000	0.0000	0.0000	0.0000	0.0000	0.0000	0.0000	0.0000	0.0000

$u = 0.00 \sim 3.99$ に対する，正規分布の上側確率 $Q(u)$ を与える。
例：$u = 1.96$ に対しては，左の見出し 1.9 と上の見出し .06 との交差点で，
$Q(u) = .0250$ と読む。表にない u に対しては適宜補間すること。

付表 2. t 分布のパーセント点

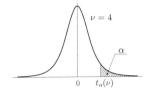

ν	α				
	0.10	0.05	0.025	0.01	0.005
1	3.078	6.314	12.706	31.821	63.656
2	1.886	2.920	4.303	6.965	9.925
3	1.638	2.353	3.182	4.541	5.841
4	1.533	2.132	2.776	3.747	4.604
5	1.476	2.015	2.571	3.365	4.032
6	1.440	1.943	2.447	3.143	3.707
7	1.415	1.895	2.365	2.998	3.499
8	1.397	1.860	2.306	2.896	3.355
9	1.383	1.833	2.262	2.821	3.250
10	1.372	1.812	2.228	2.764	3.169
11	1.363	1.796	2.201	2.718	3.106
12	1.356	1.782	2.179	2.681	3.055
13	1.350	1.771	2.160	2.650	3.012
14	1.345	1.761	2.145	2.624	2.977
15	1.341	1.753	2.131	2.602	2.947
16	1.337	1.746	2.120	2.583	2.921
17	1.333	1.740	2.110	2.567	2.898
18	1.330	1.734	2.101	2.552	2.878
19	1.328	1.729	2.093	2.539	2.861
20	1.325	1.725	2.086	2.528	2.845
21	1.323	1.721	2.080	2.518	2.831
22	1.321	1.717	2.074	2.508	2.819
23	1.319	1.714	2.069	2.500	2.807
24	1.318	1.711	2.064	2.492	2.797
25	1.316	1.708	2.060	2.485	2.787
26	1.315	1.706	2.056	2.479	2.779
27	1.314	1.703	2.052	2.473	2.771
28	1.313	1.701	2.048	2.467	2.763
29	1.311	1.699	2.045	2.462	2.756
30	1.310	1.697	2.042	2.457	2.750
40	1.303	1.684	2.021	2.423	2.704
60	1.296	1.671	2.000	2.390	2.660
120	1.289	1.658	1.980	2.358	2.617
240	1.285	1.651	1.970	2.342	2.596
∞	1.282	1.645	1.960	2.326	2.576

自由度 ν の t 分布の上側確率 α に対する t の値を $t_\alpha(\nu)$ で表す。
例：自由度 $\nu = 20$ の上側 5%点 $(\alpha = 0.05)$ は, $t_{0.05}(20) = 1.725$ である。
表にない自由度に対しては適宜補間すること。

付表 3. カイ二乗分布のパーセント点

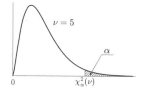

ν	α							
	0.99	0.975	0.95	0.90	0.10	0.05	0.025	0.01
1	0.00	0.00	0.00	0.02	2.71	3.84	5.02	6.63
2	0.02	0.05	0.10	0.21	4.61	5.99	7.38	9.21
3	0.11	0.22	0.35	0.58	6.25	7.81	9.35	11.34
4	0.30	0.48	0.71	1.06	7.78	9.49	11.14	13.28
5	0.55	0.83	1.15	1.61	9.24	11.07	12.83	15.09
6	0.87	1.24	1.64	2.20	10.64	12.59	14.45	16.81
7	1.24	1.69	2.17	2.83	12.02	14.07	16.01	18.48
8	1.65	2.18	2.73	3.49	13.36	15.51	17.53	20.09
9	2.09	2.70	3.33	4.17	14.68	16.92	19.02	21.67
10	2.56	3.25	3.94	4.87	15.99	18.31	20.48	23.21
11	3.05	3.82	4.57	5.58	17.28	19.68	21.92	24.72
12	3.57	4.40	5.23	6.30	18.55	21.03	23.34	26.22
13	4.11	5.01	5.89	7.04	19.81	22.36	24.74	27.69
14	4.66	5.63	6.57	7.79	21.06	23.68	26.12	29.14
15	5.23	6.26	7.26	8.55	22.31	25.00	27.49	30.58
16	5.81	6.91	7.96	9.31	23.54	26.30	28.85	32.00
17	6.41	7.56	8.67	10.09	24.77	27.59	30.19	33.41
18	7.01	8.23	9.39	10.86	25.99	28.87	31.53	34.81
19	7.63	8.91	10.12	11.65	27.20	30.14	32.85	36.19
20	8.26	9.59	10.85	12.44	28.41	31.41	34.17	37.57
25	11.52	13.12	14.61	16.47	34.38	37.65	40.65	44.31
30	14.95	16.79	18.49	20.60	40.26	43.77	46.98	50.89
35	18.51	20.57	22.47	24.80	46.06	49.80	53.20	57.34
40	22.16	24.43	26.51	29.05	51.81	55.76	59.34	63.69
50	29.71	32.36	34.76	37.69	63.17	67.50	71.42	76.15
60	37.48	40.48	43.19	46.46	74.40	79.08	83.30	88.38
70	45.44	48.76	51.74	55.33	85.53	90.53	95.02	100.43
80	53.54	57.15	60.39	64.28	96.58	101.88	106.63	112.33
90	61.75	65.65	69.13	73.29	107.57	113.15	118.14	124.12
100	70.06	74.22	77.93	82.36	118.50	124.34	129.56	135.81
120	86.92	91.57	95.70	100.62	140.23	146.57	152.21	158.95
140	104.03	109.14	113.66	119.03	161.83	168.61	174.65	181.84
160	121.35	126.87	131.76	137.55	183.31	190.52	196.92	204.53
180	138.82	144.74	149.97	156.15	204.70	212.30	219.04	227.06
200	156.43	162.73	168.28	174.84	226.02	233.99	241.06	249.45
240	191.99	198.98	205.14	212.39	268.47	277.14	284.80	293.89

自由度 ν のカイ二乗分布の上側確率 α に対する χ^2 の値を $\chi^2_\alpha(\nu)$ で表す。
例：自由度 $\nu = 20$ の上側 5%点 $(\alpha = 0.05)$ は，$\chi^2_{0.05}(20) = 31.41$ である。
表にない自由度に対しては適宜補間すること。

付表 4. F 分布のパーセント点

$\alpha = 0.05$

$\nu_2 \backslash \nu_1$	1	2	3	4	5	6	7	8	9	10	15	20	40	60	120	∞
5	6.608	5.786	5.409	5.192	5.050	4.950	4.876	4.818	4.772	4.735	4.619	4.558	4.464	4.431	4.398	4.365
10	4.965	4.103	3.708	3.478	3.326	3.217	3.135	3.072	3.020	2.978	2.845	2.774	2.661	2.621	2.580	2.538
15	4.543	3.682	3.287	3.056	2.901	2.790	2.707	2.641	2.588	2.544	2.403	2.328	2.204	2.160	2.114	2.066
20	4.351	3.493	3.098	2.866	2.711	2.599	2.514	2.447	2.393	2.348	2.203	2.124	1.994	1.946	1.896	1.843
25	4.242	3.385	2.991	2.759	2.603	2.490	2.405	2.337	2.282	2.236	2.089	2.007	1.872	1.822	1.768	1.711
30	4.171	3.316	2.922	2.690	2.534	2.421	2.334	2.266	2.211	2.165	2.015	1.932	1.792	1.740	1.683	1.622
40	4.085	3.232	2.839	2.606	2.449	2.336	2.249	2.180	2.124	2.077	1.924	1.839	1.693	1.637	1.577	1.509
60	4.001	3.150	2.758	2.525	2.368	2.254	2.167	2.097	2.040	1.993	1.836	1.748	1.594	1.534	1.467	1.389
120	3.920	3.072	2.680	2.447	2.290	2.175	2.087	2.016	1.959	1.910	1.750	1.659	1.495	1.429	1.352	1.254

$\alpha = 0.025$

$\nu_2 \backslash \nu_1$	1	2	3	4	5	6	7	8	9	10	15	20	40	60	120	∞
5	10.007	8.434	7.764	7.388	7.146	6.978	6.853	6.757	6.681	6.619	6.428	6.329	6.175	6.123	6.069	6.015
10	6.937	5.456	4.826	4.468	4.236	4.072	3.950	3.855	3.779	3.717	3.522	3.419	3.255	3.198	3.140	3.080
15	6.200	4.765	4.153	3.804	3.576	3.415	3.293	3.199	3.123	3.060	2.862	2.756	2.585	2.524	2.461	2.395
20	5.871	4.461	3.859	3.515	3.289	3.128	3.007	2.913	2.837	2.774	2.573	2.464	2.287	2.223	2.156	2.085
25	5.686	4.291	3.694	3.353	3.129	2.969	2.848	2.753	2.677	2.613	2.411	2.300	2.118	2.052	1.981	1.906
30	5.568	4.182	3.589	3.250	3.026	2.867	2.746	2.651	2.575	2.511	2.307	2.195	2.009	1.940	1.866	1.787
40	5.424	4.051	3.463	3.126	2.904	2.744	2.624	2.529	2.452	2.388	2.182	2.068	1.875	1.803	1.724	1.637
60	5.286	3.925	3.343	3.008	2.786	2.627	2.507	2.412	2.334	2.270	2.061	1.944	1.744	1.667	1.581	1.482
120	5.152	3.805	3.227	2.894	2.674	2.515	2.395	2.299	2.222	2.157	1.945	1.825	1.614	1.530	1.433	1.310

自由度 (ν_1, ν_2) の F 分布の上側確率 α に対する F の値を $F_\alpha(\nu_1, \nu_2)$ で表す。
例：自由度 $\nu_1 = 5$, $\nu_2 = 20$ の上側 5%点 $(\alpha = 0.05)$ は、$F_{0.05}(5, 20) = 2.711$ である。
表にない自由度に対しては適宜補間すること。

付表 5. 指数関数と常用対数

指数関数					常用対数			
x	e^x	x	e^x		x	$\log_{10} x$	x	$\log_{10} x$
0.01	1.0101	0.51	1.6653		0.1	-1.0000	5.1	0.7076
0.02	1.0202	0.52	1.6820		0.2	-0.6990	5.2	0.7160
0.03	1.0305	0.53	1.6989		0.3	-0.5229	5.3	0.7243
0.04	1.0408	0.54	1.7160		0.4	-0.3979	5.4	0.7324
0.05	1.0513	0.55	1.7333		0.5	-0.3010	5.5	0.7404
0.06	1.0618	0.56	1.7507		0.6	-0.2218	5.6	0.7482
0.07	1.0725	0.57	1.7683		0.7	-0.1549	5.7	0.7559
0.08	1.0833	0.58	1.7860		0.8	-0.0969	5.8	0.7634
0.09	1.0942	0.59	1.8040		0.9	-0.0458	5.9	0.7709
0.10	1.1052	0.60	1.8221		1.0	0.0000	6.0	0.7782
0.11	1.1163	0.61	1.8404		1.1	0.0414	6.1	0.7853
0.12	1.1275	0.62	1.8589		1.2	0.0792	6.2	0.7924
0.13	1.1388	0.63	1.8776		1.3	0.1139	6.3	0.7993
0.14	1.1503	0.64	1.8965		1.4	0.1461	6.4	0.8062
0.15	1.1618	0.65	1.9155		1.5	0.1761	6.5	0.8129
0.16	1.1735	0.66	1.9348		1.6	0.2041	6.6	0.8195
0.17	1.1853	0.67	1.9542		1.7	0.2304	6.7	0.8261
0.18	1.1972	0.68	1.9739		1.8	0.2553	6.8	0.8325
0.19	1.2092	0.69	1.9937		1.9	0.2788	6.9	0.8388
0.20	1.2214	0.70	2.0138		2.0	0.3010	7.0	0.8451
0.21	1.2337	0.71	2.0340		2.1	0.3222	7.1	0.8513
0.22	1.2461	0.72	2.0544		2.2	0.3424	7.2	0.8573
0.23	1.2586	0.73	2.0751		2.3	0.3617	7.3	0.8633
0.24	1.2712	0.74	2.0959		2.4	0.3802	7.4	0.8692
0.25	1.2840	0.75	2.1170		2.5	0.3979	7.5	0.8751
0.26	1.2969	0.76	2.1383		2.6	0.4150	7.6	0.8808
0.27	1.3100	0.77	2.1598		2.7	0.4314	7.7	0.8865
0.28	1.3231	0.78	2.1815		2.8	0.4472	7.8	0.8921
0.29	1.3364	0.79	2.2034		2.9	0.4624	7.9	0.8976
0.30	1.3499	0.80	2.2255		3.0	0.4771	8.0	0.9031
0.31	1.3634	0.81	2.2479		3.1	0.4914	8.1	0.9085
0.32	1.3771	0.82	2.2705		3.2	0.5051	8.2	0.9138
0.33	1.3910	0.83	2.2933		3.3	0.5185	8.3	0.9191
0.34	1.4049	0.84	2.3164		3.4	0.5315	8.4	0.9243
0.35	1.4191	0.85	2.3396		3.5	0.5441	8.5	0.9294
0.36	1.4333	0.86	2.3632		3.6	0.5563	8.6	0.9345
0.37	1.4477	0.87	2.3869		3.7	0.5682	8.7	0.9395
0.38	1.4623	0.88	2.4109		3.8	0.5798	8.8	0.9445
0.39	1.4770	0.89	2.4351		3.9	0.5911	8.9	0.9494
0.40	1.4918	0.90	2.4596		4.0	0.6021	9.0	0.9542
0.41	1.5068	0.91	2.4843		4.1	0.6128	9.1	0.9590
0.42	1.5220	0.92	2.5093		4.2	0.6232	9.2	0.9638
0.43	1.5373	0.93	2.5345		4.3	0.6335	9.3	0.9685
0.44	1.5527	0.94	2.5600		4.4	0.6435	9.4	0.9731
0.45	1.5683	0.95	2.5857		4.5	0.6532	9.5	0.9777
0.46	1.5841	0.96	2.6117		4.6	0.6628	9.6	0.9823
0.47	1.6000	0.97	2.6379		4.7	0.6721	9.7	0.9868
0.48	1.6161	0.98	2.6645		4.8	0.6812	9.8	0.9912
0.49	1.6323	0.99	2.6912		4.9	0.6902	9.9	0.9956
0.50	1.6487	1.00	2.7183		5.0	0.6990	10.0	1.0000

注: 常用対数を自然対数に直すには 2.3026 をかければよい。

■**統計検定ウェブサイト**：https://www.toukei-kentei.jp/
　検定の実施予定，受験方法などは，年によって変更される場合もあります。最新の情報は上記ウェブサイトに掲載しているので，参照してください。

●**本書の内容に関するお問合せについて**

　本書の内容に誤りと思われるところがありましたら，まずは小社ブックスサイト（books.jitsumu.co.jp）中の本書ページ内にある正誤表・訂正表をご確認ください。正誤表・訂正表がない場合や訂正表に該当箇所が掲載されていない場合は，書名，発行年月日，お客様の名前・連絡先，該当箇所のページ番号と具体的な誤りの内容・理由等をご記入のうえ，郵便，FAX，メールにてお問合せください。

〒163-8671　東京都新宿区新宿1-1-12　実務教育出版　第二編集部問合せ窓口
FAX：03-5369-2237　　E-mail：jitsumu_2hen@jitsumu.co.jp

【ご注意】
※電話でのお問合せは，一切受け付けておりません。
※内容の正誤以外のお問合せ（詳しい解説・受験指導のご要望等）には対応できません。

日本統計学会公式認定
統計検定準1級　公式問題集

2021年11月20日　初版第1刷発行　　　　　　　　　　　〈検印省略〉
2024年4月10日　初版第4刷発行

編　者　一般社団法人　日本統計学会　出版企画委員会
著　者　一般財団法人　統計質保証推進協会　統計検定センター
発行者　淺井　亨

発行所　株式会社　実務教育出版
　　　　〒163-8671　東京都新宿区新宿1-1-12
　　　　☎編集　03-3355-1812　　販売　03-3355-1951
　　　　振替　00160-0-78270

組　版　ZACCOZ
印　刷　シナノ印刷
製　本　東京美術紙工

本書の印税はすべて一般財団法人 統計質保証推進協会を通じて統計教育に役立てられます。